複素解析学特論

楠 幸男・須川敏幸

現代数学社

表紙イラスト:楠 幸男
「京都伏見の三栖閘門」と「いなか風景」

まえがき

　本書は複素解析学の特論として3つの話題を選んでその各方面における基礎概念や定理およびその応用を述べ，時には関連する近年の研究の一端に触れるように解説したものである．大学の理工系学部や大学院の講義やゼミ用として，また数学に興味を持つ独学の人にもお役に立てば筆者の喜びである．

　内容を少し具体的に述べると，第1章は整関数（すなわち全平面で正則な関数）の基礎理論とその応用である．基礎概念としては整関数の増大度を示す位数，零点の分布に関する収束指数等があり，基礎定理としてはこれらの諸量の間の関係およびその応用として最も重要なワイエルシュトラスによる整関数の因数分解定理やボレルの定理等について述べる．位数が整数か非整数かによって整関数の性質が著しく違う点にも注目したい．応用方面では特殊関数の中からベッセル関数，ガンマ関数およびその逆数やリーマンのゼータ関数およびそれと同じ零点を持つグザイ関数（整関数）について少し詳しく述べた．

　第2章では複素微分方程式論で特に複素解析との境界領域と考えられるところを主に取り上げた．例えば1.3節では1階の非線形微分方程式 $\dfrac{dw}{dz} = f(w, z)$（f は複素2変数の正則関数）の整関数解に関するレリッヒの定理やリッカティの微分方程式の解の性質について述べる．第2節ではフックス型の微分方程式

$$w'' + p(z)w' + q(z)w = 0$$

の確定特異点 $a\ (\neq \infty)$ のまわりの解を（$a = 0$ として）

$$w = z^\rho \sum_{n=0}^{\infty} c_n z^n$$

という形のべき級数解で求める．この方法は $p(z), q(z)$ が $a = 0$ で正則の場合にも適用できるので定理7のような初期条件を満たす局所解の存在と一意性が示される（cf. 定理2）．さらにここでその局所解の（曲線に沿う）解析接続を説明しておいた．ついでこの級数法を用いてベッセル関数および超幾何関数

の級数解を求め，それから導かれる若干の性質を示した．第 3 節では古典的なシュヴァルツ微分 $Sf(z) = \left(f''(z)/f'(z)\right)' - \dfrac{1}{2}\left(f''(z)/f'(z)\right)^2$ が近年のタイヒミュラー空間論や擬等角写像論において重要な役割を果たしたので，それに関連したシュヴァルツ微分の基礎理論を解説した．3.5 節ではベルトラミ微分方程式 $f_{\bar z}(z) = \mu(z) f_z(z)$, $|\mu(z)| < 1$, について触れた．この解法のポイントとしてリッカティ微分方程式の解が使われている．またベルトラミ係数 $\mu(z)$ は擬等角写像と深い関係がある．その一例を挙げて説明した．

第 3 章の前半は単位円板上の古典的な単葉関数論の要点およびレヴナーの微分方程式について詳論，後半に長年の懸案であったビーベルバッハ予想 (1916) が 1984 年ド・ブランジュによって肯定的に解決されたので，その歴史と証明を記した．証明は少し専門的であるが，邦書では見かけないので書くことにした．なおその内容には予想の結果とは別に特殊関数の新しい結果も含まれている．レヴナーの微分方程式は近年他の分野（確率論，統計物理等）にも発展している．これについては 3.4 節を参照されたい．

これら 3 つの章はほぼ独立に構成されているので，興味のある章から読み進めることも可能である．そのため，内容に若干の重複もあるがご寛恕を乞いたい．本書をセミナーなどにおいてご活用頂ければ幸甚である．

なお，最初に述べたように本書は複素解析学の続論という位置づけで書かれており，初級レベルの複素解析学の知識が仮定されている．半期の複素解析学の講義で触れられることが少ないと思われるやや進んだ必要事項については本書の付録にまとめておいた．それ以外の複素解析学の基礎事項についてはたいていの標準的教科書で解説されていると思われるが，少なくともアールフォルス [3] や楠 [23] には述べられているので必要に応じて参照されたい．

最後に本書の出版に際して原稿を精読して数多くの注意や貴重な助言を下さった石崎克也氏，占部博信氏，蛭子彰仁氏，澤田翔太氏，藤解和也氏，堀田一敬氏，柳原宏氏に深く感謝を申し上げる次第である．また，出版に際しいろいろお世話になった現代数学社の富田淳氏に厚くお礼申し上げたい．

２０１９年９月

楠　幸男, 京都　　　須川　敏幸, 仙台

目次

第 1 章　整関数序説 - 位数と零点分布 - ……… 1
1 　整関数の位数 ……………………………… 1
　　1.1　整関数の定義と例 ………………… 1
　　1.2　整関数の位数 ……………………… 2
2 　整関数の零点と位数の関係 ……………… 5
　　2.1　零点の収束指数 …………………… 5
　　2.2　ポアソン・イェンセンの公式 …… 6
3 　整関数の因数分解 ………………………… 10
　　3.1　基本乗積 …………………………… 10
　　3.2　基本乗積の位数 …………………… 13
　　3.3　位数有限な整関数の因数分解 …… 17
　　3.4　応用例 ……………………………… 21
4 　位数関連の定理（続） …………………… 26
　　4.1　整関数の和（差）と積の位数 …… 26
　　4.2　除外値 ……………………………… 29
　　4.3　ベキ級数の係数と位数 …………… 31
5 　非初等的整関数の例 ……………………… 33
　　5.1　ミッタクレフラー関数 …………… 33
　　5.2　ベッセル関数 ……………………… 34
　　5.3　整数次のベッセル関数 …………… 35
　　5.4　リーマンのグザイ（ξ, Ξ）関数 … 38

第 2 章　複素変数常微分方程式　　50

- 1　定義と基礎定理　　50
  - 1.1　定義　　50
  - 1.2　基礎定理　　51
  - 1.3　1 階微分方程式の整関数解　　57
  - 1.4　リッカティの微分方程式　　60
- 2　線形 2 階微分方程式　　63
  - 2.1　ロンスキー行列式　　64
  - 2.2　確定特異点　　65
  - 2.3　オイラーおよびベッセルの微分方程式　　70
  - 2.4　$J_\lambda(z)$ の直交関係と零点　　75
  - 2.5　超幾何微分方程式　　79
- 3　シュヴァルツ微分とその応用　　85
  - 3.1　シュヴァルツ微分と 3 階非線形方程式　　85
  - 3.2　シュヴァルツ微分の基本的性質　　89
  - 3.3　単葉関数とシュヴァルツ微分，ネハリの定理　　91
  - 3.4　2 階線形微分方程式の解の零点と単葉性　　96
  - 3.5　ベルトラミ微分方程式への応用　　104

第 3 章　ビーベルバッハ予想　　111

- 1　単位円板上の単葉関数論　　111
  - 1.1　面積定理からの帰結　　111
  - 1.2　ビーベルバッハ予想　　118
  - 1.3　カラテオドリ族　　121
  - 1.4　幾何学的部分族　　125
- 2　対数係数とその指数化　　129
  - 2.1　単葉関数の対数係数　　129
  - 2.2　レベデフ・ミリン不等式　　131
  - 2.3　ミリン予想　　136
- 3　レヴナーの微分方程式　　137

	3.1	核収束定理	137
	3.2	レヴナーの定理	146
	3.3	古典的応用例	157
	3.4	上半平面上のレヴナー方程式	161
4	ビーベルバッハ予想の証明		173
	4.1	アスキー・ガスパーの不等式	173
	4.2	ド・ブランジュ関数系	180
	4.3	ミリン予想の証明	182

付録　基礎事項の補足　　　　　　　　　　　　　　　　188

- A.1 コーシーの積分定理とその帰結 188
- A.2 正規族とリーマンの写像定理 197
- A.3 シュヴァルツの鏡像原理 200
- A.4 無限積 201

参考文献　　　　　　　　　　　　　　　　　　　　　204

索引　　　　　　　　　　　　　　　　　　　　　　　208

第1章

整関数序説 - 位数と零点分布 -

1 整関数の位数

1.1 整関数の定義と例

複素関数 $f(z)$ が全平面 $\mathbb{C} = \{|z| < +\infty\}$ で正則であるとき，$f(z)$ を**整関数** (entire function あるいは integral function) という．言い換えれば，$f(z)$ は原点 $z = 0$ のまわりで z のベキ級数に展開され，その収束半径が $+\infty$ である．

周知であろうが，その収束半径 R を求める公式を記しておこう．

コーシー・アダマール (Cauchy-Hadamard) の公式： $f(z) = \sum_{n=0}^{\infty} a_n z^n$ の収束半径 R は

$$R = \frac{1}{\varlimsup_{n\to\infty} |a_n|^{\frac{1}{n}}}, \tag{1.1}$$

ただし，$1/(+\infty) = 0, 1/0 = +\infty$ とする．

整関数の例：

- 複素多項式 $a_0 z^n + a_1 z^{n-1} + \cdots + a_n$ $(a_0, \ldots, a_n \in \mathbb{C})$,
- 指数関数 $e^z = \exp z = \sum_{n=0}^{\infty} \frac{z^n}{n!}$, $\exp(z^k)$ ($k \geq 1$ は整数), $\exp(e^z)$,
- $\sin z = \sum_{n=0}^{\infty} \frac{(-1)^n z^{2n+1}}{(2n+1)!} = \frac{e^{iz} - e^{-iz}}{2i}$,
- $\cos z = \sum_{n=0}^{\infty} \frac{(-1)^n z^{2n}}{(2n)!} = \frac{e^{iz} + e^{-iz}}{2}$,

- $1/\Gamma(z)$, ただし $\Gamma(z)$ は複素ガンマ関数（後述）．

1.2 整関数の位数

整関数 $f(z)$ が $\mathbb{C}$ で有界，すなわち正数 M に対して $|f(z)| \leq M$ $(z \in \mathbb{C})$ ならば $f(z)$ は定数である（リューヴィル (Liouville) の定理）．したがって非定数の整関数 $f(z)$ に対して，$z \to \infty$ のとき $|f(z)|$ の増大度を調べるために次の関数を考える；

$$M(r)\ \bigl(= M(r,f)\bigr) = \max_{|z|=r} |f(z)| \quad (0 < r < +\infty).$$

最大絶対値の原理から上の右辺は $\max_{|z| \leq r} |f(z)|$ に等しく，したがって $M(r)$ は r の単調増加関数であり，$M(r) \to +\infty$ $(r \to +\infty)$．この関数を用いて $f(z)$ の増大度を示す $f(z)$ の**位数** (order) を次のように定義する．

定義． 整関数 $f(z)$ の位数 $\rho\ \bigl(= \rho(f)\bigr)$ は

$$f(z) = O(e^{r^\alpha}) \quad (r = |z| \to +\infty)$$

が成り立つ $\alpha\ (\geq 0)$ の下限：$\rho = \inf \alpha$ である[1]．

上の定義において O を o に替えてもよい．この定義と同値なものとして次の 2 つがあり，有用である．

1. 任意の $\varepsilon > 0$ に対して $\log M(r,f) < r^{\rho+\varepsilon}$ $(r \geq r_0)$ であり，かつ $\log M(r_n,f) > r_n^{\rho-\varepsilon}$ となる数列 $r_1 < r_2 < \cdots < r_n < \cdots$，$r_n \to +\infty$ $(n \to \infty)$ が存在するとき ρ を $f(z)$ の位数という．
2.
$$\rho = \rho(f) = \varlimsup_{r \to +\infty} \frac{\log \log M(r,f)}{\log r}. \tag{1.2}$$

---

[1] 関数 $g(z), h(z)$ に対してある定数 $K > 0$ があって $|g(z)| \leq K|h(z)|$ が $z = z_0$ の近傍において成り立つとき，$g(z) = O(h(z))$ $(z \to z_0)$ と書く．同様に任意の $\epsilon > 0$ に対して $|g(z)| \leq \varepsilon |h(z)|$ が $z = z_0$ の近傍において成り立つとき，$g(z) = o(h(z))$ $(z \to z_0)$ と書く．これらの記号は**ランダウの記号**と呼ばれる．

例 1. 複素多項式の位数は 0, $e^z, \sin z, \cos z$ の位数は 1. $\exp(z^k)$ (k は正整数) の位数は k, $\exp(e^z)$ の位数は $+\infty$. $\cos\sqrt{z}$ の位数は $\frac{1}{2}$ (cf. 以下の命題 1, 系). なお, 後ほど任意の実数 ρ $(0 \leq \rho < +\infty)$ に対して位数 ρ の整関数が存在することを示す.

命題 1. 位数 ρ $(< +\infty)$ の整関数 $f(w)$ に k 次の多項式 $w = g(z)$ を代入した合成関数 $F(z) = f \circ g(z)$ は位数 $k\rho$ の整関数である.

証明. $g(z) = az^k + \cdots$ $(a \neq 0)$ とすると, $g(z) = g_0(z)(1+h(z))$, $g_0(z) = az^k$, $h(z) \to 0$ $(z \to \infty)$ と書け, r_0 を十分大にとれば $|h(z)| < \frac{1}{2}$ $(|z| \geq r_0)$. したがって $R = |a|r^k/2$ とおけば, 各点 $|w| < R$ に対して不等式 $|g_0(z) - w| \geq 2R - |w| > R$ および $|(g(z)-w) - (g_0(z)-w)| = |g_0(z)h(z)| < R$ が $|z| = r$ 上で成り立つ. よって $|z| = r$ 上で $|(g(z)-w) - (g_0(z)-w)| < |g_0(z)-w|$ が成り立ち, ルーシェの定理から方程式 $g(z) = w$ の $|z| < r$ における解の個数は重複度も込めて $g_0(z) = w$ のそれと同じ, すなわち n 個であることがわかる. 特に円板 $|z| < r$ の g による像が円板 $|w| < R = |a|r^k/2$ を含む. このことと最大絶対値の原理から

$$M(R, f) = M(\tfrac{1}{2}|a|r^k, f) < M(r, F) \tag{1.3}$$

が従う. また, 同様に $|z| = r \geq r_0$ 上で

$$|g(z)| = |g_0(z)(1+h(z))| < \frac{3|a|}{2}r^k < 2|a|r^k$$

であるから, 最大絶対値の原理により

$$M(r, F) < M(2|a|r^k, f).$$

を得る. ここで $t = 2|a|r^k$ とおけば $t \to +\infty$ $(r \to +\infty)$ であり

$$\frac{\log \log M(r, F)}{\log r} < \frac{\log \log M(t, f)}{\log t} \cdot \frac{\log t}{\log r}$$

と書けるから，両辺の上極限をとると $\rho(F) \leq k\rho(f)$ がわかる．同様にして不等式 (1.3) から $k\rho(f) \leq \rho(F)$ がわかり，$\rho(F) = k\rho(f)$ を得る． $\square$

系． 位数 ρ ($< +\infty$) の整関数 $f(z)$ が偶関数ならば $f(\sqrt{z})$ は位数 $\rho/2$ の整関数である．

実際，$f(z) = f(-z)$ ゆえ $f(z)$ の原点のまわりのベキ級数展開は偶数ベキのみからなるので $f(\sqrt{z}) = F(z)$ は整関数である．$g(z) = z^2$ とすれば $f(z) = F \circ g(z)$，したがって上の命題から $\rho(f) = 2\rho(F)$ となる．

命題 2. $f(z)$ を位数 ρ の整関数とすれば，その導関数 $f'(z)$ の位数も ρ である．また $f(z)$ の積分（原始関数）の位数も ρ である．

証明． ρ が有限として示せば十分である．任意の r (>0) に対して $M(r,f) = |f(z_r^0)|$ となる点 $z_r^0 \in C_r = \{|z| = r\}$ が存在する．そして

$$f(z_r^0) - f(0) = \int_0^{z_r^0} f'(t)dt,$$

ただし積分路は 0 と z_r^0 を結ぶ線分とする．これより

$$M(r,f) \leq rM(r,f') + |f(0)|.$$

次に $R > r$ とし，$|z| \leq R$ でコーシーの積分定理（留数定理）を適用すると，任意の点 z ($|z| < R$) に対して

$$f'(z) = \frac{1}{2\pi i} \int_{C_R} \frac{f(w)}{(w-z)^2} dw.$$

ここで $R = 2r$ とし，$M(r,f') = |f'(z_r^1)|$ となる点 $z_r^1 \in C_r$ をとると $|w - z_r^1| \geq r$ ($w \in C_R$) ゆえ

$$M(r,f') = |f'(z_r^1)| \leq \frac{2M(2r,f)}{r}.$$

以上より

$$M(r,f) - |f(0)| \leq rM(r,f') \leq 2M(2r,f).$$

ここで命題 1 の証明で示したような計算をすれば $\rho(f') = \rho(f)$ がわかる．原始関数 $F(z) = \int_\alpha^z f(\zeta)d\zeta$ は $\mathbb{C}$ 上で一価正則ゆえ整関数であり $F'(z) = f(z)$. したがって上の結果から $\rho(F) = \rho(F') = \rho(f)$. □

なお，整関数 $f(z)$ の位数を f のベキ級数展開の係数から直接計算する方法があり，後述する．

2 整関数の零点と位数の関係

2.1 零点の収束指数

整関数 $f(z)$ の零点とは $f(z) = 0$ となる点 z のこと，すなわち方程式 $f(z) = 0$ の根のことである．以下，自明な場合を避けるため $f(z)$ は恒等的に 0 ではないとする．f が n 次の多項式ならば f は重複度を込めて n 個の零点を持つ（ガウス (Gauss) の代数学の基本定理）．整関数 $f(z)$ は z のベキ級数に展開すれば無限次多項式のようなものであるから零点は無数にあると想像されるが，例えば指数関数 e^z, e^{z^k}, e^{e^z} 等，零点を全く持たないものもある．この問題はピカールの定理に関係するが，ここでは省略する．他方，$\sin z, \cos z$ 等は無数の零点を持つ．そこで整関数 $f(z)$ の零点が無数にある場合を考える．この場合，その個数は可算個である．（もし非可算ならば，ある有限点に集積する零点の列がとれ，正則関数の一致の定理により $f(z) \equiv 0$ となる．）したがって以下，整関数 f の零点を $\{z_n\}$ と表し，かつ適当に番号を替えて

$$|z_1| \leq |z_2| \leq \cdots \leq |z_n| \leq \cdots \tag{1.4}$$

とし，重複点はその重複度だけ並べることにする．零点が無数にあるときは $|z_n| \to +\infty \ (n \to \infty)$ である．この零点の分布を調べるために次の定義を行う．

定義． 整関数 $f(z)$ の $z = 0$ を除いた零点を $\{z_n\}$ とするとき級数

$$\sum_n \frac{1}{|z_n|^\alpha} \tag{1.5}$$

が収束する $\alpha > 0$ の下限を $f(z)$ の零点の（あるいは数列 $\{z_n\}$ の）**収束指数** (exponent of convergence) といい，$\rho_1(f)$ あるいは単に ρ_1 と書く．そのような $\alpha > 0$ が存在しない時は $\rho_1 = +\infty$ とする．

f の零点が有限個ならば明らかに $\rho_1(f) = 0$．したがって，

命題 3. $\rho_1(f) > 0$ ならば（したがって特に $\rho_1(f)$ が非整数ならば）f の零点は無数にある．

2.2 ポアソン・イェンセンの公式

ここでは $\rho_1(f) \leq \rho(f)$ を示すが，これは整関数 f の増大度と零点の分布の関係を与える第一歩である．そしてそれは次のポアソン・イェンセン (Poisson-Jensen) の公式から導かれる．

定理 4. $f(z)$ は $|z| \leq R$ $(< +\infty)$ で正則とし，円板 $\{|z| \leq R\}$ 上の f の零点を $\{z_m\}_{m=1}^N$ （重複点は重複度だけ並べる）とするとき，$|z| < R$ に対して

$$\log|f(z)| = \frac{1}{2\pi}\int_0^{2\pi}\bigl(\log|f(\zeta)|\bigr)P(z,\zeta)d\varphi + \sum_{m=1}^N \log\left|\frac{R(z-z_m)}{R^2 - \overline{z_m}z}\right| \tag{1.6}$$

が成り立つ．ただし，

$$P(z,\zeta) = \operatorname{Re}\frac{\zeta+z}{\zeta-z} = \frac{R^2-r^2}{R^2-2rR\cos(\varphi-\theta)+r^2} \quad (\zeta = Re^{i\varphi},\ z = re^{i\theta})$$

はポアソン核 (Poisson kernel) である．

証明． まず $f(z) \neq 0$ $(|z|=R)$ とする．このとき，

$$F(z) = f(z)\prod_{m=1}^N \frac{R^2 - \overline{z_m}z}{R(z-z_m)} \tag{1.7}$$

とおくと $F(z)$ は $|z| \leq R$ で正則かつ $F(z) \neq 0$. したがって $\log|F(z)|$ は $|z| \leq R$ で調和関数ゆえポアソン積分表示により（付録参照）

$$\log|F(z)| = \frac{1}{2\pi}\int_0^{2\pi}\bigl(\log|F(\zeta)|\bigr)P(z,\zeta)d\varphi, \quad \zeta = Re^{i\varphi}. \tag{1.8}$$

仮定により $\{|\zeta| = R\}$ 上では $f(\zeta) \neq 0$ でかつ $\left|\dfrac{R^2 - \overline{z_m}\zeta}{R(\zeta - z_m)}\right| = 1$ ゆえ (1.8) は

$$\log|F(z)| = \frac{1}{2\pi}\int_0^{2\pi}\bigl(\log|f(\zeta)|\bigr)P(z,\zeta)d\varphi \tag{1.9}$$

と書け，左辺の $F(z)$ に (1.7) を代入すれば (1.6) が得られる.

次に $\{|z| = R\}$ 上に f が零点を持つ場合，$R' (> R)$ を十分 R に近くとると $\{R < |z| \leq R'\}$ 上に f の零点がないようにできる．したがって (1.6) が R を R' として成立する．そして $R' \to R$ とすれば (1.6) が成立することがわかる．実際，問題になるのは (1.6) の積分の部分であるが，$\zeta_0 = Re^{i\varphi_0}$ を $\{|\zeta| = R\}$ 上の f の零点とするとき，その近傍の点 $\zeta = Re^{i\varphi}$ に対して $\log|f(\zeta)| = O\Bigl(\log\dfrac{1}{|\varphi - \varphi_0|}\Bigr)$ $(\varphi \to \varphi_0)$ ゆえ (1.6) の積分は存在し，$R' \to R$ のとき $|\zeta| = R'$ 上の積分が $|\zeta| = R$ 上の積分に近づくことがわかる． □

定理 4 の系として次の結果が得られる．

定理 5. 定理 4 の仮定のもとで

(i) $f(0) \neq 0$ ならば

$$\log|f(0)| = \frac{1}{2\pi}\int_0^{2\pi}\log|f(Re^{i\varphi})|d\varphi + \sum_{m=1}^N \log\frac{|z_m|}{R} \tag{1.10}$$

（イェンセンの公式）．

(ii) $f(0) = 0$ のとき，原点近傍で $f(z) = c_k z^k + c_{k+1}z^{k+1} + \cdots$ $(c_k \neq 0)$，$k \geq 1$ とすると

$$k\log R + \log|c_k| = \frac{1}{2\pi}\int_0^{2\pi}\log|f(Re^{i\varphi})|d\varphi + {\sum_m}' \log\frac{|z_m|}{R}. \tag{1.11}$$

ただし, $\sum_{m}'$ は $\sum_{m=1}^{N}$ から $z_m = 0$ となる k 個の m を除いた和とする.

証明. (i) $P(0, \zeta) = 1$ ゆえ, (1.6) で $z = 0$ とすればよい.

(ii) $g(z) = f(z)/z^k = c_k + c_{k+1}z + \cdots$ とおけば $g(z)$ は $|z| \leq R$ で正則であり, $g(0) = c_k \neq 0$ かつ $|z| = R$ に対して $\log|g(z)| = \log|f(z)| - k\log R$ であるから, これに対して (i) を適用すればよい. □

さて, 以上の結果を整関数 $f(z)$ に応用する. $f(z)$ の零点を $\{z_n\}$ とし, (1.4) のように並べる.

定義. 整関数 $f(z)$ の**個数関数** $n(r)$ $(= n(r, f))$ $(0 \leq r < +\infty)$ を円板 $\{|z| \leq r\}$ に含まれる f の零点の (重複度を込めた) 個数と定義する.

定理 6. $f(z)$ が位数 ρ ($< +\infty$) の整関数とすれば任意の $\varepsilon > 0$ に対してある定数 $r_0 > 0$ があって

$$n(r, f) \leq r^{\rho+\varepsilon} \quad (r \geq r_0) \tag{1.12}$$

が成り立つ.

証明. 任意の $r > 0$ に対して $R = 2r$ とし, $\{|z| \leq R\}$ で定理 5 を ((i), (ii) を含めて) 使うと

$$C_R + \sum_{m}' \log \frac{R}{|z_m|} = \frac{1}{2\pi} \int_0^{2\pi} \log|f(Re^{i\varphi})| d\varphi,$$

ただし $C_R = k\log R + \log|c_k|$. さて, $\log \dfrac{R}{|z_m|} > 0$ ゆえ

$$\sum_{m}' \log \frac{R}{|z_m|} \geq \sum_{0 < |z_m| \leq r} \log \frac{2r}{|z_m|} \geq (n(r, f) - n(0, f))\log 2.$$

また $\dfrac{1}{2\pi}\displaystyle\int_0^{2\pi}\log|f(Re^{i\varphi})|d\varphi \le \log M(R,f)$ ゆえ

$$n(r,f)\log 2 \le \log M(2r,f) - C_{2r} + c,$$

ただし $c = n(0,f)\log 2$. f の位数は ρ ゆえ $\log M(r,f) = o(r^{\rho+\varepsilon})$ $(r\to +\infty)$. よって $\log M(2r,f) = o(r^{\rho+\varepsilon})$. また C_{2r} はたかだか $O(\log r)$ ゆえ (1.12) が示された. □

定理 7. $f(z)$ は位数 ρ $(< +\infty)$ の整関数とし, f の零点の収束指数を ρ_1 とすれば

$$\rho_1 \le \rho. \tag{1.13}$$

証明. f の零点を $\{z_m\}$, $r_m = |z_m|$ $(r_1 \le r_2 \le \cdots)$ とするとき, $\rho < \alpha$ である任意の α に対して $\displaystyle\sum_m{}'\dfrac{1}{r_m^\alpha}$ ($\sum_m'$ は $r_m = 0$ なる m を除く和) が収束することを示せばよい. そのために $\rho < \beta < \alpha$ である β に対して定理 6 を適用すると, 十分大きな $m_0 \le m$ に対して $m \le n(r_m,f) \le r_m^\beta$ ゆえ

$$\sum_{m_0}^\infty \dfrac{1}{r_m^\alpha} \le \sum_{m_0}^\infty \dfrac{1}{m^{\alpha/\beta}} < +\infty.$$

□

例 2. $f(z) = e^z$ の位数は $\rho = 1$ であるが $e^z \ne 0$ ゆえ $\rho_1 = 0$ である. $f(z) = \sin z$ の位数は $\rho = 1$, 零点は $n\pi$ $(n = 0, \pm 1, \pm 2, \dots)$ ゆえ $\rho_1 = 1$ である.

3 整関数の因数分解

3.1 基本乗積

m 次の多項式 $f(z)$ はその m 個(重複度を含めて)の零点 $z_1,\ldots,z_m$ を用いて $f(z) = c \prod_{k=1}^{m}(z-z_k)$ と因数分解されるが,整関数の場合その零点は一般に無数ゆえそのような因数分解は無限積になり一般には収束しない.これが収束するように工夫されたのが基本乗積である.

さて整関数 $f(z)$ は無限個の零点を持つとし,それをいつものように並べて $\{z_n\}$ と書く(cf. (1.4)).ただし,ここでは $z_n \neq 0$ とし,次の関数 $P(z)$ を考える:

$$P(z) = \prod_{n=1}^{\infty} E\left(\frac{z}{z_n}, k_n\right), \tag{1.14}$$

ただし $\quad E(u,p) = (1-u)\exp\left(u + \frac{1}{2}u^2 + \cdots + \frac{1}{p}u^p\right).$

そして整数 k_n はこの無限積が収束するようにとる.$P(z)$ を $f(z)$(あるいは $\{z_n\}$)の**基本乗積** (canonical product) という.なお,$f(z)$ がもともと零点を有限個しか持たない場合にも,有限積として上の形で定義される多項式 $P(z)$ を $f(z)$ の基本乗積としておくと,以下の結果が例外なく成立する.

例えば $k_n = n$ $(n=1,2,3,\ldots)$ とすれば上記の無限積が常に収束することを以下に示す.$|u| < 1$ ならば

$$\log(1-u) = -\sum_{n=1}^{\infty}\frac{u^n}{n}$$

(ただし log は主枝)ゆえ

$$\begin{aligned}\log E(u,n) &= \log(1-u) + \left(u + \frac{1}{2}u^2 + \cdots + \frac{1}{n}u^n\right) \\ &= -\left(\frac{u^{n+1}}{n+1} + \frac{u^{n+2}}{n+2} + \cdots\right).\end{aligned} \tag{1.15}$$

したがって $k > 1$ に対して $|u| \leq 1/k \ (< 1)$ ならば

$$\left|\log E(u,n)\right| \leq |u|^{n+1}\left(1 + \frac{1}{k} + \frac{1}{k^2} + \cdots\right) = \frac{k}{k-1}|u|^{n+1}. \quad (1.16)$$

さて任意の $R > 0$ に対して $|z| \leq R$ とし，n_0 を $|z_n| > 2R \ (n > n_0)$ となるよう十分大きくとれば，$|u| = |z/z_n| \leq 1/2 \ (n > n_0)$ ゆえ

$$\sum_{n>n_0}\left|\log E\left(\frac{z}{z_n},n\right)\right| \leq \sum_{n>n_0} 2\left|\frac{z}{z_n}\right|^{n+1} \leq \sum_{n>n_0}\frac{1}{2^n} \leq 1.$$

したがって $\sum_n \log E\left(\dfrac{z}{z_n},n\right)$ は $|z| \leq R$ で絶対かつ一様収束する．R は任意ゆえ同級数は全平面で広義一様収束する．したがって $\prod_n E\left(\dfrac{z}{z_n},n\right)$ も $\mathbb{C}$ で広義一様収束し正則，すなわち $P(z)$ は整関数である．そして $P(z)$ は $f(z)$ とちょうど同じ零点を持ち，それ以外の点では零点を持たない（$\exp z \neq 0$ ゆえ）．

以上の結果を言い換えて次の結論を得る．

定理 8（ワイエルシュトラス (Weierstrass)）．$\{z_n\} \ (z_n \neq 0)$ は有限点に極限点を持たない複素数列とする（各 z_n と同じ点が有限個あってもよい）．このとき $\{z_n\}$ を（重複度を込めて）ちょうどその零点に持つ基本乗積 $P(z)$（整関数）が存在する．

実際，上の議論は $\{z_n\}$ がこの定理の仮定を満たしているということ以外 f の性質は何も使っていないからである．

定理 8 から重要な諸結果が導かれる．その若干を以下に述べる．

定理 9（ワイエルシュトラスの因数分解定理）．恒等的に 0 でない整関数 $f(z)$ は次のように因数分解される：

$$f(z) = z^m e^{q(z)} P(z). \quad (1.17)$$

ただし，m は原点が f の零点であるときの重複度，$q(z)$ は整関数，$P(z)$ は f の原点以外の零点 $\{z_n\}$ に対する基本乗積である．

証明. $g(z) = f(z)/(z^m P(z))$ は $\mathbb{C}$ 上零点を持たない整関数である．このような整関数は $e^{q(z)}$（$q(z)$ は整関数）と表されることを示せばよい．このために

$$h(z) = \int_\alpha^z \frac{g'(\zeta)}{g(\zeta)} d\zeta$$

とおくと $g(\zeta) \neq 0$ ゆえ $h(z)$ は $\mathbb{C}$ 上一価正則で $h' = g'/g$, $h(\alpha) = 0$. ここで $[g(z)e^{-h(z)}]' = 0$ となるから $g(z) = ce^{h(z)}$, $c = g(\alpha) \neq 0$. したがって

$$q(z) = h(z) + \log g(\alpha)$$

とすれば $q(z)$ は整関数であり $g(z) = e^{q(z)}$ と書ける． □

定理 10. $\mathbb{C}$ 上の有理型関数 f は整関数の比で表される．

証明. 実際, $f(z)$ は一般に有限値に集積しない無数の零点 $\{a_m\}$ 及び極 $\{b_n\}$ を持つ．したがって定理 8 により $\{b_n\}$ をちょうど零点に持つ整関数 $P(z)$ を考えれば $Q(z) = f(z)P(z)$ は零点 $\{a_m\}$ を持つ整関数であり，$f(z) = Q(z)/P(z)$ と書ける． □

【付記】 定理 8 の精密化として次の結果がある：

定理 11. $\{z_j\}_{j=1}^\infty$ は $\mathbb{C}$ 上に集積点を持たない相異なる点列とし，各 z_j に対して n_j 次の多項式 $p_j(z) = \sum_{k=0}^{n_j} c_{jk}(z - z_j)^k$ が与えられているとき，次の性質を持つ整関数 $f(z)$ が存在する：$f(z)$ は各点 z_j でそのテイラー展開が $p_j(z)$ から始まる，すなわち $f(z) = p_j(z) + O((z - z_j)^{n_j+1})$ $(z \to z_j)$.

証明. 定理 8 により各 z_j $(j = 1, 2, \dots)$ において $n_j + 1$ 位の零点を持ち，それ以外の点では 0 にならない整関数 $g(z)$ が存在する．またミッタクレフラー (Mittag-Leffler) の定理（例えば [23] 参照）によって次の性質を持つ $\mathbb{C}$ 上の有

理型関数 $h(z)$ が存在する．すなわち $h(z)$ は $\{z_j\}$ 以外では正則で，点 z_j の近傍で
$$f_j(z) := h(z) - \frac{p_j(z)}{g(z)}$$
が正則である（すなわち，$h(z)$ は z_j において高々 (n_j+1) 位の極を持つが，その z_j のまわりのローラン展開の主要部が $p_j(z)/g(z)$ のそれに等しい）．このとき
$$f(z) = g(z)h(z)$$
が求める関数である．実際，$f(z)$ は各 z_j の近傍では $f(z) = g(z)h(z) = p_j(z) + g(z)f_j(z)$ であり，$g(z)f_j(z)$ はそこで $c(z-z_j)^{n_j+1} + \cdots$ という形の展開を持つ．したがって $f(z)$ は各 z_j において $p_j(z)$ で始まる展開を持つ．□

応用として例えば次の**補間問題** (interpolation problem) の解の存在がわかる：

系． $\mathbb{C}$ 上に集積しない相異なる点列 $\{z_n\}$ と任意の複素数列 $\{c_n\}$ $(n = 1, 2, \ldots)$ に対して
$$f(z_n) = c_n \quad (n = 1, 2, \ldots)$$
となる整関数 $f(z)$ が存在する．

3.2 基本乗積の位数

$f(z)$ を位数 ρ $(< +\infty)$ の整関数，$\{z_n\}$ をその零点とし，前と同じように並べ，0 でないと仮定する．このとき級数
$$\sum_{n=1}^{\infty} \frac{1}{r_n^{p+1}} \quad (r_n = |z_n|) \tag{1.18}$$
が収束する最小の整数 p (≥ 0) を $f(z)$（あるいは $\{z_n\}$）の**種数** (genus) という．収束指数の定義 (1.5) と比べると明らかに $\rho_1 - 1 \leq p \leq \rho_1$ であり，定理 7 と併せて
$$\rho_1 - 1 \leq p \leq \rho_1 \leq \rho \tag{1.19}$$

が成り立つ．したがって $\rho < +\infty$ ならば $p < +\infty$ で，この場合 $\{z_n\}$ に対する基本乗積は，p を $\{z_n\}$ の種数とするとき

$$P(z) = \prod_{n=1}^{\infty} E\left(\frac{z}{z_n}, p\right), \tag{1.20}$$

$$E(u,p) = (1-u)\exp\left(u + \frac{1}{2}u^2 + \cdots + \frac{1}{p}u^p\right)$$

で与えられる．一般の場合 (1.14) とくらべ $P(z)$ の各項にある k_n が n に無関係な種数 p で置き換えられていることに注意する．これを**種数 p の基本乗積**と呼ぶことにする．実際，次が成り立つ．

定理 12. 整関数 $f(z)$ の零点 $\{z_n\}$ が有限な収束指数 ρ_1 および種数 p を持つとする．この零点に対する種数 p の基本乗積 $P(z)$ は $\mathbb{C}$ 上で広義一様収束して整関数を定め，その零点は $f(z)$ の零点 $\{z_n\}$ と一致する．さらに，$P(z)$ の位数は $\{z_n\}$ の収束指数 ρ_1 に等しい：$\rho(P) = \rho_1(P) = \rho_1$．

等式 $\rho(P) = \rho_1(P)$ の証明には，一般に $\rho_1 \leq \rho$ であり，今の場合 $\rho_1 = \rho_1(f) = \rho_1(P) \leq \rho(P)$ ゆえ $\rho(P) \leq \rho_1$ を示せばよい．すなわち任意の $\varepsilon > 0$ に対して

$$\log|P(z)| = \sum_n \log\left|E\left(\frac{z}{z_n}, p\right)\right| < Cr^{\rho_1+\varepsilon} \quad (r=|z|) \tag{1.21}$$

を示せばよいが簡単ではない．これを克服するために考えられたのがその級数を 2 つの級数 $\Sigma_1 = \sum_{r_n \leq kr}$ と $\Sigma_2 = \sum_{r_n > kr}$（ただし，$r_n = |z_n|$, $r = |z|$, $k > 1$）に分けて評価するという工夫である．そのため次の補題 13, 14 を用意する．

補題 13. p は非負整数，$k > 1$ は定数とする．

(i) $|u| \leq 1/k$ ならば

$$|\log|E(u,p)|| \leq |\log E(u,p)| \leq K|u|^{p+1}, \tag{1.22}$$

(ii) $|u| \geq 1/k$ ならば
$$\log|E(u,p)| \leq K|u|^p \quad (p \geq 1). \tag{1.23}$$
(iii) $|1-u| \geq 1/k$ ならば
$$|\log E(u,p)| \leq K|u|^{p+1} \quad (p \geq 1). \tag{1.24}$$
ただし log は主枝, K は k, p のみに依存する定数.

証明. (i) は (1.16) を参照. まず (ii) を示す. まず簡単な不等式 $\log(1+x) \leq x$ $(0 \leq x)$ に注意すると, $|u| \geq 1/k$ に対して
$$\log|1-u| \leq \log(1+|u|) \leq |u| \leq k^{p-1}|u|^p$$
を得る. 他方,
$$\sum_{m=1}^{p} \frac{|u|^m}{m} \leq \sum_{m=1}^{p} |u|^m = |u|^p \sum_{m=0}^{p-1} \frac{1}{|u|^m} \leq pk^p|u|^p$$
ゆえ (1.23) を得る.

最後に (iii) を示すため, $|1-u| \geq 1/k$ とする.
$$\log E(u,p) = \int_0^u \left(-\frac{1}{1-t} + 1 + t + \cdots + t^{p-1}\right) dt = \int_0^u \frac{-t^p}{1-t} dt$$
と表すことができるが, ここで 0 と u を結ぶ積分路 γ をその上で $|t| \leq |u|$ かつ $|1-t| \geq |1-u|$ $(\geq 1/k)$ となるように選ぶと
$$|\log E(u,p)| \leq \int_\gamma \frac{|t|^p}{|1-t|} |dt| \leq k|u|^p \int_\gamma |dt|$$
と評価できるが, γ の長さは $|u|$ の定数倍 (たとえば $\pi/2$ 倍) 以下に選べるので (1.24) が得られる. □

補題 14. ρ_1 を $\{z_n\}$ $(r_n = |z_n| > 0)$ に対する収束指数, p を種数とし, $k > 1$ とする. 十分小さい $\varepsilon > 0$ に対してある定数 $C > 0$ が存在し次が成り立つ: 任意の $r \geq 1$ に対して,

(i) $\displaystyle\sum_{r_n \leq kr} \left(\frac{r}{r_n}\right)^p < Cr^{\rho_1+\varepsilon}$

(ii) $\displaystyle\sum_{r_n > kr} \left(\frac{r}{r_n}\right)^{p+1} < Cr^{\rho_1+\varepsilon}$

証明. (i) (1.19) より 任意の $\varepsilon > 0$ に対して $\alpha := \rho_1 + \varepsilon - p > 0$ であり, $(r/r_n)^p = (r/r_n)^{\rho_1+\varepsilon}(r/r_n)^{-\alpha}$ に $(r/r_n)^{-\alpha} = (r_n/r)^{\alpha} \leq k^{\alpha}$ を適用して次の不等式を得る：

$$\Sigma_1 = \sum_{r_n \leq kr} \left(\frac{r}{r_n}\right)^p \leq k^{\alpha} r^{\rho_1+\varepsilon} \sum_n \frac{1}{r_n^{\rho_1+\varepsilon}} < Cr^{\rho_1+\varepsilon}.$$

(ii) (1.19) から一般に $\rho_1 \leq p+1$ であるので

1) $\rho_1 = p+1$ のときは種数の定義から ρ_1 に $\varepsilon > 0$ を足さなくても収束するので

$$\Sigma_2 = \sum_{r_n > kr} \left(\frac{r}{r_n}\right)^{p+1} \leq \sum_n \left(\frac{r}{r_n}\right)^{\rho_1} \leq Cr^{\rho_1} < Cr^{\rho_1+\varepsilon}.$$

2) $\rho_1 < p+1$ のとき，$\rho_1 + \varepsilon < p+1$ となる十分小さい $\varepsilon > 0$ に対して $(r/r_n)^{p+1} = (r/r_n)^{\rho_1+\varepsilon}(r/r_n)^{\beta}$, ただし $\beta = p+1-(\rho_1+\varepsilon) > 0$. $r_n > kr$ ゆえ $(r/r_n)^{\beta} < 1/k^{\beta}$. したがって,

$$\Sigma_2 = \sum_{r_n > kr} \left(\frac{r}{r_n}\right)^{p+1} < k^{-\beta} r^{\rho_1+\varepsilon} \sum_n \frac{1}{r_n^{\rho_1+\varepsilon}} < Cr^{\rho_1+\varepsilon}.$$

□

定理 12 の証明. まず (1.20) の無限積が任意の $R > 0$ に対して $|z| \leq R$ 上で（零点のまわりを除き）一様収束することを示す. 十分大きな m に対して $r_n \geq 2R$ $(n \geq m)$ とできるので, $|z/z_n| \leq 1/2$ $(n \geq m)$ となり (1.22) から

$$\sum_{n=m}^{\infty} \left|\log E\left(\frac{z}{z_n}, p\right)\right| \leq \sum_{n=m}^{\infty} K \left|\frac{z}{z_n}\right|^{p+1} < +\infty$$

より収束性が従う.特に P は $\{z_n\}$ のみに零点を持つ整関数であることがわかる.次に $\rho(P) \leq \rho_1$ を示せば証明が完了する.補題 13, 14 により

$$\log|P(z)| \leq K \sum_{r_n \leq kr} \left(\frac{r}{r_n}\right)^p + K \sum_{r_n > kr} \left(\frac{r}{r_n}\right)^{p+1} = O(r^{\rho_1+\varepsilon}) \quad (r \to +\infty)$$

となり $\rho(P) \leq \rho_1 + \varepsilon$ が得られる.$\varepsilon > 0$ は任意ゆえ P の位数は ρ_1 を超えない. □

3.3 位数有限な整関数の因数分解

整関数 $f(z)$ の位数が有限なとき $f(z)$ のワイエルシュトラスの因数分解定理 (1.17) における整関数 $q(z)$ は次のような多項式になり広く利用される.

定理 15(アダマールの因数分解定理).$f(z)$ は位数 ρ $(< +\infty)$ の整関数とすれば

$$f(z) = z^m e^{q(z)} P(z) \tag{1.25}$$

と因数分解される.ここに m は原点における $f(z)$ の零の位数,$P(z)$ は $f(z)$ の原点以外の零点に対する種数 p $(\leq \rho)$ の基本乗積,$q(z)$ は多項式で $\deg q \leq \rho$ なるものである.

この定理の証明は以下の補題の後に行う.さて,前と同様収束指数有限な点列 $\{z_n\}$ を零点に持つ種数 p の基本乗積を $P(z)$ とすると次の結果が成り立つ.

補題 16. $k > 1$ とする.

(i) $|u| \leq 1/k$ ならば

$$\log|E(u,p)| > -K|u|^{p+1}, \tag{1.26}$$

(ii) $|u| \geq 1/k$ ならば

$$\log|E(u,p)| \geq \log|1-u| - K|u|^p. \tag{1.27}$$

ただし log は主枝，p は非負整数，K は k, p のみに依存する定数．

証明． 実際，(i) は補題 13 より $-\log|E(u,p)| \leq |\log E(u,p)| \leq K|u|^{p+1}$ であるから明らか．(ii) は (1.23) と同様に示される：

$$\log|E(u,p)| \geq \log|1-u| - \left(|u| + \frac{1}{2}|u|^2 + \cdots + \frac{1}{p}|u|^p\right)$$
$$\geq \log|1-u| - pk^p|u|^p.$$

□

補題 17. $k > 1$ とする．任意の $\varepsilon > 0$ に対して

$$\log|P(z)| \geq \sum_{r_n \leq kr} \log\left|1 - \frac{z}{z_n}\right| - Cr^{\rho_1+\varepsilon} \quad (0 < r < +\infty). \quad (1.28)$$

ただし $|z| = r$, $|z_n| = r_n$, ρ_1 は $P(z)$ の零点 $\{z_n\}$ の収束指数，$C > 0$ は定数．

証明． 前のように

$$\log|P(z)| = \sum_n \log\left|E\left(\frac{z}{z_n}, p\right)\right| = \Sigma_1 + \Sigma_2$$

と分けると，補題 16 より

$$\Sigma_1 > \sum_{r_n \leq kr} \left(\log\left|1 - \frac{z}{z_n}\right| - K\left(\frac{r}{r_n}\right)^p\right),$$
$$\Sigma_2 > -K \sum_{r_n > kr} \left(\frac{r}{r_n}\right)^{p+1}.$$

したがって補題 14 により，(1.28) を得る．□

補題 18. 任意の $\varepsilon > 0$ に対し，$P(z)$ のすべての零点 z_n の近傍 $\{z : |z - z_n| \leq 1/r_n^{\rho_1+\varepsilon}\}$ の外部を E とするとき，十分大きな r_0 をとれば

$z \in E$ に対して

$$\log |P(z)| > -r^{\rho_1+\varepsilon} \quad (r = |z| > r_0) \tag{1.29}$$

が成り立つ. 特に E 上に円列 $C_n = \{|z| = R_n\}$, $R_n \to +\infty$, をとることができ

$$\log |P(z)| > -R_n^{\rho_1+\varepsilon} \quad (z \in C_n, \, n = 1, 2, \dots). \tag{1.30}$$

証明. (1.28) の右辺の和 Σ_1 を下方に評価する. $z \in E$ ならば $|z - z_n| > 1/r_n^{\alpha}$ ($\alpha = \rho_1 + \varepsilon$, $n = 1, 2, \dots$) ゆえ

$$\Sigma_1 = \sum_{r_n \leq kr} \log \left|1 - \frac{z}{z_n}\right| \geq \sum_{r_n \leq kr} \log \frac{1}{r_n^{\alpha+1}}$$
$$\geq -[(\alpha+1)\log(kr)]n(kr).$$

ただし, $n(\cdot)$ は $P(z)$ の個数関数とする. (1.12) および定理 12 から $n(kr) \leq r^{\rho_1+\varepsilon/2}$ となるので, ある定数 $K > 0$ に対して $\Sigma_1 \geq -Kr^{\rho_1+\varepsilon/2}\log r$. そして (1.28) により (1.29) が示された. ところで除いた零点を中心とする円板の直径の総和は $2\sum_n 1/r_n^{\rho_1+\varepsilon} < +\infty$ ゆえ (1.30) が成り立つ円列 C_n がとれる. □

定理 15(アダマールの定理)**の証明.** $f(z)/z^m$ を考えることにより最初から $f(0) \neq 0$ としてよい. f の因数分解 $f(z) = e^{q(z)}P(z)$ に対して $q(z)$ が次数が ρ を超えない多項式であることを示す. $|f(z)| = |e^{q(z)}||P(z)|$ の対数をとると

$$\operatorname{Re} q(z) = \log |f(z)| - \log |P(z)|.$$

$f(0) = 1$ としておくと $P(0) = 1$ ゆえ $\operatorname{Re} q(0) = 0$. f は位数 ρ ゆえ $\log |f(z)| < r^{\rho+\varepsilon/2}$ ($r = |z|$, $\varepsilon > 0$). また補題 18 により円列 $C_n = \{|z| = R_n\}$, $R_n \to +\infty$ ($n \to \infty$) が存在し, C_n 上で $-\log |P(z)| < R_n^{\rho_1+\varepsilon/2}$ (ρ_1

は P（あるいは f）の零点の収束指数）．$\rho_1 \le \rho$ ゆえ

$$\operatorname{Re} q(z) < R_n^{\rho+\varepsilon} \quad (z \in C_n,\ n : \text{十分大}). \tag{1.31}$$

ここで任意の $R > 0$ に対して $\{|z| \le R\}$ で整関数 $q(z)$ に対してカラテオドリの不等式（cf. 3.4 節の付記）を使うと，$q^{(m)}$（m 階導関数）は不等式

$$|q^{(m)}(z)| \le \frac{2R \cdot m!}{(R-r)^{m+1}}\bigl(A(R) - \operatorname{Re} q(0)\bigr) \quad (r = |z|) \tag{1.32}$$

を満たす．ただし，ここで $A(R) = \max_{|z|=R} \operatorname{Re} q(z)$（今の場合 $\operatorname{Re} q(0) = 0$ であるから最大値の原理により $A(R) \ge 0$ である）．

さて (1.32) の R として (1.31) の R_n をとり，$z = 0$ とすると

$$|q^{(m)}(0)| \le \frac{2 \cdot m!}{R_n^m} R_n^{\rho+\varepsilon} = 2 \cdot m! R_n^{\rho+\varepsilon-m} \quad (n : \text{十分大}). \tag{1.33}$$

$q(z)$ のベキ級数展開を $q(z) = \sum_{m=0}^{\infty} a_m z^m$ とすれば $a_m = q^{(m)}(0)/m!$．したがって $m > \rho$ ならば $m > \rho + \varepsilon$ なる $\varepsilon > 0$ がとれるから，(1.33) により $R_n \to +\infty$ とすれば $a_m = 0\ (m > \rho)$ がわかる．よって $q(z)$ は多項式であり $\deg q(z) \le \rho$. □

系． 整関数 f の位数 ρ ($< +\infty$) が非整数ならば $\rho = \rho_1$ である．そして f は無数の零点を持つ．

証明． アダマールの定理により $f(z) = z^m e^{q(z)} P(z)$ と因数分解すると $q(z)$ は多項式で $\deg q \le [\rho] < \rho$ （ρ は非整数ゆえ）．一般に $\rho_1 \le \rho$（定理 7）．また定理 12 により $P(z)$ の位数は ρ_1 であるが，もし $\rho_1 < \rho$ ならば f は位数 $< \rho$ の 3 つの整関数の積となり，直接計算あるいは後述の定理 20 の前半より f の位数も $< \rho$ となり矛盾である．後半は $\rho_1 > 0$ となることからわかる．□

注意． 系は ρ が整数あるいは ∞ のとき成立するとは限らない．f が $\exp(z^k)$（k は正整数）あるいは $\exp(e^z)$ のとき位数はそれぞれ k および $+\infty$ であるが零点を持たない．

3 整関数の因数分解

定理 19. $f(z)$ は位数 ρ $(< +\infty)$ の整関数, $\{z_n\}$ は f の零点, E は補題 18 の領域 (z_n の $1/r_n^{\rho+\varepsilon}$-近傍 ($n=1,2,\ldots$) の和集合の外部) とすると, 十分大きな r_0 をとれば

$$\log|f(z)| > -r^{\rho+\varepsilon} \quad (z \in E,\ r = |z| \geq r_0) \tag{1.34}$$

が成り立ち,特に E に含まれる円列 $C_n = \{|z| = R_n\}$, $R_n \to +\infty$ $(n \to \infty)$ がとれて,各 n に対して

$$\log|f(z)| > -R_n^{\rho+\varepsilon} \quad (z \in C_n) \tag{1.35}$$

である.

証明. アダマールの因数分解定理から

$$\log|f(z)| = m\log r + \operatorname{Re} q(z) + \log|P(z)|$$

を得る.また補題 18 から十分大きな r に対して $\log|P(z)| > -r^{\rho_1+\varepsilon} \geq -r^{\rho+\varepsilon}$ ($z \in E$, $r = |z|$).$q(z)$ は高々 $[\rho]$ 次の多項式ゆえ $-\operatorname{Re} q(z) \leq |\operatorname{Re} q(z)| \leq Ar^\rho$ (A は定数),すなわち $\operatorname{Re} q(z) \geq -Ar^\rho$ ゆえ (1.34) が成り立ち, (1.35) は補題 18 のようにすればよい. □

(1.35) のように $|f(z)|$ の下方への評価は珍しく,以下でも使う.

3.4 応用例

例 3 (正弦関数 $\sin \pi z$). これは位数 1 の整関数であり,その零点は $z_n = n$ ($n = 0,\ \pm 1,\ \pm 2,\ldots$) なので種数は $p = 1$ である.これに対する基本乗積は

$$P(z) = \prod_{n=1}^\infty \left(1 - \frac{z}{n}\right) e^{z/n} \cdot \prod_{n=1}^\infty \left(1 + \frac{z}{n}\right) e^{-z/n} = \prod_{n=1}^\infty \left(1 - \frac{z^2}{n^2}\right) \tag{1.36}$$

とかける.(基本乗積は絶対収束するから積の順序を変えてもよい.) したがってアダマールの因数分解定理から

$$\sin \pi z = z e^{az+b} P(z) \quad (a, b\ は定数)$$

となる．ところで $\sin(\pi z)/(\pi z) \to 1 \; (z \to 0)$, $P(0) = 1$ ゆえ $e^b = \pi$. したがって
$$\frac{\sin \pi z}{\pi z} = e^{az} P(z)$$
となるがその左辺および $P(z)$ はともに偶関数ゆえ $a = 0$ となり
$$\sin \pi z = \pi z \prod_{n=1}^{\infty} \left(1 - \frac{z^2}{n^2}\right) \quad (z \in \mathbb{C}). \tag{1.37}$$

例 4（(複素) ガンマ関数 $\Gamma(z)$）．ここでは $\Gamma(z)$ の無限積表示とその直接的応用を述べるだけであるので次の定義から始める：
$$\Gamma_n(z) = \frac{n! \, n^z}{z(z+1)\cdots(z+n)} = \frac{n^z}{z \prod_{k=1}^{n} \left(1 + \frac{z}{k}\right)} \tag{1.38}$$

とおく．$n \to \infty$ のとき分母の積が収束するように変形する；
$$\frac{1}{\Gamma_n(z)} = z \left[\prod_{k=1}^{n} \left(1 + \frac{z}{k}\right) e^{-z/k}\right] e^{z(1 + \frac{1}{2} + \cdots + \frac{1}{n} - \log n)}. \tag{1.39}$$

この関数は $z = 0, -1, \ldots, -n$ で 1 位の零点をもち，それ以外では $\neq 0$ である整関数である．ここで $n \to \infty$ とすると [ ] 内の積は $\{z_k = -k : k = 1, 2, \ldots\}$ に対する基本乗積に収束する．また周知のように
$$\lim_{n \to \infty} \left(1 + \frac{1}{2} + \cdots + \frac{1}{n} - \log n\right) = \gamma \quad \text{(オイラー (Euler) の定数)}^{2)} \tag{1.40}$$

であるから，$\lim_{n \to \infty} \Gamma_n(z) = \Gamma(z)$ とすれば
$$\frac{1}{\Gamma(z)} = z e^{\gamma z} \prod_{k=1}^{\infty} \left(1 + \frac{z}{k}\right) e^{-z/k}. \tag{1.41}$$

---

2) $\gamma = 0.57721 \cdots$.

この $\Gamma(z)$ を**ガンマ関数**という．$1/\Gamma(z)$ は $z_k = -k$ $(k = 0, 1, \dots)$ で 1 位の零点をもち，それ以外では $\neq 0$ である整関数である．特に零点の収束指数は $\rho_1 = 1$，種数は $p = 1$ である．ガンマ関数の対数微分 $\Gamma'(z)/\Gamma(z)$ は**ディガンマ関数** (digamma function) と呼ばれ，しばしば $\psi(z)$ と表記されるが，(1.41) の両辺を対数微分して

$$-\psi(z) = -\frac{\Gamma'(z)}{\Gamma(z)} = \frac{1}{z} + \gamma + \sum_{k=1}^{\infty} \left(\frac{1}{k+z} - \frac{1}{k} \right)$$

を得る．$z = 1$ として特に

$$\psi(1) = \Gamma'(1) = -\gamma$$

が示される．また，よく知られた公式

$$\sum_{n=1}^{\infty} \frac{(-1)^{n-1}}{n} = 1 - \frac{1}{2} + \frac{1}{3} - \frac{1}{4} - \frac{1}{5} + \cdots = \log 2$$

に注意すれば[3]，同様にして

$$\psi\left(\frac{1}{2}\right) = -2 - \gamma - 2 \sum_{k=1}^{\infty} \left(\frac{1}{2k+1} - \frac{1}{2k} \right) = -\gamma - 2\log 2 \quad (1.42)$$

を得る．定理 12 より (1.41) における無限積の部分（種数 1 の基本乗積）は位数 1 の整関数であり，$e^{\gamma z}$ も同じく位数 1 の整関数であるから，$1/\Gamma(z)$ の位数 ρ は高々 1 である（後述の定理 20 参照）．一方，$\rho \geq \rho_1 = 1$ であるから $1/\Gamma(z)$ の位数は $\rho = 1$ であることがわかる．

$\Gamma(z)$ の性質として，まず (1.38) より

$$\Gamma_n(z+1) = \Gamma_n(z) \frac{nz}{n+z+1}, \quad \Gamma_n(1) = \frac{n}{n+1}.$$

---

[3] これは $|x| < 1$ に対して成り立つ級数展開 $\log(1+x) = \sum_{n=1}^{\infty} \frac{(-1)^{n-1}}{n} x^n$ において $x \to 1$ とすれば得られるが，厳密な議論にはアーベルの級数変化法を必要とする．詳しくは [3] などを参照のこと．

$n \to \infty$ とすると
$$\Gamma(z+1) = z\,\Gamma(z), \quad \Gamma(1) = 1. \tag{1.43}$$

これより $\Gamma(n) = (n-1)!$. また (1.43), (1.41) により

$$\Gamma(1-z) = (-z)\Gamma(-z) = \left[e^{-\gamma z} \prod_{k=1}^{\infty} \left(1 - \frac{z}{k}\right) e^{z/k} \right]^{-1}.$$

したがって (1.41), (1.37) により

$$\Gamma(z)\Gamma(1-z) = \frac{\pi}{\sin \pi z} \tag{1.44}$$

が示された．これを $\Gamma(z)$ の相反公式ともいう．さらに (1.43) の両辺の対数微分をとればディガンマ関数に関する漸化式

$$\psi(z+1) = \psi(z) + \frac{1}{z}$$

が得られる．特に $z = 1/2$ とすれば (1.42) より

$$\psi\left(\frac{3}{2}\right) = 2 - \gamma - 2\log 2 \tag{1.45}$$

となる．

なお，よく知られた積分

$$\int_0^{+\infty} t^{z-1} e^{-t} dt \quad (\mathrm{Re}\,z > 0)$$

の全平面への解析接続と上記の $\Gamma(z)$ とは一致することが示される（証明略，cf. [23, pp. 159–160]）．

【付記】 カラテオドリ (Carethéodory) の不等式.

$f(z)$ は $|z| \le R$ で正則とし，$A(R) = \max_{|z|=R} \mathrm{Re}\,f(z)$ とすれば

(a) $|f(z)| \le \dfrac{2r}{R-r} A(R) + \dfrac{R+r}{R-r} |f(0)| \quad (r = |z| < R).$

(b) n 階導関数 $f^{(n)}$ ($n \geq 1$) に対して

$$|f^{(n)}(z)| \leq \frac{2Rn!}{(R-r)^{n+1}}(A(R)+|f(0)|) \quad (r=|z|<R).$$

証明． $f(z) = u(z) + iv(z)$ に対して次の積分表示が成り立つ（**シュヴァルツの表現公式**）：

$$f(z) = \frac{1}{2\pi}\int_0^{2\pi} u(\zeta)\frac{\zeta+z}{\zeta-z}d\varphi + iv(0) \quad (\zeta = Re^{i\varphi},\ |z|<R) \quad (1.46)$$

（実際，この式の右辺を $g(z)$ とすると，その実部が $u(z)$ のポアソン積分表示になることから $\mathrm{Re}(f-g)$ が定数であることがわかる．このことから $f-g$ 自体が定数であることが従い，原点において値を比較してその定数が $iv(0)$ であることがわかる）．この式から先に (b) を証明しよう．(1.46) を z について微分すると

$$f'(z) = \frac{1}{2\pi}\int_0^{2\pi} u(\zeta)\frac{2\zeta}{(\zeta-z)^2}d\varphi. \quad (1.47)$$

この式を $(n-1)$ (≥ 0) 回微分すると

$$f^{(n)}(z) = \frac{n!}{\pi}\int_0^{2\pi}\frac{u(\zeta)\zeta}{(\zeta-z)^{n+1}}d\varphi = \frac{n!}{\pi i}\int_{C_R}\frac{u(\zeta)}{(\zeta-z)^{n+1}}d\zeta.$$

ただし，ここで $C_R = \{|\zeta|=R\}$，積分は C_R の正の向きとする．ところで $n+1 \geq 2,\ |z|<R$ ゆえ $\int_{C_R}\frac{d\zeta}{(\zeta-z)^{n+1}} = 0$ （留数定理）．したがって

$$f^{(n)}(z) = \frac{n!}{\pi i}\int_{C_R}\frac{u(\zeta)-A(R)}{(\zeta-z)^{n+1}}d\zeta.$$

$A(R) - u(\zeta) \geq 0$ に注意し，両辺の絶対値をとると $|\zeta-z| \geq R-r$ ($r=|z|$) ゆえ

$$\left|f^{(n)}(z)\right| \leq \frac{n!}{\pi}\int_0^{2\pi}\frac{A(R)-u(\zeta)}{(R-r)^{n+1}}Rd\varphi = \frac{2R\cdot n!}{(R-r)^{n+1}}(A(R)-u(0)).$$

ただし $\frac{1}{2\pi}\int_0^{2\pi} u(\zeta)d\varphi = u(0)$ （調和関数の平均値定理）を用いた．そして $-u(0) \leq |u(0)| \leq |f(0)|$ ゆえ (b) が証明された．

(a) の証明：(b) で $n=1$ とすると $|f'(z)| \leq \dfrac{2R}{(R-r)^2}(A(R)+|f(0)|)$. 一方，$f(z)-f(0)=\displaystyle\int_0^z f'(\xi)d\xi$ ($\xi=te^{i\theta}$, $z=re^{i\theta}$, $0\leq t\leq r$) ゆえ

$$|f(z)-f(0)| \leq \int_0^r |f'(te^{i\theta})|dt \leq 2R(A(R)+|f(0)|)\int_0^r \frac{dt}{(R-t)^2}.$$

$\displaystyle\int_0^r \frac{dt}{(R-t)^2} = \frac{r}{R(R-r)}$ ゆえ $|f(z)-f(0)|\leq \dfrac{2r}{R-r}(A(R)+|f(0)|)$. これより (a) が得られる. □

4 位数関連の定理（続）

4.1 整関数の和（差）と積の位数

定理 20. $f(z)$, $g(z)$ は位数 $\rho(f)$, $\rho(g)$ が有限な整関数とすると

$$\rho(f+g) \leq \rho^*, \quad \rho(fg) \leq \rho^*, \quad \rho^* = \max\{\rho(f), \rho(g)\}. \quad (1.48)$$

もし $\rho(f) > \rho(g)$ かつ $g(z) \not\equiv 0$ ならば，

$$\rho(f+g) = \rho(fg) = \rho(f) \quad (1.49)$$

が成り立つ．

証明． (1.48) は，$M(r, f+g) \leq M(r,f)+M(r,g)$, $M(r,fg) \leq M(r,f)M(r,g)$ より容易にわかる．次に $\rho(g) < \rho(f)$ と仮定する．もし $\rho(f+g) < \rho(f)$ ならば，(1.48) より $\rho(f) \leq \max\{\rho(f+g), \rho(-g)\} < \rho(f)$ となり矛盾．よって $\rho(f+g) \geq \rho(f)$ でなければならず，$\rho(f+g) = \rho(f)$ が示された．積の方をいうには $\rho(fg) \geq \rho(f)$ を示せばよいが（この場合 $\rho^* = \rho(f)$），その証明は容易ではない．

(a) $\rho_1(f) = \rho(f)$ の場合：f の零点は fg のそれに含まれるから

$$\rho(fg) \geq \rho_1(fg) \geq \rho_1(f) = \rho(f).$$

(b) $\rho_1(f) < \rho(f)$ の場合：定理 15 の系により $\rho(f)$ は整数 $m\ (> 0)$ である．f のアダマール因数分解を $f(z) = z^k e^{q(z)} P(z)$ とすると，$q(z)$ は多項式で $\deg q(z) \leq \rho(f) = m$ であるが，この場合 $\deg q = m$ である（もし $< m$ ならば $\rho(e^q) < m$, $\rho(P) = \rho_1(P)$（定理 12），$\rho_1(P) = \rho_1(f) < \rho(f) = m$ となり矛盾）．

さてここで fg を次のように f_1 と f_2 の積に分解する：

$$f_1(z) = e^{q(z)}\ (\neq 0), \quad f_2(z) = z^k P(z) g(z).$$

すると $\rho(f_1) = m$, $\rho(f_2) < m$ である．容易にわかるように円 $C_r = \{|z| = r\}$ が f_2 の零点を含まなければ

$$\log M(r, f_1 f_2) \geq \log M(r, f_1) + \min_{z \in C_r} \log |f_2(z)|.$$

さて $\rho(f_2) < m$ ゆえ $m - \rho(f_2) > 4\varepsilon$ なる $\varepsilon > 0$ に対して（$q(z)$ が多項式であるから）十分大きな r_0 をとれば $\log M(r, f_1) \geq r^{m-\varepsilon}\ (r > r_0)$．また f_2 を下方に評価するために定理 19 により f_2 の零点を含まない円列 $C_{R_n}\ (R_n \to +\infty)$ で $z \in C_{R_n}$ に対して $\log |f_2(z)| \geq -R_n^{\rho(f_2)+\varepsilon}$ となるものがとれる．以上より十分大きな n に対して

$$\begin{aligned}\log M(R_n, fg) &= \log M(R_n, f_1 f_2) \\ &\geq \log M(R_n, f_1) - R_n^{\rho(f_2)+\varepsilon} \\ &\geq R_n^{m-\varepsilon} - R_n^{m-3\varepsilon} \geq R_n^{m-2\varepsilon}.\end{aligned}$$

したがって $\rho(fg) \geq m - 2\varepsilon$．$\varepsilon \to 0$ とすれば $\rho(fg) \geq m = \rho(f)$．

□

注意 1. $\rho(f) = \rho(g)\ (> 0)$ のとき (1.49) は一般に成立しない．以下に例を挙げる：

(i)（和について）h は位数 ρ の整関数，p は多項式（定数でも可）とし，$f = h + p$, $g = -h$ とすれば $\rho(f) = \rho(g) = \rho$ で $\rho(f + g) = \rho(p) = 0$.

(ii) （積について）$f = \exp(z^m)$, $g = \exp(-z^m)$ （m は正整数）とすれば $\rho(f) = \rho(g) = m$ で $\rho(fg) = 0$.
(iii) $f = g$ のときは明らかに $\rho(2f) = \rho(f)$, $\rho(f^2) = \rho(f)$.

注意 2. 整関数 f, g の商について．$\rho(g) \leq \rho(f) < +\infty$ とし，g の零点は（重複度も込めて）すべて f の零点に含まれているとき，商 $F(z) = f(z)/g(z)$ は整関数であり，$\rho(F) \leq \rho(f)$ である．実際，もし $\rho(F) > \rho(f)$ ならば $\rho(F) > \rho(f) \geq \rho(g)$ ゆえ (1.49) により $\rho(f) = \rho(Fg) = \rho(F)$ となり矛盾である．

ここで次の定理に注意しておこう．

定理 21. 与えられた実数 ρ (≥ 0) に対して，位数 ρ の整関数が存在する．

証明． まず $\rho > 0$ とする．零点 z_n として実軸上の点 $r_n = n^{1/\rho}$ ($n = 1, 2, \ldots$) をとると $r_n \to +\infty$ ($n \to \infty$)．さて任意の $\varepsilon > 0$ に対して $\alpha = (1+\varepsilon)\rho$ とし，次の級数を考えると

$$\sum_{n=1}^{\infty} \frac{1}{r_n^\alpha} = \sum_{n=1}^{\infty} \frac{1}{n^{1+\varepsilon}} < +\infty$$

であり，$\varepsilon \leq 0$ とすると発散する．したがって $\{z_n\}$ の収束指数は ρ であり，種数は $p = [\rho]$ である．この $\{z_n\}$ に対する基本乗積 $P(z)$ を考えると，定理 12 により $P(z)$ の位数は ρ に等しい．

$\rho = 0$ の場合，多項式以外に無数の零点を持つ位数 0 の整関数はいくらでも存在する．例えば $z_n (= r_n) = e^n$ ($n = 0, 1, 2, \ldots$) とするとき，任意の $\alpha > 0$ に対して

$$\sum_{n=0}^{\infty} \frac{1}{r_n^\alpha} = \frac{1}{1 - e^{-\alpha}} < +\infty.$$

したがって $\{z_n\}$ の収束指数は 0，それに対応する基本乗積 $P_0(z) = \prod_{n=0}^{\infty}(1 - z/e^n)$ は位数 0 の整関数である（この場合，種数は 0）． □

4.2 除外値

整関数 $f(z)$ が有限な複素数 a に対して，$f(z) \neq a\ (z \in \mathbb{C})$ であるとき，a を $f(z)$ の**除外値**（あるいは**ピカール (Picard) の除外値**）という．例えば，0 は e^z の除外値である．

定理 22（ピカールの小定理）． $f(z)$ を定数でない整関数とすれば，$f(z)$ の除外値は高々一つである．

（ここでは証明略．一般関数論の教科書参照 e.g., [23]．）
上の定理に関連してここでは次の結果を記す．まず

定理 23. $f(z)$ は多項式でない整関数とし，その位数 ρ が $0 \le \rho < 1$ を満たすならば $f(z)$ は除外値を持たない．

証明． f が除外値 a を持つとして矛盾を導く．アダマールの因数分解定理（定理 15）により
$$f(z) - a = e^{q(z)} P(z)$$
と書ける．$f(z) - a$ の零点がない（あるいはより一般に高々有限個）ならば基本乗積 $P(z)$ は多項式であり，$q(z)$ は多項式で $\deg q \le \rho < 1$ ゆえ $q(z)$ は定数．以上により $f(z)$ は多項式になり仮定に矛盾する． □

一般に整関数 $f(z)$ と複素数 a に対して $f(z) = a$ をみたす z を f の **a 点**という．以下 f は位数有限な整関数とする．f の位数を $\rho\ (0 < \rho < +\infty)$ とするとき $f(z)$ の a 点の収束指数は $f(z) - a$ の零点の収束指数と定める．$f(z) - a$ は位数 ρ の整関数ゆえ（定理 20）f の a 点の収束指数は a に無関係な数 ρ 以下である（cf. 定理 7）．

定義． $f(z)$ を位数 $\rho\ (0 < \rho < +\infty)$ の整関数とするとき，$f(z)$ の a 点の収束指数が $< \rho$ である値 a を $f(z)$ の**ボレル (E. Borel) の除外値**という．

定理 24（ボレルの定理）． 整関数 $f(z)$ の位数 ρ が正の整数ならば $f(z)$ のボレルの除外値は高々1つである，すなわち高々1つの値 a を除いて $f(z)$ の a 点の収束指数は ρ に等しい．

証明． f のボレルの除外値が a_1, a_2 の2つあったとして矛盾を導く．アダマールの因数分解定理により

$$f(z) - a_i = z^{k_i} e^{q_i(z)} P_i(z) \quad (i = 1, 2) \tag{1.50}$$

とすると，$P_i(z)$ の位数は f の a_i 点の収束指数に等しいから仮定より ρ より小さく，多項式 $q_i(z)$ の次数は ρ 以下である．さらに定理 20 より $q_i(z)$ の次数は ρ でなければならない．(1.50) より

$$a_2 - a_1 = z^{k_1} e^{q_1(z)} P_1(z) - z^{k_2} e^{q_2(z)} P_2(z) \tag{1.51}$$

となるがこれを書き換えて

$$z^{k_1} e^{q_1(z) - q_2(z)} P_1(z) = z^{k_2} P_2(z) + (a_2 - a_1) e^{-q_2(z)}, \quad a_1 \neq a_2.$$

この右辺は位数 ρ の整関数（定理 20）であり，したがってその左辺の位数も ρ に等しい．よって $\deg(q_1 - q_2) = \rho$ である．次に (1.51) を z について微分し，整理すると

$$\begin{aligned}
&\left(k_1 z^{k_1 - 1} P_1(z) + z^{k_1} P_1'(z) + z^{k_1} P_1(z) q_1'(z)\right) e^{q_1(z)} \\
&= \left(k_2 z^{k_2 - 1} P_2(z) + z^{k_2} P_2'(z) + z^{k_2} P_2(z) q_2'(z)\right) e^{q_2(z)}.
\end{aligned} \tag{1.52}$$

ところで $P_i'(z)$ と $P_i(z)$ の位数は等しく（命題 2），仮定より ρ より小さい．したがって (1.52) の左辺の e^{q_1} の係数は位数 ρ 未満の整関数であり，それゆえそれは $z^k e^{q_3(z)} P(z)$, $\deg q_3 \leq \rho - 1$，と書ける．(1.52) の右辺の e^{q_2} の係数は左辺と同じ零点を持つので，やはり $z^k e^{q_4(z)} P(z)$, $\deg q_4 \leq \rho - 1$，の形で書ける．したがって，ある整数 m に対して $q_2(z) - q_1(z) = q_3(z) - q_4(z) + 2m\pi i$ である．上述のように $\deg(q_2 - q_1) = \rho$ であるが $\deg(q_3 - q_4) \leq \rho - 1$ ゆえ矛盾である． □

例 5. $f(z) = e^z \cos\sqrt{z}$ を考える．e^z, $\cos\sqrt{z}$ の位数はそれぞれ 1, $1/2$ であるから，f の位数は 1 である（定理 20）．f の零点は $(2n+1)^2\pi^2/4$ ($n = 0, \pm 1, \pm 2, \dots$) ゆえ，その収束指数は $1/2$．したがって $a = 0$ は f のボレル除外値である（しかし f のピカールの除外値ではない）．したがってボレルの定理から任意の a ($\neq 0$) はボレルの除外値ではないから f の a 点，すなわち $e^z \cos\sqrt{z} = a$ は無数の根 $z_n(a)$ を持ち，その収束指数は 1，すなわち $\sum_n 1/|z_n(a)|^{1+\varepsilon} < +\infty$ ($\varepsilon > 0$).

4.3 ベキ級数の係数と位数

定理 25. 整関数 $f(z) = \displaystyle\sum_{n=0}^{\infty} a_n z^n$ の位数 ρ $(= \rho(f))$ は

$$\rho = \varlimsup_{n\to\infty} \frac{n\log n}{\log(1/|a_n|)} \tag{1.53}$$

で与えられる．ただし，$1/\log(1/0) = 0$ とする．

証明． $f(1) = \sum_n a_n$ が収束するから $a_n \to 0$ $(n \to \infty)$．したがって (1.53) の右辺の値を K とすると $K \geq 0$ である．

(i) $K \leq \rho$ の証明．まず $\rho < +\infty$ のとき位数の定義から，任意の $\varepsilon > 0$ に対して十分大きな $r_0 > 0$ をとれば

$$\log M(r) < r^{\rho+\varepsilon} \quad (r > r_0),$$

ただし $M(r) = \max_{|z|=r} |f(z)|$．コーシーの係数評価（付録参照）から $|a_n| \leq M(r)/r^n$ であるから，$a_n \neq 0$ に対し

$$\log\frac{1}{|a_n|} > n\log r - r^{\rho+\varepsilon} \quad (r > r_0). \tag{1.54}$$

ここで $r^{\rho+\varepsilon} = \dfrac{n}{\rho+\varepsilon}$ となる $r = \left(\dfrac{n}{\rho+\varepsilon}\right)^{1/(\rho+\varepsilon)}$ をとると，n が十分大ならば $r > r_0$ となるから，この r を (1.54) に代入して計算するこ

とで
$$\frac{1}{n\log n}\log\frac{1}{|a_n|} > \frac{1}{\rho+\varepsilon}\left(1 - \frac{\log(\rho+\varepsilon)+1}{\log n}\right)$$
となる．ここで両辺の下極限 $\varliminf_{n\to\infty}$ をとると $1/K \geq 1/(\rho+\varepsilon)$．$\varepsilon \to 0$ とすれば $K \leq \rho$．この関係は明らかに $\rho = +\infty$ でも正しい．

(ii) $K \geq \rho$ の証明．$K < +\infty$ のとき示せば十分．
$$k = \frac{1}{K} = \varliminf_{n\to\infty}\frac{\log(1/|a_n|)}{n\log n}$$
とする．β を $0 < \beta < k$ を満たすように任意に選び固定すると，n_0 を十分大とすれば
$$|a_n| < n^{-\beta n} \quad (n > n_0). \tag{1.55}$$
したがって $|z| = r\;(>1)$ に対して
$$|a_n z^n| = |a_n|r^n < \left(\frac{r}{n^\beta}\right)^n \quad (n > n_0) \tag{1.56}$$
であり
$$M(r) = \max_{|z|=r}|f(z)| \leq \sum_{n=0}^{n_0}|a_n|r^n + \sum_{n>n_0}|a_n|r^n$$
と2つの和に分けると最初の和は $\leq Cr^{n_0}$ $(C \leq \sum_n |a_n| < +\infty)$．また2番目の和を評価するために次の関数を考える：
$$h(r) = (2r)^{1/\beta}.$$
これは単調増加で $h(r) \to +\infty$ $(r \to +\infty)$．したがって r が十分大ならば $h(r) > n_0$ である．この $h(r)$ を用いて
$$\sum_{n>n_0}|a_n|r^n = \sum_{n_0 < n \leq h(r)} + \sum_{n > h(r)} =: \Sigma_1 + \Sigma_2$$
と分ける．Σ_2 では $n > h(r) = (2r)^{1/\beta}$，すなわち $n^\beta > 2r$ ゆえ $|a_n|r^n < \left(\frac{r}{n^\beta}\right)^n < \left(\frac{1}{2}\right)^n$ となり，Σ_2 は収束して ≤ 1 である．次に $\Sigma_1 < h(r)A(r)$，ただし $A(r) = \sup\{|a_n|r^n : n > n_0\}$ であり

$A(r) \leq \exp[\beta r^{1/\beta}/e]$ となる．実際，(1.56) の右辺の n を連続変数 x にした関数 $g(x) = \left(\dfrac{r}{x^\beta}\right)^x$ $(1 \leq x < +\infty)$ は $x = r^{1/\beta}/e$ のとき最大値 $\exp[\beta r^{1/\beta}/e]$ をとる．ただし e は自然対数の底（ネイピア数）とする．以上により r が十分大ならば

$$M(r) < Cr^{n_0} + (2r)^{1/\beta} \exp(\beta r^{1/\beta}/e) + 1 = O(r^{1/\beta} e^{r^{1/\beta}}).$$

したがって f の位数 $\rho \leq 1/\beta$. $\beta \to k$ とすれば $\rho \leq 1/k = K$.

□

注意．$K < +\infty$（あるいは $k > 0$）ならば (1.1) により $\sum_n a_n z^n$ の収束半径は $+\infty$, すなわち $\sum_n a_n z^n$ は整関数であり，その位数が K である．

5 非初等的整関数の例

5.1 ミッタクレフラー関数

$$E_\alpha(z) = \sum_{n=0}^\infty \frac{z^n}{\Gamma(1+\alpha n)}, \quad \alpha > 0 \tag{1.57}$$

をミッタクレフラー関数 (Mittag-Leffler function) という．明らかに $E_1(z) = e^z$．さて $a_n = 1/\Gamma(1+\alpha n)$ とするとベキ級数 $\sum_{n=0}^\infty a_n z^n$ で定義された関数が $E_\alpha(z)$ であるが，$E_\alpha(z)$ は整関数で，その位数は $1/\alpha$ であることを示す．まずこのベキ級数の収束半径はコーシー・アダマールの公式から

$$\left(\varlimsup_{n\to\infty} \sqrt[n]{|a_n|}\right)^{-1} = \lim_{n\to\infty} b_n, \quad b_n = \left(\frac{1}{|a_n|}\right)^{1/n}$$

であるが，これが $+\infty$ であることを見る．実際，**スターリング (Stirling) の公式**

$$\log \Gamma(1+x) = \left(x + \frac{1}{2}\right)\log x - x + O(1) \quad (x \to +\infty) \tag{1.58}$$

を用いると

$$\log b_n = \frac{1}{n} \log \Gamma(1+\alpha n) = \alpha \log n + O(1) \quad (n \to \infty)$$

となり，したがって $b_n \to +\infty$ で，$E_\alpha(z)$ は整関数である．その位数を ρ とすれば定理 25 により

$$\frac{1}{\rho} = \lim_{n\to\infty} \frac{\log(1/|a_n|)}{n \log n} = \lim_{n\to\infty} \frac{\log b_n}{\log n} = \alpha,$$

すなわち $\rho = 1/\alpha$．別の言い方をすると，与えられた実数 $\rho\,(>0)$ に対して $E_{1/\rho}(z)$ は位数 ρ の整関数である．これは定理 21 のベキ級数を用いた別証明になっている．また $E_\alpha(z)$ については他の深い性質も知られている（*cf.* [7]）．

5.2 ベッセル関数

λ を実数とする．微分方程式

$$z^2 \frac{d^2 w}{dz^2} + z \frac{dw}{dz} + (z^2 - \lambda^2)w = 0 \tag{1.59}$$

を**ベッセル (Bessel) の微分方程式**という．その 1 つの解は

$$w = J_\lambda(z) = \left(\frac{z}{2}\right)^\lambda \sum_{k=0}^{\infty} \frac{(-1)^k}{k!\,\Gamma(\lambda+k+1)} \left(\frac{z}{2}\right)^{2k} \tag{1.60}$$

で与えられる．（証明は 2 章 3 節に譲るが，(1.60) が微分方程式 (1.59) を満足することは計算すればわかる．）なお，非負整数 k に対して $1/\Gamma(-k) = 0$ であることから，λ が負の整数 $-n$ である場合は (1.60) における和は $k \geq n$ についてのみとればよい．$J_\lambda(z)$ を λ **次** (order λ) の（第 1 種）**ベッセル関数**という．(1.59) で λ を $-\lambda$ にしても変わらないから (1.60) の λ を $-\lambda$ にかえたもの $J_{-\lambda}(z)$ も (1.59) の解で，$\lambda \neq$ 整数ならば $J_\lambda(z)$ と $J_{-\lambda}(z)$ は 1 次独立であるが，λ が整数の時は次節に述べるように 1 次独立ではない．

命題 26. $z^{-\lambda} J_\lambda(z)$ は位数 1 の整関数であり，無数の零点を持つ．

証明. 実際, $(z/2)^{-\lambda} J_\lambda(z) = J_\lambda^*(z)$ と書くと (1.60) より $J_\lambda^*(z)$ は z の偶関数であり

$$J_\lambda^*(\sqrt{z}) = \sum_{k=0}^{\infty} a_k z^k, \quad a_k = \frac{(-1)^k}{k!\Gamma(\lambda+k+1)2^{2k}}$$

と書ける. 定理 25 により, スターリングの公式 (1.58) を用いて $(k! = \Gamma(k+1))$

$$\frac{1}{\rho} = \lim_{k\to\infty} \frac{\log(1/|a_k|)}{k\log k} = 2, \quad \text{すなわち } \rho = \frac{1}{2}.$$

したがって $J_\lambda^*(z)$ の位数は 1 である（命題 1）. $J_\lambda^*(\sqrt{z})$ は位数 $1/2$ の整関数ゆえ, 無数の零点を持つ（命題 3）. したがって $J_\lambda(z)$ も無数の零点を持つ. □

系. $J_n(z)$ $(n = 0, 1, 2, \dots)$ は位数 1 の整関数で無数の零点を持つ.

証明. 実際, $J_n(z) = (z/2)^n J_n^*(z)$ ゆえ $J_n(z)$ の位数は 1 である (cf. 定理 20). □

5.3 整数次のベッセル関数

整数次のベッセル関数 $\{J_n(z)\}_{n=0,\pm 1,\pm 2,\dots}$ は複素解析の境界領域に属する対象であり, その美しいところを少し眺めておきたい. まず $\{J_n(z)\}_{n\in\mathbb{Z}}$ は**母関数**

$$F(w,z) = \exp\left[\frac{z}{2}\left(w - \frac{1}{w}\right)\right] \quad (w \neq 0) \tag{1.61}$$

を持つ（シュレーミルヒ (Schlömilch)). $F(w,z)$ は w を固定すると z の整関数であり, z を固定する時 $0 < |w| < +\infty$ で正則な関数である. さて z を固定して $F(w,z)$ を $w=0$ のまわりでローラン展開すると

$$F(w,z) = \sum_{n=-\infty}^{\infty} J_n(z) w^n \quad (w \neq 0) \tag{1.62}$$

となる. これを確かめてみよう:

$$F(w,z) = \exp\left(\frac{z}{2}w\right) \cdot \exp\left(-\frac{z}{2w}\right)$$
$$= \sum_{m=0}^{\infty} \frac{1}{m!}\left(\frac{z}{2}\right)^m w^m \cdot \sum_{k=0}^{\infty} \frac{(-1)^k}{k!}\left(\frac{z}{2}\right)^k w^{-k}$$
$$= \sum_{m,k=0}^{\infty} \frac{(-1)^k}{m!k!}\left(\frac{z}{2}\right)^{m+k} w^{m-k}.$$

2行目における2つの級数は $|z| < +\infty$, $0 < |w| < +\infty$ でそれぞれ絶対収束するから,3行目の2重級数は絶対収束し,その加え方の順序を変えてもよい.そこで $m-k=n$ となる m,k について加え(対角線に平行な直線上の項の和),そして次に n について加えると

$$F(w,z) = \sum_{n=-\infty}^{\infty} \sum_{k=(-n)_+}^{\infty} \frac{(-1)^k}{(n+k)!k!}\left(\frac{z}{2}\right)^{n+2k} w^n,$$

ただしここに $(-n)_+ = \max\{0,-n\}$ とした.$n \geq 0$ ならば $(-n)_+ = 0$ であり,w^n の係数は (1.60) で $\lambda = n$ としたときと一致する.$n < 0$ のときは $(-n)_+ = -n$ であるが,$k = 0, 1, \ldots, -n-1$ に対しては $1/(n+k)! = 1/\Gamma(n+k+1) = 0$ とみなすことにより同じことが言える.すなわち,非負整数 n に対して

$$J_n(z) = \sum_{k=0}^{\infty} \frac{(-1)^k}{(n+k)!k!}\left(\frac{z}{2}\right)^{n+2k}, \quad J_{-n}(z) = \sum_{k=n}^{\infty} \frac{(-1)^k}{(k-n)!k!}\left(\frac{z}{2}\right)^{2k-n}. \tag{1.63}$$

さて $\lambda = -n$ のとき $m = k - n$ を用いて和を書き換えると

$$J_{-n}(z) = \sum_{m=0}^{\infty} \frac{(-1)^{m+n}}{m!(m+n)!}\left(\frac{z}{2}\right)^{n+2m} = (-1)^n J_n(z) \tag{1.64}$$

となり,$J_n(z)$ と $J_{-n}(z)$ は1次独立ではない.微分方程式論において一般解を求めるためには $J_n(z)$ と1次独立な解が必要になるが,第2種のベッセル関数,あるいはノイマン関数と呼ばれるものがそれにあたる.詳しくは2章2.3節を参照のこと.

さて上に見たように $J_n(z)$ は $F(w,z)$ の w に関するローラン展開の係数であるから次の積分表示が得られる：

$$J_n(z) = \frac{1}{2\pi i} \int_{|w|=r} \exp\left[\frac{z}{2}\left(w - \frac{1}{w}\right)\right] \frac{dw}{w^{n+1}} \quad (r > 0). \tag{1.65}$$

母関数表示の応用を以下に2つ挙げておく．

1) $w = e^{i\theta}$ $(r=1)$ とすれば $F(w,z) = e^{iz\sin\theta}$ ゆえ (1.62) より

$$e^{iz\sin\theta} = \sum_{n=-\infty}^{\infty} J_n(z) e^{in\theta}. \tag{1.66}$$

特に $z = x$（実数）とすると

$$e^{ix\sin\theta} = \sum_{n=-\infty}^{\infty} J_n(x) e^{in\theta}. \tag{1.67}$$

この両辺の複素共役をとると $J_n(x)$ は実数値ゆえ

$$e^{-ix\sin\theta} = \sum_{m=-\infty}^{\infty} J_m(x) e^{-im\theta}. \tag{1.68}$$

(1.67), (1.68) の辺々をかけ合わせ θ について 0 から 2π まで積分すると，(1.64) を考慮して次の等式が導かれる：

$$\boxed{J_0(x)^2 + 2\sum_{n=1}^{\infty} J_n(x)^2 = 1} \tag{1.69}$$

これより (1.64) に注意すると，$-\infty < x < +\infty$ で

$$|J_0(x)| \leq 1, \quad |J_n(x)| \leq \frac{1}{\sqrt{2}} \quad (n = \pm 1, \pm 2, \dots) \tag{1.70}$$

が成り立つ．

また (1.67) の実部，虚部を比較すると

$$\cos(x\sin\theta) = \sum_{n=-\infty}^{\infty} J_n(x)\cos n\theta = J_0(x) + 2\sum_{n=1}^{\infty} J_{2n}(x)\cos 2n\theta,$$

$$\sin(x\sin\theta) = \sum_{n=-\infty}^{\infty} J_n(x)\sin n\theta = 2\sum_{n=1}^{\infty} J_{2n-1}(x)\sin(2n-1)\theta.$$

関数関係不変の原理（あるいは一致の定理）により，この2式は x を複素数 z にしても成り立つ．すなわち次の**フーリエ展開**が成り立つ：

$$\cos(z\sin\theta) = J_0(z) + 2\sum_{n=1}^{\infty} J_{2n}(z)\cos 2n\theta, \tag{1.71}$$

$$\sin(z\sin\theta) = 2\sum_{n=1}^{\infty} J_{2n-1}(z)\sin(2n-1)\theta.$$

2) (1.65) において $r=1$, $z=x$（実数）とすると

$$\begin{aligned}J_n(x) &= \frac{1}{2\pi}\int_{-\pi}^{\pi} e^{i(x\sin\theta - n\theta)}d\theta \\ &= \frac{1}{2\pi}\int_{-\pi}^{\pi}\cos(x\sin\theta - n\theta)d\theta + \frac{i}{2\pi}\int_{-\pi}^{\pi}\sin(x\sin\theta - n\theta)d\theta.\end{aligned}$$

この2行目の被積分関数はそれぞれ θ の偶関数，奇関数ゆえ

$$J_n(x) = \frac{1}{\pi}\int_0^{\pi}\cos(x\sin\theta - n\theta)d\theta. \tag{1.72}$$

これは**ベッセルの積分**とも呼ばれ，ベッセルによる最初のベッセル関数の定義として知られている（cf. [43, §2.2]）．なお (1.72) における x を複素数 z に換えると，両辺ともに整関数であるから一致の定理により等号が $z\in\mathbb{C}$ で成立し $J_n(z)$ の別の積分表示が得られる：

$$J_n(z) = \frac{1}{\pi}\int_0^{\pi}\cos(z\sin\theta - n\theta)d\theta. \tag{1.73}$$

5.4 リーマンのグザイ (ξ, Ξ) 関数

複素平面上の関数

$$\xi(s) = \frac{1}{2}s(s-1)\pi^{-s/2}\Gamma\left(\frac{s}{2}\right)\zeta(s) = \pi^{-s/2}\Gamma\left(1+\frac{s}{2}\right)(s-1)\zeta(s), \tag{1.74}$$

$$\Xi(z) = \xi\left(\frac{1}{2} + iz\right) \tag{1.75}$$

をリーマン (Riemann) の**グザイ関数** (xi function) という．ここで $\zeta(s)$ は**リーマンのゼータ関数**（後述）であり，グザイ関数はその研究（特にリーマン予想）のために導入されたものである．なお，伝統にしたがって本節では複素変数を $s = \sigma + i\tau$ で表す．ここで示したいのは次の命題とグザイ関数の二，三の性質のみである．

命題 27. グザイ関数は位数 1 の整関数である．

証明の前に（リーマンの）ゼータ関数に馴染みのない人のためにその由来と定義を記す．周知のように実数 s に対して級数 $\sum_{n=1}^{\infty} \dfrac{1}{n^s}$ は $s > 1$ ならば収束，$s \leq 1$ ならば発散する．ここで s を $s = \sigma + i\tau$ に複素化したものを

$$\zeta(s) = \sum_{n=1}^{\infty} \frac{1}{n^s}$$

と書く．$n^s = e^{s \log n}$（定義）から $|n^s| = n^\sigma$ ゆえ $\sum_{n=1}^{\infty} \dfrac{1}{n^s}$ は半平面 $\{s : \operatorname{Re} s > 1\}$ で広義一様に絶対収束するので $\zeta(s)$ はそこで正則な関数となる．さらに $\zeta(s)$ は s 平面全体に有理型に解析接続できることを示そう．そのためにまず次の補題を用意する．

補題 28. $\operatorname{Re} s > 1$ において次式が成り立つ：

$$\Gamma(s)\zeta(s) = \int_0^{+\infty} \frac{x^{s-1}}{e^x - 1} dx. \tag{1.76}$$

証明． 実際，ガンマ関数の定義式 $\Gamma(s) = \int_0^{+\infty} t^{s-1} e^{-t} dt$ において $t = nx$ と変数変換すると

$$\frac{\Gamma(s)}{n^s} = \int_0^{+\infty} x^{s-1} e^{-nx} dx$$

を得る．この式を n について加えると

$$\sum_{n=1}^{\infty} e^{-nx} = \frac{e^{-x}}{1 - e^{-x}} = \frac{1}{e^x - 1} \quad (x > 0)$$

ゆえ，(1.76) が示される． □

(1.76) で $\zeta(s)$ は ${\rm Re}\,s > 1$ で $\Gamma(s)$ と関係があることがわかった．そして (1.76) の積分路を以下のようにすると $\zeta(s)$ の s 平面への解析接続を得ることができる．そのために次の積分を考える：

$$I(s) = \int_C \frac{(-z)^{s-1}}{e^z - 1} dz. \tag{1.77}$$

ただし C は図 1.1 (a) のように $+\infty$ から正の実軸に沿って点 δ $(0 < \delta < 2\pi)$ に進み，δ から円 $C_\delta = \{|z| = \delta\}$ を正の方向に 1 周し，δ から正の実軸上を $+\infty$ に戻る曲線である（これを**ハンケルの積分路** (Hankel path) ともいう）．また表示 $(-z)^{s-1} = \exp[(s-1)\log(-z)]$ における対数 $\log(-z)$ の分枝は $z = \delta e^{i\theta}$ $(0 \leq \theta \leq 2\pi)$ に対して $\log(-z) = \log\delta + i(\theta - \pi)$ となるように選ぶ．したがって積分路 C 上では $-\pi \leq {\rm Im}\,\log(-z) = \arg(-z) \leq \pi$ である．

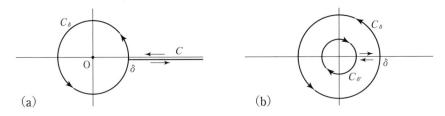

図 1.1 ハンケルの積分路

積分 $I(s)$ の値は δ $(0 < \delta < 2\pi)$ に無関係である．実際，他の δ' $(0 < \delta' < 2\pi)$ に対して同様な積分路をとった積分を $I'(s)$ とすると $I(s) - I'(s)$ の積分路は図 1.1 (b) のようになり，それが囲む単連結領域で被積分関数は一価正則ゆえコーシーの積分定理により $I(s) - I'(s) = 0$, すなわち $I(s) = I'(s)$ となる．なお $0 < \delta < 2\pi$ としたのは，$e^z - 1$ の零点が $z = \pm 2n\pi i$ であり被積分関数はそこで極を持つからである．

さて $I(s)$ の積分を $I_1(s)$ と $I_2(s)$ にわける．すなわち $I_1(s)$ は円 C_δ 上の積分，$I_2(s)$ は半直線部分の積分である．

(i) $I_1(s)$ の定義において，上で述べたことから $\delta < 1$ としてよい．この時 C_δ 上で $|z| < 1$ ゆえ

$$|e^z - 1| = |z| \left| \sum_{n=0}^{\infty} \frac{z^n}{(n+1)!} \right| \geq \delta \left(1 - \sum_{n=1}^{\infty} \frac{|z|^n}{(n+1)!} \right)$$

$$\geq \delta \left(1 - \sum_{n=1}^{\infty} \frac{1}{(n+1)!} \right) = \delta(3 - e) > 0.$$

また $|(-z)^{s-1}| = \exp[(\sigma - 1)\log|z| - \tau \arg(-z)] \leq \delta^{\sigma-1} e^{\pi|\tau|}$ $(s = \sigma + i\tau)$ ゆえ

$$|I_1(s)| \leq \int_{C_\delta} \frac{\delta^{\sigma-1} e^{\pi|\tau|}}{\delta(3-e)} |dz| = \frac{2\pi \delta^{\sigma-1} e^{\pi|\tau|}}{3 - e}$$

と評価できる．したがって，$\sigma > 1$ ならば $I_1(s) \to 0$ $(\delta \to 0)$．

(ii) $I_2(s)$ について，上で見たように実軸上岸の点 $z = x \geq \delta$ に対して $\log(-z) = \log x - i\pi$, z が C_δ を 1 周後再び $z = x$ に来た時 $\log(-z) = \log x + i\pi$ になる．したがって

$$I_2(s) = -\int_\delta^{+\infty} \frac{x^{s-1} e^{-i(s-1)\pi}}{e^x - 1} dx + \int_\delta^{+\infty} \frac{x^{s-1} e^{i(s-1)\pi}}{e^x - 1} dx$$

$$= \left(e^{i(s-1)\pi} - e^{-i(s-1)\pi} \right) \int_\delta^{+\infty} \frac{x^{s-1}}{e^x - 1} dx$$

$$= -2i \sin \pi s \int_\delta^{+\infty} \frac{x^{s-1}}{e^x - 1} dx.$$

(i), (ii) により $I(s) = I_1(s) + I_2(s)$ は $\operatorname{Re} s > 1$ ならば，$\delta \to 0$ として

$$I(s) = -2i \sin \pi s \int_0^{+\infty} \frac{x^{s-1}}{e^x - 1} dx \qquad (1.78)$$

となる．ここでガンマ関数の相反公式 (1.44) および補題 28 を (1.78) に用いると

$$\zeta(s) = -\frac{\Gamma(1-s)}{2\pi i} \int_C \frac{(-z)^{s-1}}{e^z - 1} dz \qquad (1.79)$$

が $\operatorname{Re} s > 1$ で成り立つ（C はハンケルの積分路）．ところで右辺の積分 $I(s)$ は s 平面上で正則であり，$\Gamma(1-s)$ は $s=1,2,3,\ldots$ で 1 位の極を持つ以外は s 平面上で正則な関数であるから (1.79) の右辺によって $\zeta(s)$ は $\operatorname{Re} s > 1$ から（$s=1$ を除いた）s 平面上に解析接続される．これを**リーマンのゼータ関数**という．

$\zeta(s)$ の特異点は (1.79) より，見かけ上は $s=1,2,\ldots$ であるが，$\zeta(s)$ は $\operatorname{Re} s > 1$ では正則であったから $\zeta(s)$ の特異点は $s=1$ のみである．$s=1$ は $\zeta(s)$ の 1 位の極であり，そこで $\zeta(s) = \dfrac{1}{s-1} + \cdots$ というローラン展開を持つ．実際，留数定理から

$$I(1) = I_1(1) = \int_C \frac{dz}{e^z - 1} = 2\pi i$$

であり，ガンマ関数は (1.43) より $-\Gamma(1-s) = \dfrac{\Gamma(2-s)}{s-1} = \dfrac{1}{s-1} + \cdots$ という展開を持つからである（より詳しい展開は後述の (1.89) 式参照）．

問． $\zeta(0) = -\dfrac{1}{2}$ を示せ．

$(-z)^s$ は s が整数の時は一価となるので，定義から $I(s)/(2\pi i)$ は $(-z)^s/(e^z - 1)$ の $z=0$ における留数の値となる．ここで関数

$$\frac{z}{e^z - 1} = \frac{z}{2}\left(\frac{e^z + 1}{e^z - 1} - 1\right) = \frac{z}{2}\coth\frac{z}{2} - \frac{z}{2}$$
$$= \sum_{m=0}^{\infty} \frac{B_m}{m!} z^m \quad (|z| < 2\pi)$$

を考えると整数 m に対して $I(1-m) = 2\pi i (-1)^m B_m / m!$ であることがわかる（付録の式 (A.4) 参照）．一方，$z \coth z$ が偶関数であることに注意すると，$I(-2n) = -2\pi i B_{2n+1}/(2n+1)! = 0$ $(n=1,2,\cdots)$．また，$\Gamma(1-s)$ は $s=-2n$ において有限値 $(2n)!$ を取るので，(1.79) より $\zeta(s)$ は負の偶数点で零点を持つ．これを $\zeta(s)$ の**自明な零点** (trivial zeros) という．同様にして $\zeta(1-2n) = -\Gamma(2n)I(1-2n)/(2\pi i) = -B_{2n}/(2n)$ $(n=1,2,\ldots)$ も得られ

る．なお，上式における係数 B_m はベルヌーイ (Bernoulli) 数と呼ばれている．

リーマン予想 (Riemann hypothesis). ゼータ関数 $\zeta(s)$ の非自明な零点はすべて直線 $\{s: \operatorname{Re} s = 1/2\}$ の上にある．

これはリーマンの論文 (1859) 以来未解決な超難問である．これまでのことから命題 27 の主張のうち，グザイ関数 $\xi(s)$ が整関数であることがわかる．実際，その定義式 (1.74) において $(s-1)$ によって $\zeta(s)$ の $s=1$ における極は消え，$\Gamma\left(\dfrac{s}{2}\right)$ の $s=0,-2,-4,\ldots$ における 1 位の極は $\zeta(s)$ の自明な零点と項 s によって消える．明らかに $\pi^{-s/2} = \exp\left[-\dfrac{s}{2}\log\pi\right]$ は整関数，したがって $\xi(s)$ は整関数である．

さてガンマ関数 $\Gamma(s)$ と $\Gamma(1-s)$ の間には式 (1.44) の関係があるが $\zeta(s)$ と $\zeta(1-s)$ についてはの次の関係式が成り立つ：

$$\pi^{-\frac{s}{2}}\Gamma\left(\frac{s}{2}\right)\zeta(s) = \pi^{-\frac{1-s}{2}}\Gamma\left(\frac{1-s}{2}\right)\zeta(1-s). \tag{1.80}$$

これを $\zeta(s)$ の**関数等式** (functional relation) という（証明略．詳しくは [3] または [27] 参照）．なおこの等式から $\zeta(s)$ の自明な零点はすべて 1 位であることがわかり，$\zeta(1-2n)$ の値を用いて $\zeta(2n)$ の値が計算できる．

関数等式から明らかに

$$\xi(s) = \xi(1-s) \tag{1.81}$$

が成り立つ．また

$$\xi(\bar{s}) = \overline{\xi(s)}, \quad \xi(0) = -\zeta(0) = \frac{1}{2}. \tag{1.82}$$

証明． 実際，$\xi(s)$ は実軸上の区間 $(1,+\infty)$ で実数値をとるから，鏡像の原理から $s=1$ を除くすべての s に対して $\xi(\bar{s}) = \overline{\xi(s)}$．次に定義式 (1.74) において $\dfrac{s}{2}\Gamma\left(\dfrac{s}{2}\right) = \Gamma\left(1+\dfrac{s}{2}\right) \to \Gamma(1) = 1$ $(s \to 0)$ および $\zeta(0) = -\dfrac{1}{2}$ から $\xi(0) = \dfrac{1}{2}$． □

(1.81) および (1.82) の第 1 式から $\Xi(z) = \xi(s)$ $(s = \frac{1}{2} + iz)$ に対して

$$\Xi(z) = \Xi(-z) = \overline{\Xi(\bar{z})} \tag{1.83}$$

を得る．したがって $\Xi(z)$ は原点および実軸に関して対称である珍しい (?) 超越整関数である．

次に $\xi(s)$ の位数が 1 であることを示すために次の命題を用意する．

命題 29. 任意の実数 $s > 1$ に対して次式が成り立つ：

$$\sum_{n=1}^{\infty} \frac{1}{n^s} = s \int_1^{+\infty} \frac{[t]}{t^{s+1}} dt, \tag{1.84}$$

ただし $[t]$ は t を超えない最大の整数を表す．s を複素数にすると $\zeta(s)$ は $\operatorname{Re} s > 1$ で (1.84) の右辺で表され，さらに

$$\zeta(s) = \frac{s}{s-1} - s \int_1^{+\infty} \frac{t - [t]}{t^{s+1}} dt \tag{1.85}$$

が成り立ち，この右辺は $\zeta(s)$ の $\{\operatorname{Re} s > 0\}$ における表示を与える．

証明． まず (1.84) を示すために，任意の整数 $n \geq 1$ に対して

$$\begin{aligned}
s \int_1^n \frac{[t]}{t^{s+1}} dt &= s \sum_{k=1}^{n-1} \int_k^{k+1} \frac{k}{t^{s+1}} dt = \sum_{k=1}^{n-1} \left(\frac{1}{k^{s-1}} - \frac{k}{(k+1)^s} \right) \\
&= \sum_{k=1}^{n-1} \left(\frac{1}{k^{s-1}} - \frac{1}{(k+1)^{s-1}} \right) + \sum_{k=1}^{n-1} \frac{1}{(k+1)^s} \\
&= 1 - \frac{1}{n^{s-1}} + \left(\frac{1}{2^s} + \frac{1}{3^s} + \cdots + \frac{1}{n^s} \right).
\end{aligned} \tag{1.86}$$

$s > 1$ ゆえ $n \to \infty$ とすると (1.84) を得る．

次に後半を示す．まず $\int_1^{+\infty} \frac{dt}{t^s} = \frac{1}{s-1}$ $(\operatorname{Re} s > 1)$ であるから $\operatorname{Re} s > 1$ に対しては (1.84) から (1.85) が得られる．(1.85) の最後の被積分関数は $O(t^{-\sigma-1})$ $(t \to +\infty, \sigma = \operatorname{Re} s)$ ゆえ，その積分は $\{\operatorname{Re} s > 0\}$ で広義一様収

束し s の正則関数である．したがって一致の定理により (1.84) は $\mathrm{Re}\, s > 0$ においても成り立つ． □

系 1. 任意の実数 $s > 1$ に対して，$1 < \zeta(s) < \dfrac{s}{s-1}$ が成り立つ．

証明． $1 < \zeta(s)$ は明らか．$\zeta(s) < s/(s-1)$ は (1.85) より従う． □

特に系 1 より次のことがわかる；

$$\zeta(s) \to 1 \quad (s \to +\infty). \tag{1.87}$$

系 2. $\mathrm{Re}\, s = \sigma \geq \sigma_0 > 0$ ならば

$$|s-1||\zeta(s)| \leq |s| + \frac{|s||s-1|}{\sigma_0}. \tag{1.88}$$

証明． 実際，(1.85) の右辺の積分の絶対値は $\displaystyle\int_1^{+\infty} \frac{dt}{t^{\sigma+1}} = \frac{1}{\sigma}$ で上から評価される． □

系 3. $\zeta(\bar{s}) = \overline{\zeta(s)}$．

系 4. $\zeta(s)$ の $s = 1$ のまわりのローラン展開は

$$\zeta(s) = \frac{1}{s-1} + \gamma + \sum_{n=1}^{\infty} a_n (s-1)^n \tag{1.89}$$

の形である．ただしここに γ はオイラーの定数とする．

証明． これまでの考察により $\zeta(s) - 1/(s-1)$ が整関数であることがわかっているので，$s = 1$ におけるベキ級数展開の定数項 a_0 を決定するだけでよい．式 (1.85) および (1.86) により

$$a_0 = \lim_{s \to 1} \left[\zeta(s) - \frac{1}{s-1} \right]$$
$$= 1 - \int_1^{+\infty} \frac{t - [t]}{t^2} dt$$
$$= 1 - \lim_{n \to \infty} s \int_1^n \frac{t - [t]}{t^{s+1}} dt$$
$$= 1 - \lim_{n \to \infty} \left[\log n - \frac{1}{2} - \cdots - \frac{1}{n} \right]$$
$$= \gamma.$$

□

命題 27 の証明. まず $\sigma = \operatorname{Re} s \geq 1/2$ においてスターリングの公式 (1.58) から $C_1 > 0$ を十分大きくとれば

$$\left| \Gamma\left(\frac{s}{2}\right) \right| \leq \int_0^{+\infty} t^{\frac{\sigma}{2} - 1} e^{-t} dt = \Gamma\left(\frac{\sigma}{2}\right) \leq e^{C_1 \sigma \log \sigma} \quad \left(\operatorname{Re} s = \sigma \geq \frac{1}{2} \right)$$

が成り立つ．なお，この証明において $C_1, C_2, \ldots$ は正の定数を表すとする．次に上の系 2 で $\sigma_0 = 1/2$ とすると

$$|s - 1||\zeta(s)| \leq C_2 |s|^2 \quad \left(\operatorname{Re} s \geq \frac{1}{2} \right).$$

したがって

$$|\xi(s)| \leq C_3 |s|^3 \pi^{-\sigma/2} e^{C_1 \sigma \log \sigma} \quad \left(\operatorname{Re} s = \sigma \geq \frac{1}{2} \right).$$

これより特に $\log |\xi(s)| \leq C_4 |s| \log |s|$ が $\operatorname{Re} s \geq 1/2$ で成り立つ．ところで $\xi(s) = \xi(1-s)$ ゆえ $\log |\xi(s)| \leq C_4 |1-s| \log |1-s|$ が $\operatorname{Re} s \leq 1/2$ で成立する．ここで $\max\{|s|, |1-s|\} \leq 1 + |s|$ に注意すると，

$$\log |\xi(s)| \leq C_4 (1 + |s|) \log(1 + |s|) \quad (s \in \mathbb{C}). \tag{1.90}$$

よって $\xi(s)$ の位数 $\rho(\xi) \leq 1$ となる．

他方，s が実数の時スターリングの公式 (1.58) から $\log\Gamma(s/2) \sim (s/2)\log s$ $(s \to +\infty)^{4)}$．よって定義式 (1.74) と上の系 1 から $\log\xi(s) \sim (s/2)\log s$ $(s \to +\infty)$ であるから，位数の定義より $\rho(\xi) \geq 1$．よって $\rho(\xi) = 1$． □

$\xi(s)$ は位数 1 の整関数ゆえアダマールの因数分解定理（cf. 定理 15）により

$$\xi(s) = e^{a+bs}\prod_\mu \left(1 - \frac{s}{\mu}\right)e^{s/\mu} \qquad (1.91)$$

と書ける．ただし $\prod_\mu$ は $\xi(s)$ のすべての零点 μ にわたる無限積であり，a, b は定数である．（実際に零点が無限個あることは，後述の関数 $\Xi(z)$ の項で述べる．）上式と (1.82) により $\xi(0) = 1/2$ ゆえ $e^a = 1/2$ である．また，上式の対数微分をとれば

$$\frac{\xi'(s)}{\xi(s)} = b + \sum_\mu \left(\frac{-1}{\mu - s} + \frac{1}{\mu}\right) = b + \sum_\mu \frac{-s}{\mu(\mu - s)}$$

となるから，(1.81) も援用して $b = \xi'(0)/\xi(0) = -\xi'(1)/\xi(1)$ を得る．ここで $\varphi(s) := (s-1)\zeta(s)$ が整関数であって命題 29 の系 4 から $\varphi(1) = 1, \varphi'(1) = \gamma$ であることに注意する（γ はオイラーの定数）．そこで (1.74) の 2 番目の定義式から $\xi(s) = \pi^{-s/2}\Gamma\left(1 + \dfrac{s}{2}\right)\varphi(s)$ より，(1.45) にも注意して

$$b = -\frac{\xi'(1)}{\xi(1)} = \frac{\log \pi}{2} - \frac{1}{2}\psi\left(\frac{3}{2}\right) - \frac{\varphi'(1)}{\varphi(1)} = \log 2\sqrt{\pi} - 1 - \frac{\gamma}{2}$$

であることがわかる．

命題 30. $\zeta(s)$ の非自明な零点（$\xi(s)$ の零点）の存在範囲は帯状領域 $B = \{s : 0 \leq \operatorname{Re} s \leq 1\}$ に含まれる．

[4)] ここで記号 $f(x) \sim g(x)$ $(x \to a)$ は $f(x) = g(x)(1 + o(1))$ $(x \to a)$ であることを意味する．すなわち，荒く言えば $f(x)/g(x) \to 1$ $(x \to a)$ を意味する記号である．

証明. まず有名なオイラー (**Euler**) の定理により，$\zeta(s)$ は $\mathrm{Re}\,s > 1$ で次のように表される (オイラー積):

$$\zeta(s)\left(=\sum_{n=1}^{\infty}\frac{1}{n^s}\right)=\prod_{n=1}^{\infty}\left(1-\frac{1}{p_n^s}\right)^{-1}\quad(\mathrm{Re}\,s>1),$$

ただし $p_1, p_2, \ldots$ はすべての素数を大きさの順に並べたもの $2, 3, 5, 7, \ldots$ である．この式は等比級数の和の公式 $(1-w)^{-1} = 1 + w + w^2 + \cdots$ と自然数の素因数分解から示される．この無限積は半平面 $\{\mathrm{Re}\,s > 1\}$ 上で広義一様収束するので正則関数であり，その形から 0 にならない．すなわち $\zeta(s)$ は $\mathrm{Re}\,s > 1$ で零点を持たない．次に $\mathrm{Re}\,s < 0$ の場合，関数等式 (1.80) により

$$\zeta(s) = \pi^{s-\frac{1}{2}}\zeta(1-s)\Gamma\left(\frac{1-s}{2}\right)\Gamma\left(\frac{s}{2}\right)^{-1}$$

であり，$\mathrm{Re}\,s < 0$ ならば $\mathrm{Re}\,(1-s) > 1$ ゆえ $\zeta(1-s) \neq 0$，$\Gamma\left(\frac{1-s}{2}\right) \neq 0$．また $\Gamma\left(\frac{s}{2}\right)^{-1}$ は $s = -2, -4, \ldots$ で 1 位の零点を持つ以外は 0 をとらない．よって $\zeta(s)$ は半平面 $\{\mathrm{Re}\,s < 0\}$ では自明な零点以外で $\zeta(s) \neq 0$．以上から $\zeta(s)$ の非自明な零点は B に含まれることがわかった． □

最後にもう一つの**グザイ関数** $\Xi(z)$ について述べておく．

$\Xi(z)$ は $\xi(s)$ の正規化の一つである．変換 $z \mapsto \frac{1}{2} + iz$ は帯状領域 $B_0 = \{z : |\mathrm{Im}\,z| \leq 1/2\}$ を B へ，実軸を直線 $\{\mathrm{Re}\,s = 1/2\}$ に写し，$\Xi(0) = \xi(1/2)$．この正規化の他のメリットは (1.83) より $\Xi(z)$ が偶関数となることである．$\Xi(z)$ は位数 1 の整関数であり，偶関数ゆえ $\Xi(\sqrt{z})$ は位数 $1/2$ の整関数である (命題 1 の系)．したがって定理 15 の系により $\Xi(\sqrt{z})$ は無数の零点を持ち，その収束指数は $1/2$ である．ところで $\Xi(\sqrt{z})$ の任意の零点を z_0 とすると，$\pm\sqrt{z_0}$ は $\Xi(z)$ の零点ゆえ $\Xi(z)$ は無数の零点を (B_0 上に) 持ち，明らかにその収束指数は 1 である．以上から $\Xi(z)$ および $\xi(s)$ はそれぞれ B_0 および B 上に無数の零点 ($\zeta(s)$ の非自明な零点) を持ち，その収束指数は 1 である．

これらの零点がすべて B_0 あるいは B の中心線 (実軸あるいは $\mathrm{Re}\,s = 1/2$) 上にあるというのがリーマン予想である．これに対して，その中心線上にとにかく (全部とはいえないが) 無数の零点があるというのが**ハーディ (Hardy)**

の定理である．この定理の証明はいくつか知られているが，Ξ 関数を用いたポーヤ (Pólya) の別証明 (1927) は文献 [34] にある．

なお，リーマン予想でいう無数の零点がすべて単根（すなわち重複度 1 の零点）であるかという問題も未解決である．

【文献案内】

複素解析学全般については，楠 [23]，辻 [40, 41]，アールフォルス [3]，Titchmarsh [37] などを参照されたい．また，整関数については Cartwright [7]，Boas [6]，特殊関数については小松 [22]，戸田 [38] を参照のこと．最近の反復合成（複素力学系）の理論については上田・谷口・諸澤 [42] が，リーマンのゼータ関数については松本 [27] が参考になる．

第2章

複素変数常微分方程式

ここで取り扱う微分方程式は主として独立変数および従属変数が複素数で，したがって係数が正則あるいは有理型関数の微分方程式であり，形式や計算上は実変数の場合と同じ面があるが，解の特異性や写像としての性質について本質的に違う面もある．このような事情を念頭におきながら以下で複素解析的に興味ある若干の話題を記したい．

1 定義と基礎定理

1.1 定義

複素変数 z の正則関数 $f(z)$ およびその導関数を含む関数関係

$$G(z, f(z), f'(z), \ldots, f^{(n)}(z)) = 0 \tag{2.1}$$

を n 階 (order n) の**微分方程式**という．ただし，関数 $G(z, w_1, w_2, \ldots, w_{n+1})$ は複素変数 $z, w_1, w_2, \ldots, w_{n+1}$ に関して $\mathbb{C}^{n+2}$ 内のある領域において正則である，すなわち G はその領域において連続でかつ各変数について正則であるとする．(2.1) を満足する関数 $f(z)$ を微分方程式 (2.1) の**解**という．複素関数の場合，ある1点の近傍における解 $f(z)$（局所解と呼ばれる）が解析接続により z 平面のある領域 D 上の正則な関数に拡張されるとすると，一致の定理から (2.1) が D においても成り立つ．これは**関数関係不変の原理**と呼ばれる．具体的な解析接続の方法については以下の定理7の証明において述べる．

さて，微分方程式 (2.1) が $f^{(n)}(z)$ について解けて

$$f^{(n)}(z)\left(=\frac{d^n w}{dz^n}\right) = F\left(w, \frac{dw}{dz}, \ldots, \frac{d^{n-1}w}{dz^{n-1}}, z\right) \tag{2.2}$$

という形にできるとき，これを (2.1) の**正規形** (normal form) といい，以下取り扱うのは主にこの場合である．このときよく知られているように (2.2) は次の 1 階連立微分方程式系

$$\frac{dw_j}{dz} = F_j(w_1, \ldots, w_n, z) \quad (j = 1, \ldots, n) \tag{2.3}$$

の特別な場合として取り扱うことができる．すなわち $w_1 = w$, $w_2 = w', \ldots, w_n = w^{(n-1)}$ とおけば (2.2) は次のように書ける：

$$\begin{cases} \dfrac{dw_1}{dz} = w_2 \\ \cdots \\ \dfrac{dw_{n-1}}{dz} = w_n \\ \dfrac{dw_n}{dz} = F(w_1, w_2, \ldots, w_n, z). \end{cases} \tag{2.4}$$

1.2 基礎定理

一般な連立微分方程式系 (2.3) の（局所）解の存在と一意性を示すのが次の基礎定理である．

定理 1. 1 階の連立微分方程式系 (2.3) の右辺の関数 $F_j(w_1, \ldots, w_n, z)$ ($j = 1, \ldots, n$) は点 $(b_1, \ldots, b_n, z_0)$ の近傍（多重円板）$\{(w_1, \ldots, w_n, z) : |w_j - b_j| < R_1 \ (j = 1, \ldots, n), |z - z_0| < R_0\}$ において正則かつ有界とすれば，ある ρ $(0 < \rho \leq R_0)$ に対し，初期条件

$$w_j(z_0) = b_j \quad (j = 1, \ldots, n) \tag{2.5}$$

を満たし，z_0 の近傍 $|z - z_0| < \rho$ において正則な解 $w_j(z)$ ($j = 1, \ldots, n$) が存在し，かつ一意的 (unique) である．

この定理は歴史的にはコーシー (Cauchy) が優級数 (majorant series) の方法で初めて証明し，その後ピカール (Picard) の逐次近似 (successive approximation) や不動点定理を用いるものなどいろいろな証明がなされた．ここではピカールによる方法を記しておく．以下では複素数ベクトル $z = (z_1, z_2, \ldots, z_n)$ に対し，その最大値ノルム

$$\|z\| = \max_{1 \leq j \leq n} |z_j|$$

を考える．

証明． 未知関数 $w_1(z), \ldots, w_n(z)$ を並べたベクトルを $\boldsymbol{w} = \boldsymbol{w}(z) = (w_1(z), \ldots, w_n(z))$ と書く．$\boldsymbol{b} = (b_1, \ldots, b_n)$ とすれば，仮定における多重円板は $\|\boldsymbol{w} - \boldsymbol{b}\| < R_1$ と記述される．関数 $F_j(w_1, \ldots, w_n, z) = F_j(\boldsymbol{w}, z)$ ($j = 1, 2, \ldots, n$) を成分とする n 次元ベクトル値関数を $\boldsymbol{F}(\boldsymbol{w}, z)$ と書くことにすると，微分方程式系 (2.3) および初期条件 (2.5) は

$$\boldsymbol{w}' = \boldsymbol{F}(\boldsymbol{w}, z), \quad \boldsymbol{w}(z_0) = \boldsymbol{b} \tag{2.6}$$

と見やすい形に表現される．(2.6) における第 1 式の両辺を z_0 から z まで線分に沿って積分すれば，初期条件も考慮して

$$\boldsymbol{w}(z) = \int_{z_0}^{z} \boldsymbol{F}(\boldsymbol{w}(\zeta), \zeta) d\zeta + \boldsymbol{b} \tag{2.7}$$

という積分方程式が得られる（ただし，ここで積分は成分ごとに行うものとする．また，このタイプの積分の積分路は断らない限り端点を結ぶ線分とする）．逆に (2.7) を満たす正則な $\boldsymbol{w}(z)$ は初期値問題 (2.6) の解である．したがって定理における微分方程式の初期値問題を解くには積分方程式 (2.7) を解けばよい．

まず仮定からある定数 $M > 0$ があって

$$\|\boldsymbol{F}(\boldsymbol{w}, z)\| \leq M \quad (\|\boldsymbol{w} - \boldsymbol{b}\| < R_1, |z - z_0| < R_0) \tag{2.8}$$

が成り立つ．次に $\|\boldsymbol{w} - \boldsymbol{b}\| < R_1/2$, $|z - z_0| < R_0$ において w_j に関する $\boldsymbol{F}$ の 1 階偏微分が有界であることを見よう．たとえば変数 w_1 のみを円板

$|w_1 - b_1| < R_1$ 内で動かして $f(w_1) = F_j(w_1, \ldots, w_n, z)$ とおけばコーシーの積分公式（の微分）より

$$\frac{\partial F_j}{\partial w_1} = f'(w_1) = \frac{1}{2\pi i}\int_{|w-w_1|=R_1/2} \frac{f(w)}{(w-w_1)^2}dw$$

であるから $\|\boldsymbol{w} - \boldsymbol{b}\| < R_1/2,\ |z - z_0| < R_0$ 上で評価式

$$\left|\frac{\partial F_j}{\partial w_1}\right| \leq \frac{M}{2\pi(R_1/2)^2}\int_{|w-w_1|=R_1/2}|dw| = \frac{2M}{R_1}$$

が得られる．他の変数 $w_2, \ldots, w_n$ についても同様である．したがって $\|\boldsymbol{w} - \boldsymbol{w}_0\| < R_1/2$ に含まれる任意の 2 点 $\boldsymbol{w}_1 = (w_{11}, \ldots, w_{n1})$, $\boldsymbol{w}_2 = (w_{12}, \ldots, w_{n2})$ と $|z - z_0| < R_0$ に対して $g(t) = F_j((1-t)\boldsymbol{w}_1 + t\boldsymbol{w}_2, z)$ とおけば,

$$g(1) - g(0) = \int_0^1 g'(t)dt = \sum_{k=1}^n \int_0^1 (w_{k2} - w_{k1})\frac{\partial F_j}{\partial w_k}((1-t)\boldsymbol{w}_1 + t\boldsymbol{w}_2, z)dt$$

であるから，先程の評価から

$$|F_j(\boldsymbol{w}_2, z) - F_j(\boldsymbol{w}_1, z)| = |g(1) - g(0)| \leq \sum_{k=1}^n |w_{k2} - w_{k1}|\frac{2M}{R_1} \leq \frac{2nM}{R_1}\|\boldsymbol{w}_2 - \boldsymbol{w}_1\|$$

となり, $K = 2nM/R_1$ とおけば

$$\|\boldsymbol{F}(\boldsymbol{w}_2, z) - \boldsymbol{F}(\boldsymbol{w}_1, z)\| \leq K\|\boldsymbol{w}_2 - \boldsymbol{w}_1\| \quad (\|\boldsymbol{w}_m - \boldsymbol{b}\| < R_1/2,\ |z - z_0| < R_0) \tag{2.9}$$

が成り立つことが分かった．また, (2.8) において特に $\boldsymbol{w} = \boldsymbol{b}$ として

$$\|\boldsymbol{F}(\boldsymbol{b}, z)\| \leq M \quad (|z - z_0| < R_0) \tag{2.10}$$

が得られる．これら 2 条件のみを用いて以下では解の存在を示す．そのため，ベクトル値関数 $\boldsymbol{w}_k(z)$ を定数関数 $\boldsymbol{w}_0(z) = \boldsymbol{b}$ から始めて

$$\boldsymbol{w}_k(z) = \int_{z_0}^z \boldsymbol{F}(\boldsymbol{w}_{k-1}(\zeta), \zeta)d\zeta + \boldsymbol{b} \quad (k = 1, 2, \ldots) \tag{2.11}$$

により帰納的に順次定めたい．そこで $0 < R_0' \leq R_0$ を

$$e^{KR_0'} - 1 \leq \frac{KR_1}{2M} \tag{2.12}$$

が成り立つよう十分小さくとれば,

$$\|\boldsymbol{w}_k(z) - \boldsymbol{w}_{k-1}(z)\| \leq MK^{k-1}\frac{|z-z_0|^k}{k!} \quad (|z-z_0| < R_0') \tag{2.13}$$

となり，したがって三角不等式から

$$\|\boldsymbol{w}_k(z) - \boldsymbol{b}\| \leq \sum_{j=1}^{k} MK^{j-1}\frac{|z-z_0|^j}{j!} < \frac{M}{K}\left(e^{K|z-z_0|} - 1\right) < \frac{R_1}{2}$$

が成り立つことを帰納法により示す．（これにより，$(\boldsymbol{w}_k(z), z)$ が再び $\boldsymbol{F}$ の定義域に含まれることが保証され，$\boldsymbol{w}_{k+1}(z)$ が定義可能となる．）まず (2.10) より

$$\|\boldsymbol{w}_1(z) - \boldsymbol{w}_0(z)\| \leq M|z-z_0|$$

であるから $k=1$ の場合に (2.13) が成り立つことが示された．次に k に対して (2.13) が成り立つことを仮定する．(2.11) から

$$\boldsymbol{w}_{k+1}(z) - \boldsymbol{w}_k(z) = \int_{z_0}^{z} [\boldsymbol{F}(\boldsymbol{w}_k(\zeta), \zeta) - \boldsymbol{F}(\boldsymbol{w}_{k-1}(\zeta), \zeta)] d\zeta$$

であるから，(2.9), (2.13) より

$$\begin{aligned}
\|\boldsymbol{w}_{k+1}(z) - \boldsymbol{w}_k(z)\| &\leq \int_{z_0}^{z} \|\boldsymbol{F}(\boldsymbol{w}_k(\zeta), \zeta) - \boldsymbol{F}(\boldsymbol{w}_{k-1}(\zeta), \zeta)\| |d\zeta| \\
&\leq K \int_{z_0}^{z} \|\boldsymbol{w}_k(\zeta) - \boldsymbol{w}_{k-1}(\zeta)\| |d\zeta| \\
&\leq \frac{MK^k}{k!} \int_{z_0}^{z} |\zeta - z_0|^k |d\zeta| \\
&= \frac{MK^k}{k!} \cdot \frac{|z-z_0|^{k+1}}{k+1}
\end{aligned}$$

と評価され，これより (2.13) が $k+1$ の時にも成り立つことが分かった．よって数学的帰納法により (2.13) がすべての k について示された．

次に $k \to \infty$ とするとき，$\boldsymbol{w}_k$ が求める解に近づいていくことを示そう．まず

$$\boldsymbol{w}_k(z) = \sum_{j=1}^{k} \bigl(\boldsymbol{w}_j(z) - \boldsymbol{w}_{j-1}(z)\bigr) + \boldsymbol{b}$$

と表示して評価 (2.13) を用いると，$k \to \infty$ のとき $\boldsymbol{w}_k(z)$ が $|z - z_0| < R_0'$ 上である関数 $\boldsymbol{w}(z)$ に一様収束することが分かる（ワイエルシュトラスの優級数法）．なお，正則関数の一様収束極限は正則なので，$\boldsymbol{w}(z)$（の各成分）は z の正則関数であることに注意しておく．そこで (2.11) において $k \to \infty$ とすれば (2.7) が成り立つことが分かり，この $\boldsymbol{w}(z)$ が求める解になっていることが確かめられた．

最後に一意性を示す．$\boldsymbol{v}(z)$ が同じ初期条件を満たすもう一つの解であったとする．すると $\boldsymbol{v}(z)$ も積分方程式 (2.7) を満たすことから，(2.9) を用いると不等式

$$\|\boldsymbol{w}(z) - \boldsymbol{v}(z)\| = \left\| \int_{z_0}^{z} \bigl[\boldsymbol{F}(\boldsymbol{w}(\zeta), \zeta) - \boldsymbol{F}(\boldsymbol{v}(\zeta), \zeta)\bigr] d\zeta \right\| \tag{2.14}$$

$$\leq K \int_{z_0}^{z} \|\boldsymbol{w}(\zeta) - \boldsymbol{v}(\zeta)\| |d\zeta| \tag{2.15}$$

が得られる．(2.14) において $\|\boldsymbol{F}\| \leq M$ を用いると

$$\|\boldsymbol{w}(z) - \boldsymbol{v}(z)\| \leq 2M|z - z_0|$$

が示されるが，z を ζ に置き換えてこれを (2.15) に適用すると

$$\|\boldsymbol{w}(z) - \boldsymbol{v}(z)\| \leq 2MK \int_{z_0}^{z} |\zeta - z_0||d\zeta| = \frac{2MK}{2!}|z - z_0|^2$$

と改良される．上と同様の帰納法により任意の $k \geq 1$ に対して

$$\|\boldsymbol{w}(z) - \boldsymbol{v}(z)\| \leq \frac{2MK^{k-1}}{k!}|z - z_0|^k$$

が導かれる．これより $k \to \infty$ として $\|\boldsymbol{w}(z) - \boldsymbol{v}(z)\| = 0$ が従うので，$\boldsymbol{w} = \boldsymbol{v}$ が結論される． □

注意. 存在証明の逐次近似における関数 $w_n(z)$ はその形 (2.11) から初期値 $\boldsymbol{b} = (b_1, \ldots, b_n)$ に関して正則である. 解 $w(z)$ はその広義一様極限であったので,やはり初期値に関して正則である. 実は上記の証明において独立変数 z に関する正則性は必要なく,実変数 $z = x$ を独立変数とし,複素数 w を従属変数とする常微分方程式に対しても同様の存在と一意性が示され,初期値に関する正則性も従う.

この証明から,解の存在範囲の具体的な評価も得られる. 実際, $R_0' \leq R_0$ は (2.12) を満たすようにすればよく,これは $R_0' \leq K^{-1} \log(1 + KR_1/2M)$ と同値なことから,

$$|z - z_0| < \min\left\{R_0, \frac{1}{K} \log\left(1 + \frac{KR_1}{2M}\right)\right\} \tag{2.16}$$

において局所解の存在が保証される. ただし, K, M はそれぞれ (2.9), (2.10) における定数とする.

正規形の微分方程式 (2.2) の特別な場合として線形微分方程式

$$\frac{d^n w}{dz^n} + p_1(z)\frac{d^{n-1}w}{dz^{n-1}} + \cdots + p_n(z)w + p_{n+1}(z) = 0 \tag{2.17}$$

があるが,係数の $p_j(z)$ $(j = 1, \ldots, n+1)$ が(有界)正則関数のとき (2.9) における定数 R_1 を任意に大きく取ることができるので,定理 1(および (2.16))の系として次が得られる.

定理 2. $w_0, \ldots, w_{n-1} \in \mathbb{C}$ とする. 係数 $p_j(z)$ $(j = 1, \ldots, n+1)$ が $|z - z_0| < R$ で正則ならば初期条件

$$\frac{d^j w}{dz^j}(z_0) = w_j \quad (j = 0, \ldots, n-1)$$

を満たす線形常微分方程式 (2.17) の正則な解が $|z - z_0| < R$ において存在し,一意的である.

なお, (2.17) の解は級数解法によって直接的に得ることも可能である. 本書では $n = 2$ の場合に限り定理 6 において(より一般な状況で)説明する. 一般

に線形微分方程式では，複素変数の場合に局所正則解があれば，その局所解から解析接続によって大域解が得られる．これについて本書では一般の場合を取り扱うことはせず，重要な $n=2$ の単独同次方程式の場合について定理7で局所解の存在と一意性とともにその局所解の解析接続について詳しく述べる．

1.3　1階微分方程式の整関数解

例 1. 次の微分方程式を考える：
$$\frac{dw}{dz} = w. \tag{2.18}$$
視察あるいは積分によって $w = ce^z$（c は定数）が (2.18) の解であることがわかる．特に $c=0$ の時は $w \equiv 0$，$c \neq 0$ ならばその解は整関数であり，0 を値にとらない．なお e^z は周期 $2\pi i$ を持つ（$e^{z+2n\pi i} = e^z$，n は整数）から，この解は写像としては $\mathbb{C}$ 上で 1 対 1 ではない．

問. $z = x+iy$ 平面上の直線 $y = ax$ ($a \neq 0, -\infty < x < +\infty$) の $w = e^z$ による像は原点中心の対数螺旋 (logarithmic spiral) であることを確認せよ．

例 2. 微分方程式
$$\frac{dw}{dz} = w^2 \tag{2.19}$$
は $w(z) \equiv 0$ 以外の整関数解を持たない．実際，恒等的に 0 以外の解は積分により $w(z) = -1/(z-c)$（c は定数）であり，この関数は点 c で 1 位の極を持つからである．なお，任意の点 z_0 において初期条件 $w(z_0) = w_0$ を満たす（局所）正則解は，$w_0 \neq 0$ ならば上の c を $c_0 = z_0 + 1/w_0$ とし，$\rho = |z_0 - c_0| = 1/|w_0|$ とすれば，$|z-z_0| < \rho$ において
$$w(z) = \frac{-1}{z-c_0} = w_0 \sum_{n=0}^{\infty} \left(\frac{z-z_0}{c_0 - z_0}\right)^n$$

である.$w_0 = 0$ ならば局所解も恒等的に 0 である.これは係数が整関数(多項式)であっても非定数な局所(正則)解の解析接続が整関数にならない例でもある.

例 2 に関連して 1 階微分方程式

$$\frac{dw}{dz} = f(w, z) \tag{2.20}$$

の整関数解に関して次のレリッヒ (Rellich) の定理 をあげる:

定理 3. 微分方程式 (2.20) において $f(w, z)$ は $|w| < +\infty$, $|z| < +\infty$ で正則とする.このとき (2.20) が 2 つの異なる整関数解 $v_1(z)$, $v_2(z)$ を持つならば

(i) $v_1(z), v_2(z)$ と異なる (2.20) の整関数解 $w(z)$ は

$$w(z) = v_1(z) + c(v_2(z) - v_1(z)), \quad c \text{ は定数 } (\neq 0, 1) \tag{2.21}$$

と表される.

(ii) $f(w, z)$ が w について非線形ならば (2.20) の整関数解は高々可算個である.より詳しくは,すべての整関数解が

$$w(z) = v_1(z) + c_n(v_2(z) - v_1(z)) \quad (n = 1, 2, \dots) \tag{2.22}$$

(ただし $\{c_n\}$ は $\mathbb{C}$ 内に集積点を持たない相異なる有限または無限点列)の形に表される.

証明. (i) $w(z)$ は $v_1(z), v_2(z)$ と異なる (2.20) の解とすると,$w(z) - v_i(z)$ ($i = 1, 2$), $v_2(z) - v_1(z)$ は $\mathbb{C}$ 上に零点を持たない(もし零点を持てばその点で解の一意性に反する).したがって関数

$$g(z) = \frac{w(z) - v_1(z)}{v_2(z) - v_1(z)}$$

は整関数であり，かつ値 $0, 1$ をとらない．整関数に関するピカールの定理（文献 [3], [23]）により $g(z) \equiv c$ (c は定数 $\neq 0, 1$)，すなわち (2.21) が成り立つ．

(ii) $w(z)$ が $v_1(z)$, $v_2(z)$ と異なる (2.20) の整関数解とすると (2.21) のように表され，$w(z)$ に対して複素数 c が一意的に定まる ($v_2(z) - v_1(z) \neq 0$ ゆえ)．そしてこのような解の全体 $\{w(z)\}$ と $\{c\}$ は 1 対 1 に対応する．さて $f(w, z)$ が w について非線形の場合，$\{c\}$ は高々可算集合 $\{c_n\}$ で，かつ $\mathbb{C}$ 上に集積点を持たないことを示そう．実際，$\mathbb{C}$ 上に集積点を持つとして矛盾を導く．さて $w_n(z) = v_1(z) + c_n(v_2(z) - v_1(z))$ を (2.20) の解とすると $w_n'(z) = f(w_n(z), z)$ ゆえ

$$f(w_n(z), z) = v_1'(z) + c_n(v_2'(z) - v_1'(z)) = v_1'(z) + A(z)(w_n(z) - v_1(z)),$$

ただし $A(z) = (v_2'(z) - v_1'(z))/(v_2(z) - v_1(z))$ は整関数である．これより $w = w_n(z)$ は方程式

$$f(w, z) = v_1'(z) + A(z)(w - v_1(z)) \tag{2.23}$$

を満たす．さて z を任意に固定する時 $\{c_n\}$ が $\mathbb{C}$ 上に集積点を持てば $w = w_n(z)$ は $\mathbb{C}$ 上に集積点 w_0 を持ち，部分列を取ることにより $w_n(z) \to w_0$ としてよい．z を固定しているから (2.23) の両辺は w の整関数であり，それが $\{w_n\}$ 上で一致しているから一致の定理によりすべての $w \in \mathbb{C}$ に対して (2.23) が成立する．z は任意だったので (2.23) がすべての $z, w \in \mathbb{C}$ に対して成立し，$f(w, z)$ が w について非線形であったことに反する．（念のため，$\{c\}$ が非可算ならば必ず $\mathbb{C}$ 上に集積点を持つ列 $\{c_n\}$ がとれることに注意．） □

次の系は例 2 の一般化である．

系. 微分方程式

$$\frac{dw}{dz} = f(w)$$

において $f(w)$ が $|w| < +\infty$ で正則でかつ w について非線形ならばその整関数解はすべて定数である．

実際，もし $u(z)$ が非定数な整関数解とすれば $u(z+c)$, $c \in \mathbb{C}$, もそうであり，非可算個の解を持つことになり定理 3 に反する．なお，この方程式のように f が z を含まない時，**自律系**または**自励系** (autonomous system) という．

実はレリッヒの定理は次の命題の意味で最良である．

命題 4. $v_1(z), v_2(z)$ は整関数で $v_1(z) \neq v_2(z)$ $(z \in \mathbb{C})$ とし，$\{c_n\}$ を $\mathbb{C}$ 上に集積点を持たない複素数列とする．このとき

$$w_n(z) = v_1(z) + c_n(v_2(z) - v_1(z))$$

のみを整関数解に持つ非線形微分方程式 $w' = f(w, z)$ が存在する．

証明． $\{c_n\}$ をちょうど零点に持つ基本乗積（整関数）$g(z)$ が存在する（1 章定理 8）．このとき求める微分方程式は

$$w' = f(w, z) := v_1' + \frac{v_2' - v_1'}{v_2 - v_1}(w - v_1) + (v_2 - v_1)\, g\left(\frac{w - v_1}{v_2 - v_1}\right)$$

である．これを示すために $w' = f(w, z)$ の任意の整関数解 $w = w(z)$ に対し

$$W(z) = \frac{w(z) - v_1(z)}{v_2(z) - v_1(z)}$$

とおくと $W(z)$ は整関数で，容易に $W' = g(W)$ がわかる．$g(W)$ はもちろん W について非線形ゆえ，上の系よりこの微分方程式の整関数解は定数 $W(z) \equiv c$ であり，$c \neq c_n$ ならば $g(c) \neq 0$ ゆえ解は $W(z) \equiv c_n$ $(n = 1, 2, \ldots)$ のみ，すなわち $w(z) = v_1(z) + c_n(v_2(z) - v_1(z))$ $(n = 1, 2, \ldots)$ のみが $w' = f(w, z)$ の整関数解である． □

1.4 リッカティの微分方程式

1 階の微分方程式 $\dfrac{dw}{dz} = f(w, z)$ において $f(w, z)$ が w について非線形である場合で重要なのは次の**リッカティ (Riccati) 方程式**である；

$$\frac{dw}{dz} = a(z)w^2 + b(z)w + c(z), \tag{2.24}$$

ただし $a(z), b(z), c(z)$ は正則な関数とする．この方程式の特徴的な性質を挙げる（本質的なのは $a(z) \neq 0$ の場合で，$a(z) \equiv 0$ の場合は付記参照）：

(I) (2.24) は従属変数の変換

$$w(z) = \frac{-1}{a(z)} \cdot \frac{v'(z)}{v(z)} \tag{2.25}$$

によって2階線形微分方程式

$$v''(z) + P(z)v'(z) + Q(z)v(z) = 0 \tag{2.26}$$

になる．ただし

$$P(z) = -\frac{a'(z)}{a(z)} - b(z), \quad Q(z) = a(z)c(z). \tag{2.27}$$

したがって (2.26) の解 $v(z)$ から (2.25) により (2.24) の解が得られる．(2.26) の一般解は (2.26) の2つの1次独立な解 v_1, v_2 をもって $v(z) = \mu_1 v_1(z) + \mu_2 v_2(z)$（$\mu_1, \mu_2$ は定数）と表されるから (2.25) を用い，$\mu_2/\mu_1 = \mu$ とすると

$$w(z) = \frac{-1}{a(z)} \cdot \frac{v_1'(z) + \mu v_2'(z)}{v_1(z) + \mu v_2(z)} \tag{2.28}$$

は (2.24) の解であり，z を任意に固定すればこれは μ に関する1次分数変換[1]である．

(II) (2.24) の3つの相異なる解 $w_j = w_j(z)$ $(j = 1, 2, 3)$ がわかれば，一般解 $w = w(z)$ は

$$w = \frac{(w_1 - w_3)w_2 - \lambda(w_2 - w_3)w_1}{(w_1 - w_3) - \lambda(w_2 - w_3)} \tag{2.29}$$

（λ はパラメータ）と表され，z を任意に固定すれば λ の1次分数変換である．

証明． 4つの相異なる数 $z_1, z_2, z_3, z_4 \in \mathbb{C}$ に対して

$$(z_1, z_2, z_3, z_4) = \frac{z_1 - z_3}{z_1 - z_4} : \frac{z_2 - z_3}{z_2 - z_4} = \frac{(z_1 - z_3)(z_2 - z_4)}{(z_1 - z_4)(z_2 - z_3)}$$

---

[1] メビウス変換，1次変換とも呼ばれる

をその 4 点の**非調和比** (anharmonic ratio) または**複比** (cross ratio) という. 一般に 1 次分数変換 $w = T(z) = \dfrac{\alpha + \beta z}{\gamma + \delta z}$ $(\alpha\delta - \beta\gamma \neq 0)$ に対して $(w_1, w_2, w_3, w_4) = (z_1, z_2, z_3, z_4)$ $(w_j = T(z_j))$ が成り立つことに注意する. いま (2.24) の解 $w_j = w_j(z)$ $(j = 1, 2, 3, 4)$ を (2.28) の形に表した時, 対応する定数を $\mu = \mu_j$ とする. z を任意に固定し, (2.28) における 1 次分数変換を T_z とすれば $w_j = T_z(\mu_j)$ と表されるので,

$$(w_1, w_2, w_3, w_4) = (\mu_1, \mu_2, \mu_3, \mu_4) =: \lambda.$$

これを解いて w_4 を w_1, w_2, w_3 と λ で表せば (2.29) を得る. □

ちなみに (2.29) において $\lambda = 0$ とすれば $w = w_2$, $\lambda = 1$ とすれば $w = w_3$, $\lambda \to \infty$ とすれば $w = w_1$ となる.

(III) (2.24) は従属変数 w の 1 次分数変換によって再びリッカティの方程式になる (これは計算すればわかる). ここで注意したいのは

$$w = w(z) = -\frac{1}{u(z)} \tag{2.30}$$

という特別な場合で, 実際に計算すれば容易に (2.24) は

$$u'(z) = c(z)u^2 - b(z)u + a(z) \tag{2.31}$$

というリッカティ方程式で (2.24) に比べて $a(z), c(z)$ が入れ替わる. このことと変換 (2.25) を通して (2.24) が簡単になることがある (以下の例参照).

例 3. リッカティ方程式

$$\frac{dw}{dz} = q(z)(w - z)^2 \tag{2.32}$$

を考える. ただしここに $q(z)$ は正則関数とする. まず $w(z) = z + v(z)$ とおくと (2.24) の形

$$\frac{dv}{dz} = q(z)v^2 - 1$$

になる. ここで (2.30) のように $v(z) = -1/u(z)$ とおくと

$$\frac{du}{dz} = -u^2 + q(z).$$

これを 2 階線形微分方程式にするために (2.25) にしたがって $u(z) = y'(z)/y(z)$ とおくと

$$\frac{d^2y}{dz^2} - q(z)y = 0 \tag{2.33}$$

となる．以上，前出の過程を示すために何度も変換をしたが，その変換をまとめると最初に

$$w(z) = z - \frac{y(z)}{y'(z)} \tag{2.34}$$

とおけば直接 (2.33) 式が導かれる．

【付記】 リッカティ方程式 (2.24) で $a(z) \equiv 0$ の場合；

$$\frac{dw}{dz} = b(z)w + c(z), \tag{2.35}$$

は 1 階線形微分方程式であり，これは以下のように積分で解が与えられる．今 $b(z), c(z)$ は単連結領域 D で正則としておくと D 上の積分 $B(z) = \int_{z_0}^{z} b(\zeta)d\zeta$ は（定数差を除いて）積分路に無関係に定まり，$B'(z) = b(z)$ $(z \in D)$. さて $w = w(z)$ が (2.35) の解ならば，容易に

$$\frac{d}{dz}\left(e^{-B(z)}w\right) = e^{-B(z)}c(z)$$

がわかり，これを積分して

$$w(z) = e^{B(z)}\left(\int_{z_0}^{z} c(\zeta)e^{-B(\zeta)}d\zeta + C\right), \quad C \text{ は定数} \tag{2.36}$$

が得られる．逆に (2.36) の右辺で定義された $w(z)$ が (2.35) の解であることは容易にわかるであろう．

2 線形 2 階微分方程式

本節では理論および応用上重要な線形 2 階同次微分方程式

$$\frac{d^2w}{dz^2} + p(z)\frac{dw}{dz} + q(z)w = 0 \tag{2.37}$$

を取り扱う．

2.1 ロンスキー行列式

微分方程式 (2.37) において $p(z)$, $q(z)$ はある領域 D で正則な関数とする. このとき定理 2 で述べたように, $z_0 \in D$ における初期条件 $w(z_0) = a$, $w'(z_0) = b$ を満たす z_0 の近傍における (2.37) の局所正則解 $w(z)$ が存在し, かつ一意的である. さて (2.37) の 2 つの解 $w_1(z)$, $w_2(z)$ があったとき, **ロンスキー行列式** (Wronskian)

$$W(z) = \begin{vmatrix} w_1(z) & w_1'(z) \\ w_2(z) & w_2'(z) \end{vmatrix} \tag{2.38}$$

が用いられる.

命題 5. 領域 D において (2.37) の 2 つの正則な解 w_1, w_2 に対し, そのロンスキー行列式を $W = w_1 w_2' - w_1' w_2$ とする. このとき

(i) $W(z) \equiv 0$ であるか, または $W(z) \neq 0$ $(z \in D)$ となる.
(ii) $W(z) \neq 0$ ならば w_1, w_2 は 1 次独立であり, $W(z) \equiv 0$ ならば w_1, w_2 は 1 次従属である.

証明. (i) $W(z)$ を微分し, $w_j'' = -(p w_j' + q w_j)$ $(j = 1, 2)$ を使えば,

$$\frac{dW}{dz} = -p(z) W(z) \quad (z \in D)$$

がわかる. したがって $W(z) \exp\left[\int_{z_0}^z p(\zeta) d\zeta\right]$ が定数であることがわかり,

$$W(z) = W(z_0) \exp\left[-\int_{z_0}^z p(\zeta) d\zeta\right]$$

が得られる. ところで $e^z \neq 0$ ゆえ, $W(z_0) = 0$ ならば $W(z) \equiv 0$ であり, $W(z_0) \neq 0$ ならば $W(z) \neq 0$ $(z \in D)$ である. なお D が単連結でない時, 上の積分は一般に周期 (加法的定数) を持つが, $\exp[\ ] \neq 0$ ゆえ結論に影響はない.

(ii) 定数 c_1, c_2 に対して $c_1 w_1(z) + c_2 w_2(z) \equiv 0$ とすると $c_1 w_1'(z) + c_2 w_2'(z) \equiv 0$. $z = z_0$ として，この c_1, c_2 についての連立方程式は $W(z_0) \neq 0$ ならば自明解 $c_1 = c_2 = 0$ しか持たない，すなわち w_1, w_2 は１次独立である．他方，$W(z_0) = 0$ とすると，自明でない c_1, c_2 が存在して $w = c_1 w_1 + c_2 w_2$ が $w(z_0) = w'(z_0) = 0$ を満たす．解の一意性から $w(z) \equiv 0$ となり，これは w_1, w_2 の１次従属性を意味する． □

注意． $w_1(z)$, $w_2(z)$ がそれぞれ点 $z_0 \in D$ で初期条件 $w_1(z_0) = 1$, $w_1'(z_0) = 0$, $w_2(z_0) = 0$, $w_2'(z_0) = 1$ を満たす (2.37) の解とすると w_1, w_2 に対するロンスキー行列式は $W(z_0) = 1$ ゆえ $W(z) \neq 0$ $(z \in D)$．したがって w_1, w_2 は１次独立な解である．特に微分方程式 (2.37) で $p(z) \equiv 0$ の場合，$W(z) \equiv W(z_0) = 1$ である．

2.2 確定特異点

微分方程式 (2.37)：$w'' + p(z)w' + q(z)w = 0$ を考える．

定義． 微分方程式 (2.37) の係数 $p(z), q(z)$ が点 $z = a$ を孤立特異点に持つとし，少なくともいずれかは除去可能でないとする．$p(z)$ が高々１位の極を持ち，$q(z)$ が高々２位の極を持つ時 $z = a$ は (2.37) の**確定特異点** (regular singular point) といい，そうでないとき**不確定特異点**という．また $z = \infty$ が確定特異点であるとは，(2.37) において変数変換 $\zeta = 1/z$ としたとき $\zeta = 0$ が確定特異点であることとする．

不確定特異点を持たない微分方程式 (2.37) のクラスを**フックス型** (Fuchsian) という．

さて，フックス型の方程式 (2.37)：$w'' + p(z)w' + q(z)w = 0$ の確定特異点 $a (\neq \infty)$ のまわりの解を，ここではベキ級数を用いる方法で示すがこの方法では $z = a$ で $p(z), q(z)$ がともに正則でもよい．（したがって，２階フックス型微分方程式の局所解の存在も同時に示されることになる．定理の証明後の注

意参照．）簡単のため a を原点 $z=0$ とし，(2.37) を次の形に書く：

$$z^2 w'' + zP(z)w' + Q(z)w = 0, \tag{2.39}$$

ただし，$P(z) = zp(z)$, $Q(z) = z^2 q(z)$ でありこれらは $z=0$ の近傍で正則である．このとき (2.39) の $z=0$ における解を形式的に

$$w = w(z) = z^\rho \sum_{n=0}^{\infty} c_n z^n = \sum_{n=0}^{\infty} c_n z^{n+\rho}, \quad c_0 \neq 0 \text{ [2]} \tag{2.40}$$

とし，項別に微分して

$$w' = \sum_{n=0}^{\infty} (n+\rho) c_n z^{n+\rho-1}, \quad w'' = \sum_{n=0}^{\infty} (n+\rho)(n+\rho-1) c_n z^{n+\rho-2},$$

したがって

$$zw' = z^\rho \sum_{n=0}^{\infty} (n+\rho) c_n z^n, \quad z^2 w'' = z^\rho \sum_{n=0}^{\infty} (n+\rho)(n+\rho-1) c_n z^n \tag{2.41}$$

と計算される．また

$$P(z) = \sum_{n=0}^{\infty} p_n z^n, \quad Q(z) = \sum_{n=0}^{\infty} q_n z^n \tag{2.42}$$

とする．これらを (2.39) に代入して未定係数法で ρ および c_n を求め，そして $\sum_{n=0}^{\infty} c_n z^n$ が実際に収束し，したがって (2.40) が求める解であることを示す．その際，一般的に2つの（形式的）ベキ級数の積は

$$\left(\sum_{l=0}^{\infty} a_l z^l \right) \left(\sum_{m=0}^{\infty} b_m z^m \right) = \sum_{n=0}^{\infty} \left(\sum_{l+m=n} a_l b_m \right) z^n = \sum_{n=0}^{\infty} \left(\sum_{m=0}^{n} a_{n-m} b_m \right) z^n \tag{2.43}$$

---

[2] (2.40) の形の解は $z=0$ のまわりを正の方向に1周すると $\exp[2\pi\rho i]$ 倍される．このような解を**乗法的解** (multiplicative solution) ともいう．ρ が整数ならば一価な関数であるが，そうでなければ $z=0$ のまわりで多価性を持つ．

と計算されることに注意しておく. (2.40), (2.41), (2.42) を (2.39) に代入し, z の各ベキ $z^{n+\rho}$ $(n=0,1,2,\ldots)$ の係数を比較すれば

$$(\rho+n)(\rho+n-1)c_n + \sum_{m=0}^{n} p_{n-m}(\rho+m)c_m + \sum_{m=0}^{n} q_{n-m}c_m = 0 \quad (2.44)$$

を得る. したがって,

$$f_0(\rho) = \rho(\rho-1) + p_0\rho + q_0, \quad f_k(\rho) = p_k\rho + q_k \quad (k=1,2,\ldots) \quad (2.45)$$

とおけば (2.44) は次の方程式系に書き換えられる:

$$\begin{cases} c_0 f_0(\rho) = 0, \\ c_1 f_0(\rho+1) + c_0 f_1(\rho) = 0 \\ c_2 f_0(\rho+2) + c_1 f_1(\rho+1) + c_0 f_2(\rho) = 0 \\ \cdots \\ c_n f_0(\rho+n) + c_{n-1} f_1(\rho+n-1) + \cdots + c_0 f_n(\rho) = 0 \\ \cdots \end{cases} \quad (2.46)$$

ここで $c_0 \neq 0$ ゆえ,

$$f_0(\rho) = \rho(\rho-1) + p_0\rho + q_0 = 0 \quad (p_0 = P(0),\ q_0 = Q(0)) \quad (2.47)$$

でなければならず, これより ρ が求められる. (2.47) を (2.39) の**決定方程式** (indicial equation) といい, その根 ρ を**指数** (exponent) という.

以上準備の上で次の定理を示す.

定理 6. $z=0$ を確定特異点に持つ微分方程式 (2.39) の決定方程式の 2 根を ρ_1, ρ_2 とするとき, $\rho_1 - \rho_2$ が非整数ならば $\rho = \rho_1$ および $\rho = \rho_2$ に対して定まる (形式) 解 (2.40) の級数は $z=0$ の近傍で収束し (2.39) の 1 次独立な 2 つの解を与える. $\rho_1 - \rho_2$ が整数の場合はこの方法では一般に 1 つの解しか得られない.

証明. $\rho_1 - \rho_2$ が非整数の場合, 例えば $\rho = \rho_1$ とすると $f_0(\rho) = 0$ であるが $\rho_1 - \rho_2$ が非整数ゆえ $f_0(\rho+n) \neq 0$ $(n=1,2,\ldots)$. したがって (2.46) より

c_0 が与えられれば c_1, c_2, ... が順次決定される．$\rho_1 \neq \rho_2$ ゆえ (2.40) から 2つの形式解が得られる．次にこの形式解が収束することを証明する．ρ_1, ρ_2 の1つを ρ と書くと，$f_0(\rho)$ の定義式から，$n = 1, 2, \ldots$ に対して

$$0 < |f_0(\rho+n)| = |f_0(\rho+n) - f_0(\rho)| = n^2 \left| 1 + \frac{2\rho + p_0 - 1}{n} \right|.$$

したがって任意の δ ($0 < \delta < 1$) に対して n が十分大 ($n > n_0$) ならば

$$|f_0(\rho+n)| \geq \delta n^2. \tag{2.48}$$

ところで $|f_0(\rho+n)|/n^2$ ($n = 1, 2, \ldots, n_0$) は正であるから δ を小さくとっておけば (2.48) は $n = 1, 2, \ldots$ に対して成立するとしてよい．次に $P(z), Q(z)$ は $z = 0$ の近傍で正則ゆえ $0 < \eta < \delta/(1+|\rho|)$ なる η をとり，$r_0 > 0$ なる r_0 を小さくとれば

$$\sum_{n=1}^{\infty} |p_n| r_0^n < \eta, \quad \sum_{n=1}^{\infty} |q_n| r_0^n < \eta \tag{2.49}$$

とすることができる．また $|c_0| \leq 1$ としておけば

$$|c_n| r_0^n \leq 1 \quad (n = 0, 1, 2, \ldots) \tag{2.50}$$

が示される．これは帰納法で証明しよう．(2.50) が $n-1$ まで成立したとすれば (2.46), (2.45) より

$$\begin{aligned}
r_0^n |c_n| |f_0(\rho+n)| &\leq r_0^{n-1} |c_{n-1}| \cdot r_0 |f_1(\rho+n-1)| + \cdots + |c_0| \cdot r_0^n |f_n(\rho)| \\
&\leq r_0 |p_1(\rho+n-1) + q_1| + \cdots + r_0^n |p_n \rho + q_n| \\
&\leq (|\rho|+n-1)(r_0|p_1| + \cdots + r_0^n |p_n|) + (r_0|q_1| + \cdots + r_0^n |q_n|) \\
&\leq (|\rho|+n)\eta.
\end{aligned}$$

そして (2.48) を使うと $n \geq 1$ に対して

$$|c_n| r_0^n \leq \frac{(|\rho|+n)\eta}{|f_0(\rho+n)|} \leq \frac{|\rho|+n}{\delta n^2} \cdot \frac{\delta}{1+|\rho|} \leq \frac{1}{n} \leq 1. \tag{2.51}$$

したがって (2.50) が示された．そして (2.50) から $\sum c_n z^n$ が $|z| < r_0$ で広義一様に収束することがわかった．$\rho_1 \neq \rho_2$ ゆえ ρ_1, ρ_2 に対する2つの1次独立な解の存在が示された．

次に $\rho_1 - \rho_2 = k$ が整数の時を考える．（必要なら ρ_1, ρ_2 を入れ替えて）$k \geq 0$ としてよい．$\rho = \rho_1$ とすれば，$f_0(\rho + n) \neq 0$ $(n = 1, 2, \ldots)$ であるから先と同様にして1次独立解が得られる．しかし $k > 0$ であったとしても $f_0(\rho_2 + k) = f_0(\rho_1) = 0$ となるので $\rho = \rho_2$ に対しては $n = k$ の時 (2.46) を解いて c_k を得ることは一般にはできない．したがってこの方法では2つの1次独立解を得ることができない．この場合は定数変化法などにより1次独立解を見つけることができるが，詳しくは教科書（例えば [2]，[12] など）を参照されたい．ここでは次節で一二の例を挙げるにとどめる．　□

この証明において $p(z)$, $q(z)$ がともに $z = 0$ において正則のとき，すなわち $p_0 = 0, q_0 = q_1 = 0$ のときは $\rho = 0, 1$ となり $\rho = 0$ であっても (2.46) の第2式が自明に成り立つため，例外的にこの方法で2つの1次独立解が得られることになる．したがって，解析接続をすることにより定理2の $n = 2$ の場合が次の形で得られる．

定理 7. D を複素平面内の単連結領域とし，$p(z)$, $q(z)$ は D 上で正則とする．任意の点 $z_0 \in D$ および $b_0, b_1 \in \mathbb{C}$ に対して初期条件

$$w(z_0) = b_0, \quad w'(z_0) = b_1$$

を満たす D 上で一価正則な微分方程式 (2.37) の解 $w = w(z)$ が一意的に存在する．

証明． この初期値問題の解 w は少なくとも z_0 の近傍で存在することが先の定理の証明によりわかった．この局所解を D 全体に解析接続することを考える．D の各点 a に対して十分小さい円板 $\Delta(a) = \{z : |z - a| < r(a)\}$ 上で初期条件 $u_a(a) = 1, u'_a(a) = 0, v_a(a) = 0, v'_a(a) = 1$ を満たす (2.37) の2解 u_a, v_a が存在することが同様にわかる．そこで，z_0 を始点とし D に含まれる曲線 $\gamma : [0, 1] \to D$ をとる．γ の連続性から，各 $t \in I := [0, 1]$ に対して t の開近傍 $U_t = (t - \delta, t + \delta)$ が存在して $\gamma(U_t \cap I) \subset \Delta(\gamma(t))$ となる．区間 I はコンパクトであるから，有限個の $t_0 = 0 < t_1 < \cdots < t_{n-1} < t_n = 1$

がとれて $I \subset \bigcup_{j=0}^{n} U_{t_j}$ となる．このときさらに各 $j = 1, 2, \ldots, n$ に対して $U_{t_{j-1}} \cap U_{t_j} \neq \emptyset$ と仮定してよく，s_j をこの集合から一つずつ選び，$z_j = \gamma(s_j)$ とおく．$\gamma(s_j) \in \gamma(U_{t_{j-1}} \cap U_{t_j}) \subset \Delta(\gamma(t_{j-1})) \cap \Delta(\gamma(t_j))$ に注意しておく．

さて，$w_0 = b_0 u_{z_0} + b_1 v_{z_0}$ とおくとこれは $\Delta(z_0)$ における (2.37) の解であり初期条件を満たすことから z_0 の近傍において $w = w_0$ である．次に $w_1 = w_0(z_1) u_{z_1} + w_0'(z_1) v_{z_1}$ とおけば，$\Delta(z_0) \cap \Delta(z_1)$ 上で $w_0 = w_1$ となる．一般に w_{j-1} が $\Delta(z_{j-1})$ 上で定まったなら，$w_j = w_{j-1}(z_j) u_{z_j} + w_{j-1}'(z_j) v_{z_j}$ として w_j を $\Delta(z_j)$ 上で定めれば z_j における初期値が一致することから $w_{j-1} = w_j$ が $\Delta(z_{j-1}) \cap \Delta(z_j)$ 上で成り立つことがわかる．このようにして曲線 γ に沿って解 w を終点 $\gamma(1)$ まで解析接続することができる．この解析接続された結果 w_n は，始終点を固定した上で曲線 γ を連続的に変形しても変わらないことが知られている（一価性定理またはモノドロミー定理と呼ばれる；たとえば [3] 参照）．今，領域 D は単連結であり，z_0 から別の点 z を終点とする任意の 2 曲線は連続変形で互いに移り合うので解が D 全体に一価正則に拡張できることがわかる． □

2.3 オイラーおよびベッセルの微分方程式

例 4. オイラー (Euler) の微分方程式：

$$z^2 w'' - pzw' + qw = 0, \tag{2.52}$$

ただし p, q は複素定数．(2.52) は（$p = q = 0$ でない限り）$z = 0$ で確定特異点を持つ．この決定方程式は $f_0(\rho) = \rho(\rho - 1) - p\rho + q = \rho^2 - (p+1)\rho + q = 0$ より解を $\rho = \alpha, \beta$ とすれば $p = \alpha + \beta - 1$，$q = \alpha\beta$．まず $\alpha \neq \beta$ のとき，すなわち $(p+1)^2 - 4q \neq 0$ のとき，(2.46), (2.45) の計算で $f_k(\alpha) = p_k \alpha + q_k = 0$ ($k = 1, 2, \ldots$) ゆえ $c_1 = c_2 = \cdots = 0$．したがって $w = z^\alpha$ が 1 つの解であり，同様にして $w = z^\beta$ が $w = z^\alpha$ と 1 次独立な解として得られ (2.52) の一般解は

$$w(z) = Az^\alpha + Bz^\beta \quad (A, B \text{ は任意定数}).$$

次に $\alpha = \beta$ のとき,$g(z) = z^\alpha$ と1次独立な解を求めるため**定数変化法**により,$w(z) = g(z)W(z)$ とおき $w(z)$ が (2.52) の解になるように $W(z)$ を求める.実際,計算すると

$$\frac{W''}{W'} + 2\frac{g'(z)}{g(z)} - \frac{2\alpha - 1}{z} = 0.$$

これを積分すると

$$\log\left(W'(z)g(z)^2 z^{-(2\alpha-1)}\right) = C, \quad W'(z) = C_1 \frac{z^{2\alpha-1}}{g(z)^2}$$

(C は定数,$C_1 = e^C$).ここで $g(z) = z^\alpha$ を代入し積分すると $W(z) = C_1 \log z + C_2$.したがって $\alpha = \beta$ の場合の (2.52) の一般解は

$$w(z) = Az^\alpha + Bz^\alpha \log z \quad (A, B \text{ は任意定数})$$

である.

例 5. ベッセル (Bessel) の微分方程式

$$w'' + \frac{1}{z}w' + \frac{z^2 - \lambda^2}{z^2}w = 0, \quad \lambda \text{ は実数} \tag{2.53}$$

を考える.$z = 0$ は (2.53) の確定特異点である.この決定方程式

$$f_0(\rho) = \rho^2 - \lambda^2 = 0 \tag{2.54}$$

より $\rho = \pm\lambda$.これに対して $z = 0$ のまわりの解を求める.以下 $\lambda \geq 0$ とする.ここでは 2.2 節で述べた方法で $\rho = \lambda$ に対する形式解

$$w(z) = z^\lambda \sum_{n=0}^{\infty} c_n z^n, \quad c_0 \neq 0 \tag{2.55}$$

の係数 c_n を求めよう.そのために (2.53) に z^2 をかけて (2.39) の形とする.ここで $P(z) = 1$,$Q(z) = z^2 - \lambda^2$ であるので (2.42) に現れる係数は $p_0 = 1$,$p_k = 0$ $(k \geq 1)$,$q_0 = -\lambda^2$,$q_1 = 0$,$q_2 = 1$,$q_k = 0$ $(k \geq 3)$ となる.したがって

$$f_0(\lambda) = 0, \ f_0(\lambda+k) = k(k+2\lambda) > 0 \quad (k \geq 1), \tag{2.56}$$
$$f_1(\lambda+k) = f_2(\lambda+k) - 1 = f_3(\lambda+k) = f_4(\lambda+k) = \cdots = 0 \quad (k \geq 0).$$

これより (2.46) で $\rho = \lambda$ とすると，最初の2式以外のすべての式においてその初めの3項以外すべて0であることに注意する．$c_1 f_0(\lambda+1) + c_0 f_1(\lambda) = 0$ より明らかに $c_1 = 0$．また上に述べた注意から

$$c_k f_0(\lambda+k) + c_{k-2} f_2(\lambda+k-2) = 0 \quad (k = 2, 3, \ldots).$$

ここで $f_0(\lambda+k) > 0, \ f_2(\lambda+k-2) = 1$ ゆえ

$$c_k = \frac{-1}{f_0(\lambda+k)} c_{k-2} \quad (k = 2, 3, \ldots).$$

$c_1 = 0$ より $c_1 = c_3 = c_5 = \cdots = 0$ であり，$k = 2n$ に対しては $f_0(\lambda+2n) = 2^2 n(\lambda+n)$ より次式が得られる：

$$c_{2n} = \frac{(-1)^n c_0}{2^{2n} n! (\lambda+n)(\lambda+n-1) \cdots (\lambda+1)}.$$

定理6の証明から以上の係数を持つ (2.55) は $z = 0$ の近傍で収束し (2.53) の1つの解を与える．特に $c_0 = 1/2^\lambda \Gamma(\lambda+1)$ とし，便宜上 n を k で置き換えてその解を

$$J_\lambda(z) = \left(\frac{z}{2}\right)^\lambda \sum_{k=0}^\infty \frac{(-1)^k}{k! \, \Gamma(\lambda+k+1)} \left(\frac{z}{2}\right)^{2k} \tag{2.57}$$

と表し，これを λ 次の**第1種ベッセル関数**（または単にベッセル関数）という[3]．

微分方程式 (2.53) は λ を $-\lambda$ としても変わらないから (2.57) の λ を $-\lambda$ に替えたものも (2.53) の解である．したがって
(i) λ が非整数ならば $\Gamma(-\lambda+n+1)$ は有限で J_λ と $J_{-\lambda}$ は1次独立であり，(2.53) の一般解は

$$AJ_\lambda(z) + BJ_{-\lambda}(z), \quad (A, B \text{ は任意定数}).$$

---

[3] 一般べき z^λ がかかっているため，非整数 λ に対しては $J_\lambda(z)$ は複素平面上では多価関数となる．複素平面に原点から無限遠点まで適当な截線を入れれば（たとえば，負の実軸を除く）そこでは一価正則な $J_\lambda(z)$ の分枝が選べる．

(ii) λ が整数 $n\ (>0)$ の場合

$$J_{-n}(z) = (-1)^n J_n(z) \tag{2.58}$$

となる（証明は 1 章 (1.62) 参照）．したがって J_n と J_{-n} は 1 次独立ではない．$\lambda = 0$ のときは

$$J_0(z) = \sum_{k=0}^{\infty} \frac{(-1)^k}{(k!)^2}\left(\frac{z}{2}\right)^{2k} = 1 - \left(\frac{z}{2}\right)^2 + \frac{1}{(2!)^2}\left(\frac{z}{2}\right)^4 - \cdots. \tag{2.59}$$

以上から $\lambda\ (\geq 0)$ が整数の場合，J_λ と 1 次独立なもう一つの解を求める必要がある．

(iii) λ が半整数：$\lambda = n + \dfrac{1}{2}$（$n$ は整数）の場合．(2.51) の決定方程式の根 $\lambda, -\lambda$ の差は $2n+1$（整数）ゆえ定理 6 では解は 1 つしか得られないが，λ は非整数ゆえ (i) により 1 次独立な解は 2 つある．例えば

$$J_{\frac{1}{2}}(z) = \sqrt{\frac{2}{\pi z}}\sin z, \quad J_{-\frac{1}{2}}(z) = \sqrt{\frac{2}{\pi z}}\cos z, \tag{2.60}$$

$$J_{\frac{3}{2}}(z) = \sqrt{\frac{2}{\pi z}}\left(\frac{\sin z}{z} - \cos z\right), \quad J_{-\frac{3}{2}}(z) = \sqrt{\frac{2}{\pi z}}\left(-\frac{\cos z}{z} - \sin z\right)$$

（$\lambda = n + \dfrac{1}{2}$ の場合の公式もある）．

$J_{\frac{1}{2}}(z)$ について証明を記す．$J_{\frac{1}{2}}(z) = \left(\dfrac{z}{2}\right)^{-\frac{1}{2}} \displaystyle\sum_{k=0}^{\infty} \frac{(-1)^k}{k!\,\Gamma(k+\frac{1}{2}+1)}\left(\frac{z}{2}\right)^{2k+1}$ において

$$\frac{k!\,\Gamma(\frac{1}{2}+k+1)}{\Gamma(\frac{1}{2})} = \left(\frac{2k}{2}\cdot\frac{2k-2}{2}\cdots\frac{2}{2}\right)\left(\frac{2k+1}{2}\cdot\frac{2k-1}{2}\cdots\frac{1}{2}\right) = \frac{(2k+1)!}{2^{2k+1}}$$

および $\Gamma(\frac{1}{2}) = \sqrt{\pi}$ ゆえ

$$J_{\frac{1}{2}}(z) = \left(\frac{z}{2}\right)^{-\frac{1}{2}} \sum_{k=0}^{\infty} \frac{(-1)^k}{(2k+1)!\sqrt{\pi}} z^{2k+1} = \sqrt{\frac{2}{\pi z}}\sin z.$$

特に $z = x > 0$ とすれば (2.60) の関数は一価で $x \to +\infty$ のとき振動しながら 0 に近づく（図 2.1 のグラフ参照）．

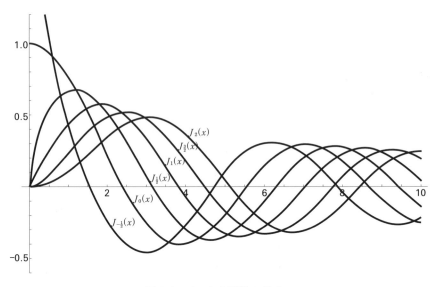

図 2.1　ベッセル関数のグラフ

(iv) λ が整数の時の第 2 の解について．

λ が整数でない時，関数

$$Y_\lambda(z) = \frac{J_\lambda(z)\cos\lambda\pi - J_{-\lambda}(z)}{\sin\lambda\pi} \tag{2.61}$$

は $J_\lambda(z)$ と $J_{-\lambda}(z)$ の線形結合ゆえベッセル方程式の解である．$Y_\lambda(z)$ は λ が整数 $n \geq 0$ に近づく時，以下に述べるように極限

$$Y_n(z) = \lim_{\lambda \to n} Y_\lambda(z) \tag{2.62}$$

が存在する．((2.61), (2.62) を併せて $Y_\lambda(z)$ あるいは $N_\lambda(z)$ とも書かれる)．$Y_\lambda(z)$ は**第 2 種ベッセル関数**あるいは**ノイマン (Neumann) 関数**と呼ばれる．

さて $\lambda \to n$ の時の極限の存在を示すために $\lambda = n + \varepsilon$ とおくと

$$Y_n(z) = \lim_{\varepsilon \to 0} \frac{(-1)^n \cos(\varepsilon \pi) J_{n+\varepsilon}(z) - J_{-(n+\varepsilon)}(z)}{(-1)^n \sin \varepsilon \pi}$$

$$= \lim_{\varepsilon \to 0} \frac{\cos(\varepsilon \pi) J_{n+\varepsilon}(z) - (-1)^n J_{-(n+\varepsilon)}(z)}{\varepsilon \pi} \frac{\varepsilon \pi}{\sin \varepsilon \pi} \quad (2.63)$$

$$= \frac{1}{\pi} \left[\frac{\partial J_\lambda}{\partial \lambda}(z) - (-1)^n \frac{\partial J_{-\lambda}}{\partial \lambda}(z) \right]\bigg|_{\lambda = n}.$$

なお最後の式を計算すると（主に留数計算，詳細は省略）次式が得られる：

$$Y_n(z) = \frac{2}{\pi}\left(\log\frac{z}{2} + \gamma\right)J_n(z) - \frac{1}{\pi}\sum_{k=0}^{n-1}\frac{(n-k-1)!}{k!}\left(\frac{z}{2}\right)^{-n+2k}$$

$$- \frac{1}{\pi}\sum_{k=0}^{\infty}\frac{(-1)^k}{k!\,(n+k)!}\left(\frac{z}{2}\right)^{n+2k}\left(\sum_{m=1}^{n+k}\frac{1}{m} + \sum_{m=1}^{k}\frac{1}{m}\right),$$

ただし $n \geq 0$ は整数，γ はオイラーの定数（$\Gamma'(1) = -\gamma$）．この式は $\log z$ を含むので J_n とは1次独立な解である．

2.4 $J_\lambda(z)$ の直交関係と零点

λ 位のベッセル関数 $J_\lambda(z)$ に対して次の**ロンメル (Lommel)** の積分表示から始める．

定理 8. α, β を 0 でない複素数，$\lambda > -1$ とすれば，任意の実数 $x > 0$ に対して

(i) $\alpha \neq \beta$ のとき

$$(\beta^2 - \alpha^2)\int_0^x J_\lambda(\alpha t) J_\lambda(\beta t) t\,dt = x\Big[\alpha J_\lambda'(\alpha x) J_\lambda(\beta x) - \beta J_\lambda(\alpha x) J_\lambda'(\beta x)\Big], \quad (2.64)$$

(ii) $\alpha = \beta$ のとき

$$\int_0^x J_\lambda(\alpha t)^2 t\,dt = \frac{x^2}{2}J_\lambda'(\alpha x)^2 + \frac{1}{2}\left(x^2 - \frac{\lambda^2}{\alpha^2}\right)J_\lambda(\alpha x)^2. \quad (2.65)$$

証明. ベッセルの微分方程式 (2.53) において $z = \alpha t$ と変数変換すると $u = J_\lambda(\alpha t)$ は

$$\frac{d^2u}{dt^2} + \frac{1}{t}\frac{du}{dt} + \left(\alpha^2 - \frac{\lambda^2}{t^2}\right)u = 0 \qquad (2.66)$$

を満たす．同様に $v = J_\lambda(\beta t)$ は

$$\frac{d^2v}{dt^2} + \frac{1}{t}\frac{dv}{dt} + \left(\beta^2 - \frac{\lambda^2}{t^2}\right)v = 0 \qquad (2.67)$$

を満たす．ここで (2.66) に tv をかけ，(2.67) に tu をかけて辺々引き算すると

$$t(u''v - uv'') + (u'v - uv') + (\alpha^2 - \beta^2)tuv = 0$$

を得る（ここで $'$ は t に関する微分）．この式は次のように書ける：

$$\frac{d}{dt}\bigl[t(u'v - uv')\bigr] + (\alpha^2 - \beta^2)tuv = 0.$$

t を実変数としてこの式を $\delta \in (0, x)$ から x まで積分し，$\delta \downarrow 0$ [4] とすることにより (2.64) が得られる．ここで，$t = 0$ の近傍において

$$J_\lambda(\alpha t)J_\lambda(\beta t)t = O(t^\lambda \cdot t^\lambda \cdot t) = O(t^{2\lambda+1})$$

であり，仮定から $2\lambda + 1 > -1$ であるのでこれが $t = 0$ において積分可能となること，級数展開の初項が打ち消し合うことから

$$\delta\bigl[\alpha J'_\lambda(\alpha\delta)J_\lambda(\beta\delta) - \beta J_\lambda(\alpha\delta)J'_\lambda(\beta\delta)\bigr] = O(\delta^{2\lambda+2}) = o(1) \quad (\delta \downarrow 0)$$

となることを用いた．

次に (2.64) の両辺を $\beta^2 - \alpha^2$ で割り，$\beta \to \alpha$ とする．そのとき左辺は (2.65) の左辺となるが，右辺は不定形の極限となるのでロピタルの定理を用いる．すなわち，分母分子をそれぞれ β の関数として微分し，$\beta \to \alpha$ とする．このとき分母は 2α となることはすぐわかるが，分子の方は少々計算を要する．実際，分子の微分は

---

[4] **右極限**を以下では $x \downarrow a$ と表し，**左極限**を $x \uparrow a$ と表す．

$$x\frac{\partial}{\partial \beta}\Big[\alpha J'_\lambda(\alpha x)J_\lambda(\beta x) - \beta J_\lambda(\alpha x)J'_\lambda(\beta x)\Big]$$
$$= x\Big[\alpha x J'_\lambda(\alpha x)J'_\lambda(\beta x) - J_\lambda(\alpha x)J'_\lambda(\beta x) - \beta x J_\lambda(\alpha x)J''_\lambda(\beta x)\Big]$$
$$= x\Big[\alpha x J'_\lambda(\alpha x)J'_\lambda(\beta x) + \beta x\left(1 - \frac{\lambda^2}{\beta^2 x^2}\right)J_\lambda(\alpha x)J_\lambda(\beta x)\Big]$$

と計算される.ただし,ここで (2.53) から導かれる式

$$-J''_\lambda(\beta x) = \frac{1}{\beta x}J'_\lambda(\beta x) + \left(1 - \frac{\lambda^2}{\beta^2 x^2}\right)J_\lambda(\beta x)$$

を用いた.最後に $\beta \to \alpha$ とすれば,(2.65) が示される. □

定理 8 の系として次の結果が得られる.

定理 9. $\lambda > -1$ とし,α, β を $J_\lambda(z)$ の 0 でない零点とするとき,

(i) $\alpha \neq \beta$ ならば

$$\int_0^1 J_\lambda(\alpha t)J_\lambda(\beta t)t dt = 0, \qquad (2.68)$$

(ii) $\alpha = \beta$ ならば

$$\int_0^1 J_\lambda(\alpha t)^2 t dt = \frac{1}{2}J'_\lambda(\alpha)^2 \left(= \frac{1}{2}J_{\lambda+1}(\alpha)^2\right). \qquad (2.69)$$

ただし,(2.69) の最後の等号は後述の (2.71) からわかる.

(2.68) 式は,t を**密度**(または**重み**)に持つ区間 $0 \leq t \leq 1$ 上の測度 $d\mu(t) = t dt$ に関して $J_\lambda(\alpha t)$ と $J_\lambda(\beta t)$ が直交することを意味し,(2.69) 式はその 2 乗ノルムの値を与えている.

次に $J_\lambda(z)$ の零点に関する基本的な結果を記す.そのためにまず一般に実数 λ に対して $J_\lambda(z)$ の**漸化式**:

$$\begin{cases} J'_\lambda(z) = -\dfrac{\lambda}{z}J_\lambda(z) + J_{\lambda-1}(z) \\ J'_\lambda(z) = \dfrac{\lambda}{z}J_\lambda(z) - J_{\lambda+1}(z), \end{cases} \qquad (2.70)$$

$$\begin{cases} (z^\lambda J_\lambda(z))' = z^\lambda J_{\lambda-1}(z) \\ (z^{-\lambda} J_\lambda(z))' = -z^{-\lambda} J_{\lambda+1}(z) \end{cases} \tag{2.71}$$

に注意する．

証明． まず (2.70) と (2.71) は容易に分かるように同値である．(2.70) の証明は $J_\lambda(z)$ の (2.57) における級数展開を項別微分するだけである．実際，

$$J'_\lambda(z) = \frac{1}{2}\sum_{k=0}^{\infty} \frac{(-1)^k(2k+\lambda)}{k!\,\Gamma(\lambda+k+1)} \left(\frac{z}{2}\right)^{2k+\lambda-1}$$

において，例えば

$$\frac{2k+\lambda}{2} = (k+\lambda) - \frac{\lambda}{2}, \quad \Gamma(\lambda+k+1) = (\lambda+k)\Gamma(\lambda+k)$$

として計算すれば (2.70) の第 1 式が得られる．第 2 式も同様である． □

定理 10.

(i) 任意の実数 λ に対して $J_\lambda(z)$ は無数の零点を持ち，それらは原点に関して対称であり，また実軸に関しても対称に分布する．

(ii) $\lambda > -1$ ならば $J_\lambda(z)$ の零点はすべて実軸上にあり，かつ原点以外の零点の重複度はすべて 1 である．

(iii) 実数 λ に対し，$J_\lambda(z)$ の正の零点と $J_{\lambda-1}(z)$ （あるいは $J_{\lambda+1}(z)$）の正の零点は互いに他を分離する．

証明．

(i). $J^*_\lambda(z) = (z/2)^{-\lambda} J_\lambda(z)$ とおけば，$J_\lambda(z)$ の定義式 (2.53) より $J^*_\lambda(z) = J^*_\lambda(-z)$ ゆえ，$J_\lambda(z_0) = 0$ $(z_0 \neq 0)$ ならば $J_\lambda(-z_0) = 0$．また (2.53) における級数の係数はすべて実数ゆえ，$\overline{J^*_\lambda(z)} = J^*_\lambda(\bar{z})$．したがって $J_\lambda(z_0) = 0$ ならば $J_\lambda(\overline{z_0}) = 0$．なお $J_\lambda(z)$ が無数の零点を持つことは 1 章の命題 26 からわかる．

(ii). $\lambda > -1$ のとき，実軸上にない $J_\lambda(z)$ の零点 α があるとして矛盾を導く．$\beta = \bar{\alpha}$ とすると $\alpha \neq \beta$ で，かつ (i) により β も $J_\lambda(z)$ の零点であるから定理 9 (i) により

$$\int_0^1 J_\lambda(\alpha t) J_\lambda(\bar{\alpha} t) t dt = \int_0^1 |J_\lambda(\alpha t)|^2 t dt = 0$$

となる．これより $J_\lambda^*(\alpha t) = 0 \ (0 < t < 1)$ が得られるが一致の定理から $J_\lambda^*(z) \equiv 0$ でなければならず，これは矛盾である．

次にそれらの零点が単純，すなわち重複度が 1 であることを示す．実際，もしある零点 $\alpha > 0$ の重複度が 1 より大きければ，$J_\lambda'(\alpha) = 0$ となるので，(2.69) から $J_\lambda(t) = 0 \ (0 < t < \alpha)$ でなければならずやはり矛盾が生ずる．

(iii). 正の実軸 $z = x > 0$ においてのみ考えればよい．その上の $J_\lambda(z)$ の零点を順に $0 < x_1 < x_2 < \cdots$ とする．関数 $f_\lambda(x) = x^\lambda J_\lambda(x)$ は $x > 0$ において微分可能な実数値関数であり $f_\lambda(x_i) = f_\lambda(x_{i+1})$ ゆえロルの定理により $f_\lambda'(\xi) = 0$ となる点 ξ が区間 $I_i = (x_i, x_{i+1})$ 内に少なくとも一つ存在する．ところで (2.71) により $f_\lambda'(x) = x f_{\lambda-1}(x)$ ゆえ $J_{\lambda-1}(\xi) = 0$, すなわち $J_{\lambda-1}$ の零点が I_i の中にあることがわかる．同様にして I_i の中に $J_{\lambda+1}$ の零点があることもわかる．さらに，これらの零点がただ一つであることもわかる．実際，たとえば $J_{\lambda-1}$ が I_i 内に 2 つの零点 ξ_1, ξ_2 ($\xi_1 < \xi_2$) を持てば，以上の議論により区間 (ξ_1, ξ_2) 内に J_λ の零点があることになるが，これは x_i, x_{i+1} の取り方に反する． □

2.5 超幾何微分方程式

複素数 a, b, c に対して，次の形の微分方程式を（ガウスの）**超幾何微分方程式** (hypergeometric differential equation) と呼ぶ：

$$z(1-z)w'' + [c - (a+b+1)z]w' - abw = 0. \tag{2.72}$$

この方程式全体に $z/(1-z)$ をかければ (2.39) の形の微分方程式に変形できるので，これは $z = 0$ において確定特異点を持ち，その決定方程式

$$f_0(\rho) = \rho(\rho - 1) + c\rho = 0$$

を解いて指数 $\rho = 0, 1-c$ を得る．定理6（およびその証明）から，c が0以下の整数でなければ $\rho = 0$ に対応する 2.2 節の級数解法により，原点における局所解 $w = w(z)$ で $w(0) = 1$ を満たすものが構成できる．そのようにして得られた (2.72) の解をガウスの**超幾何関数** (hypergeometric function) と呼び，記号で $w = {}_2F_1(a, b; c; z)$ と書く．本節ではこれを簡単に $F(a, b, c; z)$ と表すことにし，その具体的な形を見てみよう．

今の場合は元の方程式の形をそのまま活かす方が見やすいので，$w = \sum_{n=0}^{\infty} s_n z^n$ を (2.72) に代入して係数を求める．ただしここで $s_0 = 1$ としておく．z^n の係数を見ると

$$(n+1)n s_{n+1} - n(n-1)s_n + [c(n+1)s_{n+1} - (a+b+1)n s_n] - ab s_n = 0$$

という関係式が得られるので，これを整理すると

$$(1+n)(c+n)s_{n+1} = (a+n)(b+n)s_n \quad (n = 0, 1, 2, \dots)$$

を得る．よって

$$s_n = \frac{(a+n-1)(b+n-1)}{(c+n-1)n} s_{n-1} = \cdots = \frac{(a)_n (b)_n}{(c)_n n!}$$

という表示式が得られる．ただしここに $(a)_0 = 1$,

$$(a)_n = a(a+1) \cdots (a+n-1) = \frac{\Gamma(a+n)}{\Gamma(a)} \quad (n \geq 1)$$

であり，これは**ポッホハンマーの記号** (Pochhammer symbol) と呼ばれるものである．したがって超幾何関数をベキ級数

$$F(a, b, c; z) = \sum_{n=0}^{\infty} \frac{(a)_n (b)_n}{(c)_n n!} z^n \quad (c \neq 0, -1, -2, \dots) \tag{2.73}$$

で表示することができ，これはガウスの**超幾何級数**と呼ばれている．

$$\frac{|s_{n+1}|}{|s_n|} = \frac{|a+n||b+n|}{|c+n|n} \to 1 \quad (n \to \infty)$$

であるから，コーシー・アダマールの公式（1章 (1.1)）により（級数が有限項で終わってしまう，a または b が 0 以下の整数である場合を除き）この級数の収束半径は 1 である[5]．

c が整数でなければ，定理 6 から $\rho = 1 - c$ から出発して解を構成することができるが，実は $w(z) = z^{1-c} v(z)$ と解を変換すると直接計算により v は微分方程式

$$z(1-z)v'' + \bigl[2 - c - (a + b - 2c + 3)z\bigr]v' - (a + 1 - c)(b + 1 - c)v = 0$$

を満たすことがわかり，したがって $v(0) = 1$ として正規化された解 $w = z^{1-c} v$ は

$$w = z^{1-c} F(a + 1 - c, b + 1 - c; 2 - c; z) \tag{2.74}$$

と表されることがわかる．このようにして c が整数でない場合には，(2.72) の 1 次独立な 2 解が超幾何関数を使って得られたことになる．したがって (2.72) の一般解はこれらの 1 次結合で表されることになる．

(2.72) の全体を w'' の係数 $z(1-z)$ で割ればわかるように，この微分方程式は複素平面内で $z = 0, 1$ のみにおいて確定特異点を持つ．0 と 1 を入れ替える変換 $\zeta = 1 - z$ を考え，$\hat{w}(\zeta) = w(1 - \zeta) = w(z)$ とおけば，$\hat{w}'(\zeta) = -w'(1 - \zeta)$, $\hat{w}''(\zeta) = w''(1 - \zeta)$ であるから，(2.72) に代入して整理すると

$$\zeta(1-\zeta)\hat{w}'' + \bigl[a + b + 1 - c - (a + b + 1)\zeta\bigr]\hat{w}' - ab\hat{w} = 0$$

となり，超幾何微分方程式 (2.72) において c を $a + b + 1 - c$ で置き換えた形となっている．このことから $a + b + 1 - c$ が 0 以下の整数でなければ $F(a, b, a + b + 1 - c; 1 - z)$ も (2.72) の解であることがわかり，$F(a, b, c; z)$ と (2.74) の 1 次結合として表される．実際

---

[5] この場合は，コーシー・アダマールの公式を使わなくてもより簡単なダランベールの収束判定法から収束半径が 1 であることがわかる

$$F(a, b, a+b+1-c; 1-z) = \frac{\Gamma(a+b+1-c)\Gamma(1-c)}{\Gamma(a+1-c)\Gamma(b+1-c)} F(a, b, c; z)$$
$$+ z^{1-c} \frac{\Gamma(a+b+1-c)\Gamma(c-1)}{\Gamma(a)\Gamma(b)} F(a+1-c, b+1-c, 2-c; z)$$

であることが知られている（接続公式）.

次に，無限遠点における挙動を調べるため，$\zeta = 1/z$ と変換し，$\tilde{w}(\zeta) = w(1/\zeta) = w(z)$ と置けば，$\tilde{w}'(\zeta) = -\zeta^{-2} w'(1/\zeta)$, $\tilde{w}''(\zeta) = \zeta^{-4} w''(1/\zeta) + 2\zeta^{-3} w'(1/\zeta)$ であるから，$w'(z) = -\zeta^2 \tilde{w}'(\zeta)$, $w''(z) = \zeta^4 \tilde{w}''(\zeta) - 2\zeta w'(z) = \zeta^4 \tilde{w}''(\zeta) + 2\zeta^3 \tilde{w}'(\zeta)$ となる. (2.72) にこれらの式を代入してまとめると $\tilde{w}$ について

$$\zeta^2 (1-\zeta) \tilde{w}'' + \zeta[(1-a-b) - (2-c)\zeta] \tilde{w}' + ab\tilde{w} = 0$$

が成り立つ. よって $\zeta = 0$ すなわち $z = \infty$ において超幾何微分方程式は確定特異点を持ち，その決定方程式は

$$f_0(\rho) = \rho(\rho - 1) + (1-a-b)\rho + ab = (\rho - a)(\rho - b) = 0$$

となり，その指数が $\rho = a, b$ であることがわかる. $\tilde{w}$ そのものは一般に超幾何微分方程式を満たさないが，$\zeta^{-\rho} \tilde{w}(\zeta) = z^{\rho} w(z)$ $(\rho = a, b)$ は（適当にパラメータを取り替えた）超幾何微分方程式を満たす.

超幾何関数に関して最も重要な性質の一つとして次の公式が挙げられる.

定理 11 (オイラーの積分表示). $\mathrm{Re}\, c > \mathrm{Re}\, b > 0$ であるならば，$|z| < 1$ において次の公式が成り立つ：

$$F(a, b, c; z) = \frac{\Gamma(c)}{\Gamma(b)\Gamma(c-b)} \int_0^1 t^{b-1} (1-t)^{c-b-1} (1-zt)^{-a} dt. \quad (2.75)$$

証明. 一般 2 項展開により

$$(1 - zt)^{-a} = \sum_{n=0}^{\infty} \frac{(a)_n}{n!} (zt)^n \quad (|zt| < 1)$$

であるから，積分と無限和の順序を交換して

$$\int_0^1 t^{b-1}(1-t)^{c-b-1}(1-zt)^{-a}dt = \sum_{n=0}^{\infty} \frac{(a)_n}{n!}z^n \int_0^1 t^{b+n-1}(1-t)^{c-b-1}dt$$
$$= \sum_{n=0}^{\infty} \frac{(a)_n}{n!}B(n+b,c-b)z^n$$

を得る．ここに

$$B(x,y) = \int_0^1 t^{x-1}(1-t)^{y-1}dt \quad (\operatorname{Re} x > 0, \operatorname{Re} y > 0)$$

はオイラーの**ベータ関数**であり，ガンマ関数により

$$B(x,y) = \frac{\Gamma(x)\Gamma(y)}{\Gamma(x+y)} \tag{2.76}$$

と表されることはよく知られている．これを用いれば，

$$\int_0^1 t^{b-1}(1-t)^{c-b-1}(1-zt)^{-a}dt = \sum_{n=0}^{\infty} \frac{(a)_n \Gamma(b+n)\Gamma(c-b)}{\Gamma(c+n)n!}z^n$$
$$= \frac{\Gamma(b)\Gamma(c-b)}{\Gamma(c)} \sum_{n=0}^{\infty} \frac{(a)_n (b)_n}{(c)_n n!}z^n$$
$$= \frac{\Gamma(b)\Gamma(c-b)}{\Gamma(c)} F(a,b,c;z)$$

となり，結論が導かれる． □

(2.75) の証明では便宜上 $|z| < 1$ としたが，解析接続により実際には式 (2.75) が $\mathbb{C} \setminus [1,+\infty)$ において成り立つ．

超幾何関数 $F(a,b,c;z)$ は $z=1$ において特異点を持つが，実軸上の極限 $\lim_{x\uparrow 1} F(a,b,c;x)$ が存在して有限であるとき，その値を $F(a,b,c;1)$ と略記することにする．すると，オイラーの積分表示から，次のガウス (Gauss) による公式が従う．

定理 12. a,b,c を複素数で，$c \neq 0,-1,-2,\ldots$ を満たすものとする． $\operatorname{Re}(c-a-b) > 0$ ならば，

$$\sum_{n=0}^{\infty} \frac{(a)_n (b)_n}{(c)_n n!} = F(a,b,c;1) = \frac{\Gamma(c)\Gamma(c-a-b)}{\Gamma(c-a)\Gamma(c-b)}. \tag{2.77}$$

証明. ここでは 2 番目の等式のみ示す．最初の等式はアーベルの定理 ([3] 参照) から従うが詳細はここでは略す．まず $\mathrm{Re}\,c > \mathrm{Re}\,b > 0$ かつ $\mathrm{Re}\,(c-a-b) > 0$ と仮定する．すると $t^{b-1}(1-t)^{c-a-b-1}$ は $0 \le t \le 1$ において絶対可積分であるから，ルベーグの優収束定理から

$$\lim_{x \uparrow 1} \int_0^1 t^{b-1}(1-t)^{c-b-1}(1-xt)^{-a} dt = \int_0^1 t^{b-1}(1-t)^{c-a-b-1} dt$$
$$= B(b, c-a-b) = \frac{\Gamma(b)\Gamma(c-a-b)}{\Gamma(c-a)}$$

が成り立つので，オイラーの積分表示 (2.75) から結果が従う．

次に一般の場合を考える．まず $A_n = \dfrac{(a)_n (b)_n}{(c)_n n!}$ と置けば，$|1+z| = (1 + 2\,\mathrm{Re}\,z + |z|^2)^{1/2} = 1 + \mathrm{Re}\,z + O(|z|^2)$ ($z \to 0$) に注意して

$$\left|\frac{A_{n+1}}{A_n}\right| = \left|\frac{(a+n)(b+n)}{(c+n)(1+n)}\right| = 1 - \frac{\mathrm{Re}\,(c-a-b)+1}{n} + O(n^{-2}) \quad (n \to \infty)$$

を得るので，ガウスの判定法[6]により定理の仮定の下で級数 $\sum_n A_n$ が絶対収束する．したがって (2.77) の最左辺は領域 $D = \{(a,b,c) \in \mathbb{C}^3 : \mathrm{Re}\,(c-a-b) > 0, c \ne 0, -1, -2, \dots\}$ において正則であることが分かる．一方，1 章 3.4 節より $1/\Gamma(z)$ が整関数であったことを思い出すと，(2.77) の最右辺はやはり D 上で正則であることが分かる．よって前半の結果と一致の定理から，(2.77) が定理の仮定の下で一致することが従う． $\square$

超幾何関数についてはこの他にもガウスの隣接関係式 (contiguous relation) や 2 次変換公式など多くの興味深い公式が知られており，応用範囲も広い．詳しくは [19], [39], [29] などを参照されたい．

---

[6] 正数列 a_n に対してある定数 α があって $a_{n+1}/a_n = 1 - \alpha/n + O(1/n^2)$ ($n \to \infty$) であったとする．$\alpha > 1$ なら級数 $\sum_n a_n$ は収束し，$\alpha < 1$ ならば級数 $\sum_n a_n$ は $+\infty$ に発散する．

3 シュヴァルツ微分とその応用

3.1 シュヴァルツ微分と 3 階非線形方程式

シュヴァルツ微分は H. A. Schwarz (1845–1921) が円弧で囲まれた多角形の等角写像の研究において発見した "1 次分数変換で不変な微分式" である. シュヴァルツ微分はその生い立ちから複素解析と関係が深いが,微分方程式との関係も深いので以下その一端を述べる.

定義. 非定数有理型関数 $w = f(z)$ の**シュヴァルツ微分** (Schwarzian) を $\{w, z\}$ あるいはここでは $Sf(z)$ と書き[7],次式で定義する:

$$Sf = \left(\frac{f''}{f'}\right)' - \frac{1}{2}\left(\frac{f''}{f'}\right)^2 = \frac{f'''}{f'} - \frac{3}{2}\left(\frac{f''}{f'}\right)^2. \tag{2.78}$$

f が有理型なら f''/f' も有理型であり,したがって Sf も有理型関数となる.

シュヴァルツ微分の考察において次に述べる変換則が基本的である.

補題 13. 非定数有理型関数 f, g に対して

$$S(f \circ g) = (Sf \circ g)(g')^2 + Sg. \tag{2.79}$$

証明. $h = f \circ g$ とおくと,$h' = f' \circ g \cdot g'$ ゆえ,対数微分をとると

$$\frac{h''}{h'} = \frac{f''}{f'} \circ g \cdot g' + \frac{g''}{g'}.$$

これをシュヴァルツ微分の定義式に代入して $Sh = Sf \circ g \cdot (g')^2 + Sg$ を得る.
□

命題 14. 3 階非線形微分方程式

$$Sf(z) = 0 \tag{2.80}$$

---

[7] Sf を S_f とも書く (Lehto [26])

の一般解は z の1次分数変換である．

証明． $f''/f' = w$ とおくと (2.78), (2.80) から $w' = \frac{1}{2}w^2$．（これは 1.4 節におけるリッカティ方程式の特別な場合である．） $(1/w)' = -w^{-2}w' = -1/2$ を積分すると $w = -2/(z+C_1)$ (C_1 は任意定数), すなわち $f''/f' = -2/(z+C_1)$．これを積分すると $\log f'(z) = -2\log(z+C_1) + c_2$, すなわち $f'(z) = C_2/(z+C_1)^2$, ただし $C_2 = e^{c_2}$ ($\neq 0$) は任意定数．もう一度積分すると $f(z) = -C_2/(z+C_1) + C_3 = \dfrac{C_3 z + C_2'}{z + C_1}$, ただし $C_2' = C_1 C_3 - C_2$．ところで $C_1 C_3 - C_2' = C_2 \neq 0$ ゆえ, $f(z)$ は1次分数変換であり，3つの任意定数 C_1, C_2', C_3 を含むから (2.80) の一般解である．逆に f が1次分数変換であれば (2.80) を満たすことは見やすい． □

注意． 有理型関数 f に対し，シュヴァルツ微分 Sf が $z = z_0$ において正則であるための必要十分条件は $f(z)$ が $z = z_0$ において局所単葉, すなわち z_0 のある近傍において f が単射（1対1）となることである．実際，まず f が z_0 において正則であると仮定する．このとき $f'(z_0) \neq 0$ が z_0 において局所単葉であるための必要十分条件であり（付録の定理 5），この場合は確かに Sf は z_0 において正則である．$f'(z)$ が z_0 を m 位 ($m \geq 1$) の零点として持つとすると $f'(z) = (z-z_0)^m g'(z)$, $g'(z_0) \neq 0, \infty$, と書けることから $f''/f' = m/(z-z_0) + g''/g'$ となり，したがって

$$Sf(z) = -\frac{m(m+2)}{2(z-z_0)^2} - \frac{m}{z-z_0} \cdot \frac{g''(z)}{g'(z)} + Sg(z)$$

は $z = z_0$ において2位の極を持つことになり, 正則ではない．$f(z_0) = \infty$ の場合は $1/f$ を考えれば $Sf = S(1/f)$（次節参照）より同じことが言える．なおこの場合，f が z_0 で局所単葉であることは z_0 が f の1位の極であることと同値であることに注意する．

さて次に z 平面上の単連結領域 D で正則な関数 $q(z)$ に対して微分方程式

$$Sf(z) = q(z) \quad (z \in D) \tag{2.81}$$

の解について述べる．

定理 15. $q(z)$ が単連結領域 D で正則ならば微分方程式

$$y''(z) + \frac{1}{2}q(z)y(z) = 0 \tag{2.82}$$

の 1 次独立な D における正則解 $y_1(z)$, $y_2(z)$ に対して

$$f(z) = \frac{y_2(z)}{y_1(z)} \tag{2.83}$$

は (2.81) の解を与える．逆に $w = f(z)$ が $z = z_0$ の近傍における (2.81) の解ならば D で正則な (2.82) の解 $w_1(z), w_2(z)$ が存在し

$$f(z) = \frac{w_2(z)}{w_1(z)}$$

と表される．特に $f(z)$ は D 上の有理型関数に解析接続され，$f(z_0) \neq \infty$ の時は $w_1(z_0) = 1$ とすれば，$w_1(z)$, $w_2(z)$ は一意的に定まる．

証明． (2.82) の 1 次独立な正則解 $y_1(z)$, $y_2(z)$ に対するロンスキー行列式 $W(z) = y_1(z)y_2'(z) - y_1'(z)y_2(z) \neq 0$ (cf. 命題 5) で，かつ (2.82) は y' の係数が 0 ゆえ $W(z) \equiv A$ (定数)．そこで $f(z) = y_2(z)/y_1(z)$ とすると

$$f'(z) = \frac{A}{y_1(z)^2} \tag{2.84}$$

ゆえ，この両辺の対数微分をとると

$$\frac{f''(z)}{f'(z)} = -2\frac{y_1'(z)}{y_1(z)}.$$

したがって

$$Sf(z) = \left(-2\frac{y_1''(z)}{y_1(z)} + 2\frac{y_1'(z)^2}{y_1(z)^2}\right) - \frac{1}{2}\left(2\frac{y_1'(z)}{y_1(z)}\right)^2 = -2\frac{y_1''(z)}{y_1(z)} = q(z). \tag{2.85}$$

逆に $w = f(z)$ を (2.81) の有理型な解とし，$z = z_0 \in D$ における初期値を

$$f(z_0) = a \ (\neq \infty), \ f'(z_0) = b, \ f''(z_0) = c \tag{2.86}$$

と仮定する．ここで $b \neq 0$ に注意する．（もし $b = 0$ ならば $f(z)$ は z_0 において局所単葉でなくなり，$q(z) = Sf(z)$ の正則性に反する．）さて $w_1(z), w_2(z)$ は次の初期条件を満たす (2.82) の正則解とする；

$$\begin{cases} w_1(z_0) = 1, & w_1'(z_0) = -\dfrac{c}{2b}, \\ w_2(z_0) = a, & w_2'(z_0) = b - \dfrac{ac}{2b}. \end{cases} \tag{2.87}$$

この $w_1(z), w_2(z)$ のロンスキー行列式 $W(z)$ は定数 $A_0 = b \neq 0$ であることがわかる．

$$f_0(z) = \frac{w_2(z)}{w_1(z)}$$

とおくと，$f_0(z)$ に対する (2.84), (2.85) の計算（すなわち $y_i \to w_i$, $A \to A_0$ とする）より $Sf_0(z) = -2w_1''(z)/w_1'(z) = q(z)$ が $z = z_0$ の近傍で成立し，$A_0 = b$, (2.87) およびこれらの計算から $f_0(z_0) = a$, $f_0'(z_0) = b$, $f_0''(z_0) = c$ がわかる．したがって $f_0(z)$ は $f(z)$ と同じ初期条件を持つから解の一意性により $f_0(z) = f(z)$ である．なお，$f(z_0) = \infty$ の場合は，f の代わりに $1/f$ を考えればよい． □

後半の証明には，前半で構成した関数を $f_1(z) = y_2(z)/y_1(z)$ とするとき，$Sf = Sf_1$ となることと補題 13 から $h = f \circ f_1^{-1}$ が $Sh = 0$ を満たすことに注意すれば，命題 14 により f が f_1 の 1 次分数変換で表されることを用いてもよい．

本節の最後に微分方程式 (2.82) の解の変換則について述べておく．直接計算により容易に確かめられるので証明は略すが，このような変換則を導出するためには以下の補題における $y(T(z))$ が (2.37) の形の微分方程式を満たすことに注意し後述の変換 (2.106) を適用すればよい．

補題 16. 領域 D 上の微分方程式 (2.82) の解の一つを $y(z)$ とし，$T(z) = $

$\dfrac{az+b}{cz+d}$ を 1 次分数変換とする（ただし $ad-bc=1$ とする）．この時

$$v(z) = y(T(z))T'(z)^{-1/2} = (cz+d)y\left(\dfrac{az+b}{cz+d}\right)$$

は微分方程式

$$v''(z) + \dfrac{1}{2}q^*(z)v(z) = 0 \quad (\text{ただし } q^*(z) = (q\circ T)(z)T'(z)^2)$$

の $T^{-1}(D)$ 上の解である．

3.2 シュヴァルツ微分の基本的性質

補題 13 において f または g を 1 次分数変換とすれば，命題 14 に留意して以下の考察ができる．

(1) g を 1 次分数変換，すなわち $g(w) = \dfrac{aw+b}{cw+d}$ $(ad-bc \neq 0)$ とするとき，$Sg = 0$ より
$$S(g\circ f) = Sf.$$
この特別な場合として，$S(1/f) = Sf$ が成り立つ．

(2) 1 次分数変換 $\zeta = g(z)$ に対して今度は $w = (f\circ g)(z)$ を考えると $S(f\circ g) = (Sf\circ g)(g')^2$，すなわち
$$S(f\circ g)(z) = Sf(g(z))(g'(z))^2 = Sf(\zeta)\left(\dfrac{d\zeta}{dz}\right)^2. \tag{2.88}$$

なおこの式は $S(f\circ g)(z)dz^2 = Sf(\zeta)d\zeta^2$ あるいは $\{w,z\}dz^2 = \{w,\zeta\}d\zeta^2$ とも書ける．

(3) この見方を発展させて，一般の局所単葉有理型関数 f, g に対して $w = f(\zeta), \zeta = g(z)$ とおくと，(2.79) より
$$\{w, z\}dz^2 = \{w, \zeta\}d\zeta^2 + \{\zeta, z\}dz^2.$$

特に $g = f^{-1}$ とすると $0 = \{z, z\} = \{z, \zeta\}(d\zeta/dz)^2 + \{\zeta, z\}$ ゆえ $\{z,\zeta\}d\zeta^2 + \{\zeta,z\}dz^2 = 0$．このことに注意すると上の式はさらに
$$\{z, w\}dw^2 + \{w, \zeta\}d\zeta^2 + \{\zeta, z\}dz^2 = 0$$

と書き直せる．このような関係式は関数の個数がさらに増えても同様に成り立ち，ケイリー (Cayley) の規則として知られている．

(4) 領域 D 上の 2 つの非定数有理型関数 $z = f(\zeta)$, $w = h(\zeta)$ が同じシュヴァルツ微分を持つならば，ある 1 次分数変換 g が存在して $h = g \circ f$ が成り立つ．実際，f が局所単葉な点 ζ_0 に対し，$z_0 = f(\zeta_0)$ の近傍で f の逆写像 f^{-1} をとり，$w = F(z) = (h \circ f^{-1})(z)$ を考えると，

$$\{w, z\} = \{w, \zeta\} + \{\zeta, z\} = \{w, \zeta\} - \{z, \zeta\} = Sh(\zeta) - Sf(\zeta) = 0$$

であるから F は 1 次分数変換であり，それを g と書く．一致の定理より $h = g \circ f$ が D 上で成り立つ．

次に上の (2.88) と同様な変換法則を持つ単位円板上の計量について記しておく．

単位円板 $\mathbb{D} = \{z : |z| < 1\}$ をそれ自身に写す 1 次分数変換を求めよう．まず任意の点 $a \in \mathbb{D}$ に対して 1 次分数変換 $T(z) = e^{i\theta}(z-a)/(1-\bar{a}z)$ を考える．すると

$$1 - |T(z)|^2 = \frac{(1-\bar{a}z)(1-a\bar{z}) - (z-a)(\bar{z}-\bar{a})}{(1-\bar{a}z)(1-a\bar{z})} = \frac{(1-|z|^2)(1-|a|^2)}{|1-\bar{a}z|^2}$$

より，$|T(z)| < 1 \Leftrightarrow |z| < 1$ であることがわかる．ゆえに T は a を 0 に写し $\mathbb{D}$ を保つ写像である．これより，任意の点 $z_0 \in \mathbb{D}$ を任意の点 $\zeta_0 \in \mathbb{D}$ に写す $\mathbb{D}$ からそれ自身への 1 次分数変換 $z \mapsto \zeta$ は次式で与えられる：

$$\frac{z - z_0}{1 - \overline{z_0}z} = e^{i\theta} \frac{\zeta - \zeta_0}{1 - \overline{\zeta_0}\zeta}, \quad \theta \text{ は実数} \tag{2.89}$$

(この表現ではその逆変換も同じ形で表される)．ここで $z \to z_0$ とすると $\zeta \to \zeta_0$ であるから，

$$\left.\frac{d\zeta}{dz}\right|_{z=z_0} = e^{i\theta} \frac{1 - |\zeta_0|^2}{1 - |z_0|^2}. \tag{2.90}$$

z_0, ζ_0 をそれぞれ z, ζ と書くと $|d\zeta/dz| = (1-|\zeta|^2)/(1-|z|^2)$ あるいは

$$\frac{|dz|}{1-|z|^2} = \frac{|d\zeta|}{1-|\zeta|^2} \tag{2.91}$$

と書ける．$|dz|/(1-|z|^2)$ は $\mathbb{D}$ 上の**ポアンカレ (Poincaré) 計量**[8)] あるいは**双曲計量** (hyperbolic metric) と呼ばれ，上式はそれが 1 次分数変換 $\mathbb{D} \to \mathbb{D}$ で不変であることを示している．(2.88), (2.90) により次の結果が得られる．

定理 17. $f(z)$ は $\mathbb{D} = \{|z| < 1\}$ で正則とし，$z = T(\zeta)$ は $\mathbb{D}$ を保つ 1 次分数変換とするとき，$f(T(\zeta))$ を $f^*(\zeta)$ と書くと

$$|Sf(z)|(1-|z|^2)^2 = |Sf^*(\zeta)|(1-|\zeta|^2)^2 \tag{2.92}$$

が成り立つ．特に原点を $z_0 \in \mathbb{D}$ に写す 1 次分数変換 $T(\zeta) = \dfrac{\zeta + z_0}{1 + \bar{z}_0 \zeta}$ をとれば

$$|Sf(z_0)|(1-|z_0|^2)^2 = |Sf^*(0)|. \tag{2.93}$$

3.3 単葉関数とシュヴァルツ微分，ネハリの定理

領域 $D\ (\subset \mathbb{C})$ で正則（または有理型）な関数 $f(z)$ が D で**単葉** (univalent あるいは schlicht) であるとは，D の任意の相異なる 2 点 z_1, z_2 に対して

[8)] ポアンカレはこの計量を用いて双曲幾何（非ユークリッド幾何）のモデルを単位円板 $\mathbb{D}$ 上に構成した．そのために $\mathbb{D}$ 上の双曲直線とは単位円周 $\mathbb{T}$ に直交する円弧と定義し（角度は通常通り），そして $\mathbb{D}$ の 2 点 z_1, z_2 間の双曲距離は $h(z_1, z_2) = \displaystyle\int_\gamma \frac{|dz|}{1-|z|^2}$ と定義する．ただし γ は z_1, z_2 を通る双曲直線のこの 2 点を端点とする部分弧である．この距離を計算するために $\mathbb{D}$ を保つ 1 次分数変換 $T(z) = \dfrac{z - z_1}{1 - \bar{z}_1 z}$ を考えると $T(z_1) = 0$ ゆえ $T(\gamma)$ は原点を通る $\mathbb{T} = \partial \mathbb{D}$ の直径上にあるから

$$\begin{aligned}h(z_1, z_2) &= h(0, T(z_2)) = \int_0^{|T(z_2)|} \frac{dr}{1-r^2} \\ &= \frac{1}{2}\log\frac{1+|T(z_2)|}{1-|T(z_2)|} = \frac{1}{2}\log\frac{|1-\bar{z}_1 z_2| + |z_1 - z_2|}{|1-\bar{z}_1 z_2| - |z_1 - z_2|}.\end{aligned}$$

z_2 が $\mathbb{T}$ に近づくと $|T(z_2)| \to 1$ ゆえ $h(z_1, z_2) \to +\infty$，すなわち $\mathbb{D}$ の点から $\mathbb{T}$ は無限に遠い．一つの双曲直線 ℓ 上にない $\mathbb{D}$ の点 P を通り ℓ と交わらない双曲直線は無数にあるから，P を通り ℓ に平行な（ℓ と交わらない）"直線"が無数にある非ユークリッド幾何学の例を与えている．

$f(z_1) \neq f(z_2)$ であることと定義される．このとき f は写像としては 1 対 1 で，かつ正則ゆえ $f(z)$ は D から像領域 $D' = f(D)$ への等角写像であり，逆写像 $g = f^{-1} : D' \to D$ も単葉正則である（付録の定理 5）．特に $g'(f(z))f'(z) = 1$ ゆえ

$$f'(z) \neq 0 \quad (z \in D) \tag{2.94}$$

である．しかし $f(z)$ がある領域 D において正則かつ (2.94) を満たしていても，局所的には単葉であるが，領域全体で単葉とは限らない．例えば $f(z) = e^z$ を考えればよい．

さて D を単位円板 $\mathbb{D} = \{|z| < 1\}$ とし，$f(z)$ は $\mathbb{D}$ で単葉正則な関数とする．（必要なら簡単な 1 次変換 $af(z) + b$ を考えることにより）$f(0) = 0$, $f'(0) = 1$ と正規化される（条件 (2.94) に注意）．このように正規化された $\mathbb{D}$ で単葉正則な関数の族を $\mathcal{S}$ と書く．これに対して $\mathbb{D}$ の外部 $\{|\zeta| > 1\}$ で無限遠点 ∞ を除いて単葉正則な関数 $F(\zeta)$ が

$$F(\zeta) = \zeta + \sum_{n=0}^{\infty} b_n \zeta^{-n} \tag{2.95}$$

と表される時，このような関数 $F(\zeta)$ の族を Σ と書く．(2.95) は $F(\zeta)$ の $1 < |\zeta| < +\infty$ におけるローラン展開で，ζ の項の係数が 1 と正規化されている．(2.95) から $F(\zeta)$ は $\zeta = \infty$ で 1 位の極を持つ．

命題 18. $f(z) = z + \sum_{n=2}^{\infty} a_n z^n$ が $\mathcal{S}$ に属するとすると $F(\zeta) = 1/f(1/\zeta)$ は $\{|\zeta| > 1\}$ で単葉正則で $F \in \Sigma$ である．$F(\zeta)$ を (2.95) の形に書く時，

$$b_0 = -a_2, \quad b_1 = a_2^2 - a_3, \quad \cdots. \tag{2.96}$$

これは $1/f(1/\zeta)$ を ζ について展開する計算だけでわかる．

例 6. 族 $\mathcal{S}$ の代表的例は次のケーベ (Koebe) 関数である：

$$K(z) = \frac{z}{(1-z)^2} = \sum_{n=1}^{\infty} n z^n \quad (z \in \mathbb{D}). \tag{2.97}$$

まず K の単葉性を示すために $\mathbb{D}$ の 2 点 z_1, z_2 が $\dfrac{z_1}{(1-z_1)^2} = \dfrac{z_2}{(1-z_2)^2}$ を満たすと仮定すると $(z_1 - z_2)(1 - z_1 z_2) = 0$ となり, $1 - z_1 z_2 \neq 0$ ゆえ $z_1 = z_2$. すなわち $z_1 \neq z_2$ ならば $K(z_1) \neq K(z_2)$. 次に像領域 $K(\mathbb{D})$ は全平面からスリット (slit): $(-\infty, -1/4]$ (半直線) を除いた領域である. 実際, $K(z) = \dfrac{1}{4}\left[\left(\dfrac{1+z}{1-z}\right)^2 - 1\right]$ であり, $w = \dfrac{1+z}{1-z}$ は $\mathbb{D}$ を右半平面 $\{\operatorname{Re} w > 0\} = \{|\arg w| < \pi/2\}$ に等角写像し, $\zeta = w^2$ はそれを $\{|\arg \zeta| < \pi\}$, すなわち全平面からスリット $(-\infty, 0]$ を除いた領域に等角写像する.

族 Σ の関数に対して, 次のグロンウォール (Grönwall), ビーベルバッハ (Bieberbach) による定理から族 $\mathcal{S}$ および Σ の関数の著しい性質が導かれる.

定理 19 (面積定理). 族 Σ に属する関数 $F(\zeta) = \zeta + b_0 + \displaystyle\sum_{n=1}^{\infty} b_n \zeta^{-n}$ に対して

$$\sum_{n=1}^{\infty} n |b_n|^2 \leq 1 \tag{2.98}$$

である. 特に

$$|b_1| \leq 1 \tag{2.99}$$

であり, $|b_1| = 1$ であるのは $b_n = 0$ $(n = 2, 3, \dots)$ の時に限る. さらにこの時

$$F(\zeta) = \zeta + b_0 + \dfrac{e^{i\alpha}}{\zeta} \quad (\alpha \text{ は実数}) \tag{2.100}$$

であり, この $F(\zeta)$ は $\{|\zeta| > 1\}$ を, 点 b_0 を中心とする長さ 4 の線分の補集合に写す等角写像である.

証明. $w = u + iv = F(\zeta)$ による円 $\{|\zeta| = r\}$ $(r > 1)$ の像 Γ_r は F が単葉ゆえジョルダン曲線かつ解析曲線である. したがって, Γ_r が囲む有界領域 D_r

の面積を A_r とするとき，D_r 上のグリーンの公式[9]により

$$0 < A_r = \iint_{D_r} dudv = \frac{1}{2}\int_{\Gamma_r}(udv - vdu) = \frac{1}{2}\operatorname{Im}\int_{\Gamma_r}\bar{w}dw.$$

ここで $w = F(\zeta)$, $\zeta = re^{i\theta}$, $d\zeta = i\zeta d\theta$ を代入して上の積分を計算すると

$$\begin{aligned}0 < A_r &= \frac{1}{2}\operatorname{Im}\int_{|\zeta|=r}\overline{F(\zeta)}F'(\zeta)d\zeta \\ &= \frac{1}{2}\operatorname{Re}\int_0^{2\pi}\left(re^{-i\theta} + \overline{b_0} + \sum_{n=1}^{\infty}\overline{b_n}r^{-n}e^{in\theta}\right)\left(re^{i\theta} - \sum_{n=1}^{\infty}nb_nr^{-n}e^{-in\theta}\right)d\theta \\ &= \pi\left(r^2 - \sum_{n=1}^{\infty}n|b_n|^2 r^{-2n}\right).\end{aligned}$$

ここで $r \to 1$ とすると (2.98) が得られる．

次に (2.99) における等号成立条件を調べる．このとき (2.98) から $b_n = 0$ $(n = 2, 3, \ldots)$ となることは明白で，したがって F が (2.100) の形になるが，これが実際に族 Σ に属し，像領域が定理の記述の通りであることをみよう．以下，$b_0 = 0$ としてもよい．$F_0(\zeta) = e^{-i\alpha/2}F(e^{i\alpha/2}\zeta)$ とおけば $F_0(\zeta) = \zeta + 1/\zeta$ となり，これは**ジューコフスキ (Joukowski) 変換**として知られている．ケーベ関数 $K(z) = z/(1-z)^2$ から命題 18 のように変換してみると $F_1(\zeta) = 1/K(1/\zeta) = \zeta(1 - 1/\zeta)^2 = \zeta - 2 + 1/\zeta$ となり $F_1(\zeta) = F_0(\zeta) - 2$ である．したがって $F(\zeta)$ の単葉性がわかる．また $F_0(e^{i\theta}) = 2\cos\theta$ より $F_0(\zeta)$ の像領域が全平面から線分 $[-2, 2]$ を除いた領域であることから所期の主張が従う． □

系． $f(z) = z + a_2z^2 + a_3z^3 + \cdots$ を $\mathcal{S}$ に属する関数とすると

$$|a_2^2 - a_3| \leq 1. \tag{2.101}$$

---

[9] $P(w)$, $Q(w)$ が $D_r \cup \Gamma_r$ で C^1 級関数ならば $\iint_{D_r}\left(\frac{\partial P}{\partial u} + \frac{\partial Q}{\partial v}\right)dudv = \int_{\Gamma_r}(Pdv - Qdu)$.

実際, $g(\zeta) = 1/f(1/\zeta) = \zeta + b_0 + b_1\zeta^{-1} + \cdots$ とすると命題 18 と (2.99) より $|a_2^2 - a_3| = |b_1| \leq 1$. ケーベ関数に対しては等号が成立していることに注意する.

以上の結果から次のネハリ (Nehari) の定理[10]が得られる.

定理 20. 有理型関数 $f(z)$ が単位円板 $\mathbb{D}$ 上で単葉ならば

$$|Sf(z)| \leq \frac{6}{(1-|z|^2)^2} \quad (|z| < 1) \tag{2.102}$$

であり, 等号がケーベ関数のとき成立し, したがって定数 6 は最良である.

証明. まず最初に任意の $\mathbb{D}$ 上で単葉な有理型関数 f に対して

$$|Sf(0)| \leq 6 \tag{2.103}$$

が成り立つことを示す. シュヴァルツ微分 Sf は f の 1 次分数変換によって不変ゆえ $f \in \mathcal{S}$ としてよい. したがって $f(z) = z + a_2 z^2 + a_3 z^3 + \cdots$ とすれば $f'(0) = 1$, $f''(0) = 2a_2$, $f'''(0) = 6a_3$. $Sf = \dfrac{f'''}{f'} - \dfrac{3}{2}\left(\dfrac{f''}{f'}\right)^2$ より $Sf(0) = 6(a_3 - a_2^2)$. よって (2.101) から (2.103) が従う. 次に任意の $z_0 \in \mathbb{D}$ に対し, 原点を z_0 に写す 1 次分数変換 $T : \mathbb{D} \to \mathbb{D}$ を考えると (2.93) より (2.102) が成立することがわかる. $f(z)$ がケーベ関数 $K(z)$ ならば $SK(z) = -6(1-z^2)^{-2}$ になり (2.102) で $z = x \in (-1, 1)$ のとき等号が成り立つ. □

さて定理 20 の逆として, $\mathbb{D}$ 上の正則あるいは有理型関数 $f(z)$ に対して, $Sf(z)$ の情報から f の単葉性がわかるであろうか. これについてもネハリの重要な結果があり, それについては次節で述べる. ここでは定理 20 の逆が成立しない例[11]を挙げておく.

---

[10] この定理は Nehari の 1949 年出版の論文で人々の知るところとなったが, クラウス (Kraus) によって 1932 年に既に示されていたことが後に判明し, **クラウス・ネハリの定理**とも呼ばれる.

[11] ヒレ (Hille, 1949) による.

例 7. 単位円板 $\mathbb{D}$ で関数
$$f(z) = \left(\frac{1+z}{1-z}\right)^{ik} = \exp\left[ik\log\frac{1+z}{1-z}\right] \quad (k > 0 \text{ は定数}) \tag{2.104}$$
を考える．f は明らかに $\mathbb{D}$ で正則である．しかし単葉ではない．実際，任意の自然数 n に対して $\log\frac{1+x}{1-x} = \frac{2n\pi}{k}$ を満たす実数 $x = x_n \in (0, 1)$ が存在し，$n \to \infty$ の時 $x_n \to 1$ となる（なんとなれば $\log\frac{1+x}{1-x}$ は x が 0 から 1 まで動くとき 0 から $+\infty$ まで単調に変化する）．$f(x_n) = \exp[2n\pi i] = 1$ であるから f は $\mathbb{D}$ で単葉ではない．一方，Sf を計算すると $Sf(z) = 2\frac{1+k^2}{(1-z^2)^2}$，したがって $|Sf(z)| \leq \frac{2+2k^2}{(1-|z|^2)^2}$．$k$ はいくらでも 0 に近くとれるから定理 20 の逆は成立しない．

3.4　2 階線形微分方程式の解の零点と単葉性

微分方程式
$$v'' + a(z)v' + b(z)v = 0 \tag{2.105}$$
において $a(z)$, $b(z)$ が単連結領域 D で正則とする時
$$v(z) = w(z)\exp\left[-\frac{1}{2}\int^z a(\zeta)d\zeta\right] \tag{2.106}$$
（ただし積分は D 上の不定積分）によって (2.105) は次の標準形：
$$w''(z) + I(z)w(z) = 0, \quad \text{ただし} \quad I(z) = b(z) - \frac{1}{2}a'(z) - \frac{1}{4}a(z)^2 \tag{2.107}$$
に変換される．(2.106) において $\exp[\ ] \neq 0$ ゆえ，"(2.105) の非定数解 $v(z)$ と (2.106) によって変換された標準形 (2.107) の解 $w(z)$ の零点は全く同じである"．また，(2.105) の 1 次独立解を v_1, v_2 とし，w_1, w_2 を変換 (2.106) で対応するものとすれば，変換の形から $w_2/w_1 = v_2/v_1$ であることにも注意する．これらを念頭におくと次の命題が示される．

命題 21. $f(z)$ は単連結領域 D 上の局所単葉な正則関数とする．このとき $f(z)$ が D で単葉であるための必要十分条件は，微分方程式

$$w'' + q(z)w = 0 \quad (ただし\ q(z) = Sf(z)/2) \tag{2.108}$$

の任意の非定数解 $w(z)$ が D において零点を高々一つしか持たないことである．

証明． まず $f(z)$ が局所単葉であることから $f''(z)/f'(z)$ が D 上で正則であることに注意する．そこで，微分方程式

$$v'' - \bigl(f''(z)/f'(z)\bigr)v' = 0 \tag{2.109}$$

を考える．すると，この (2.109) の標準形が (2.108) になることに注意！なお，このとき (2.106) に対応する変換は

$$v(z) = w(z)\bigl[f'(z)\bigr]^{1/2}$$

で与えられる．その形から $v_1(z) = 1, v_2(z) = f(z)$ が (2.109) の 1 次独立解であり，よって $w_1(z) = 1/\sqrt{f'(z)}, w_2(z) = f(z)/\sqrt{f'(z)}$ が (1.30) の 1 次独立解となる．したがって，次の 2 つの命題が同値であることを示せばよい：

(i) $f(z)$ は D で単葉である．
(ii) (2.109) の任意の非定数解 $v(z)$ $(= \alpha f(z) + \beta,$ ただし $\alpha \neq 0, \beta$ は定数) の零点は高々 1 つである．

実際，(i) $\Rightarrow$ (ii) は明らか．次に (i) が成立しないとすれば，$f(z_1) = f(z_2) =: A$ となる相異なる 2 点 $z_1, z_2 \in D$ が存在する．このとき $\alpha A + \beta = 0$ なる α, β (ただし $\alpha \neq 0$) に対して (2.109) の非定数解 $v(z) = \alpha f(z) + \beta$ は 2 つの零点 z_1, z_2 を持ち，(ii) は成立しない．よって (ii) $\Rightarrow$ (i) が示された．

□

なお，上の命題は D 上で局所単葉な有理型関数についてもより直接的な方法で示すことができる．

次の命題は古典的なスチュルム (Sturm) の比較定理の複素版とも言える．便宜上

$P = \{p : p(x)$ は $(-1,1)$ 上で連続な偶関数, $(1-x^2)^2 p(x)$ は $(0,1)$ で非増加$\}$

とする．たとえば，$p(x) = (1-x^2)^{-2}$ は P に属する．

定理 22. 区間 $(-1,1)$ 上の実数値連続関数 $p(x)$ に対して微分不等式

$$u''(x) + p(x)u(x) \leq 0 \quad (x \in (-1,1)) \tag{2.110}$$

を満たす C^2 級関数 $u(x) > 0$ が存在すると仮定し，また $q(x)$ を

$$\operatorname{Re} q(x) \leq p(x) \quad (x \in (-1,1)) \tag{2.111}$$

を満たす（複素数値）連続関数とするならば，微分方程式

$$v''(x) + q(x)v(x) = 0 \tag{2.112}$$

の非定数解 $v(x)$ は区間 $(-1,1)$ 上で高々 1 つの零点しか持たない．

証明． 仮定に述べた関数 $u(x) > 0$ と (2.112) の非定数解 $v(x)$ に対して

$$\frac{d}{dx} \operatorname{Re}\left(v'\bar{v} - \frac{u'}{u}|v|^2\right) = \operatorname{Re}(v''\bar{v}) + |v'|^2 - \frac{u''}{u}|v|^2 + \left(\frac{u'}{u}\right)^2 |v|^2 - 2\frac{u'}{u}\operatorname{Re} v'\bar{v}$$

$$\geq (p - \operatorname{Re} q)|v|^2 + \left|v' - \frac{u'}{u}v\right|^2$$

(最後の不等式は $v'' = -qv$, $u'' \leq -pu$ を使った)．さて $v(x)$ が区間 $(-1,1)$ 上の 2 点 x_1, x_2 ($x_1 < x_2$) で零点を持つとすれば，上の不等式を x_1 から x_2 まで積分すると，左辺の積分は 0 であるから

$$\int_{x_1}^{x_2} (p(x) - \operatorname{Re} q(x))|v(x)|^2 dx + \int_{x_1}^{x_2} \left|v'(x) - \frac{u'(x)}{u(x)}v(x)\right|^2 dx \leq 0.$$

上の左辺の第1項は仮定により非負. したがって上の第2項は0であり, それゆえ
$$v' = \frac{u'}{u}v, \quad \text{したがって} \quad \left(\frac{v}{u}\right)' = \frac{1}{u}\left(v' - \frac{u'}{u}v\right) = 0.$$

すなわち $v(x) = cu(x)$ (c は定数 $\neq 0$). これは $u(x) > 0$, $v(x_1) = v(x_2) = 0$ に矛盾する. □

定理 23. P に属する関数 $p(x)$ に対して $u''(x) + p(x)u(x) \leq 0$ $(-1 < x < 1)$ を満たす区間 $(-1, 1)$ 上の関数 $u(x) > 0$ が存在するものとし, 単位円板 $\mathbb{D}$ で有理型関数 $f(z)$ が

$$|Sf(z)| \leq 2p(|z|) \quad (z \in \mathbb{D}) \tag{2.113}$$

を満たすならば $f(z)$ は $\mathbb{D}$ で単葉である.

証明. もし $f(z)$ が単葉でなければ, 命題21により微分方程式 (2.108) ($w'' + q(z)w = 0$, $q(z) = Sf(z)/2$) のある非定数解 $w(z)$ が $\mathbb{D}$ の少なくとも2点 z_1, z_2 で零点を持つが, これは矛盾であることを示そう. まず z_1, z_2 を通り単位円周 $\partial\mathbb{D}$ に直交する円弧 C ($\subset \mathbb{D}$) をとる時, (必要なら原点中心の回転によって) C が虚軸とも直交するとしてよい (条件 (2.113) が独立変数の回転に関して不変であることに注意する). そこで C と虚軸との交点を iy_0 とし, これを原点に写す $\mathbb{D}$ からそれ自身への1次分数変換 $\zeta = \psi(z) = \dfrac{z - iy_0}{1 + iy_0 z}$ を考えると C は実軸上の区間 $(-1, 1)$ に写り, z_1, z_2 はその上の2点に写る. この逆変換を $\varphi = \psi^{-1}$ と書く;

$$z = \varphi(\zeta) = \frac{\zeta + iy_0}{1 - iy_0\zeta} \quad (\zeta \in \mathbb{D}).$$

そこで $v = w \circ \varphi \cdot (\varphi')^{-1/2}$ とするとこれは実軸上の2点 $\xi_j = \varphi^{-1}(z_j)$ ($j = 1, 2$) において零点を持ち, 補題16から微分方程式

$$\frac{d^2 v}{d\zeta^2} + q^*(\zeta)v = 0 \tag{2.114}$$

の解である.ただし $q^* = q \circ \varphi \cdot (\varphi')^2$ とする.ここで $\xi \in (-1, 1)$ に対して (2.90) より

$$|\varphi'(\xi)| = \frac{1 - |\varphi(\xi)|^2}{1 - \xi^2}$$

であり,

$$|\varphi(\xi)|^2 - \xi^2 = \frac{\xi^2 + y_0^2}{1 + \xi^2 y_0^2} - \xi^2 = \frac{(1 - \xi^4)y_0^2}{1 + \xi^2 y_0^2} > 0$$

より $|\xi| < |\varphi(\xi)|$ であることに注意すると

$$\begin{aligned}
\operatorname{Re} q^*(\xi) \le |q^*(\xi)| &= |q(\varphi(\xi))||\varphi'(\xi)|^2 \\
&\le p(|\varphi(\xi)|)|\varphi'(\xi)|^2 \\
&= p(|\varphi(\xi)|) \frac{(1 - |\varphi(\xi)|^2)^2}{(1 - \xi^2)^2} \\
&\le p(\xi),
\end{aligned}$$

ここで仮定より $|q(z)| \le p(|z|)$ であることと,$p(x)(1 - x^2)^2$ が非増加であることを用いた.したがって定理 22 により (2.112) の非定数解 v は区間 $(-1, 1)$ 上に零点を高々 1 つしか持たないはずだが,これは矛盾である.□

以上の結果の系として次のネハリの定理 (1949) が示される.

定理 24. $f(z)$ は単位円板 $\mathbb{D}$ 上の有理型関数で

$$|Sf(z)| \le \frac{2}{(1 - |z|^2)^2} \quad (z \in \mathbb{D}) \tag{2.115}$$

ならば $f(z)$ は $\mathbb{D}$ で単葉である.さらに定数 2 は最良である.

証明. $p(x) = (1 - x^2)^{-2} > 0$, $x \in (-1, 1)$ とすれば $p \in P$. そして微分方程式 $u'' + pu = 0$ は区間 $(-1, 1)$ において正値解 $u(x) = \sqrt{1 - x^2}$ を持つ.したがって定理 23 から主張が従う.定数の最良性は例 7 からわかる.□

定理 25. $f(z)$ は単位円板 $\mathbb{D}$ 上の有理型関数で

$$|Sf(z)| \le \frac{\pi^2}{2} \quad (z \in \mathbb{D}) \tag{2.116}$$

ならば $f(z)$ は $\mathbb{D}$ で単葉である．さらに右辺の定数は最良である．

証明． 定数関数 $p(x) = \dfrac{\pi^2}{4}$ は族 P に属する．これに対して微分方程式 $u'' + \dfrac{\pi^2}{4}u = 0$ は $(-1,1)$ において正値解 $u(x) = \cos\dfrac{\pi}{2}x$ を持つ．したがって定理 23 から主張が従う．$f(z) = e^{az}\ (a > \pi)$ とすると $f(\pi i/a) = f(-\pi i/a)$ より f は $\mathbb{D}$ で単葉ではなく，$|Sf(z)| = \dfrac{a^2}{2} \to \dfrac{\pi^2}{2}\ (a \to \pi)$ であることから定数の最良性がわかる． □

例 8. ベッセル関数を用いて定義される関数

$$w_1(z) = z^{\frac{1}{2}} J_{\frac{1}{3}}\left(\frac{2}{3}z^{\frac{3}{2}}\right), \quad w_2(z) = z^{\frac{1}{2}} J_{-\frac{1}{3}}\left(\frac{2}{3}z^{\frac{3}{2}}\right)$$

はともに位数 $\dfrac{3}{2}$ の整関数であり，微分方程式

$$w'' + zw = 0 \tag{2.117}$$

の 1 次独立な解である．さらに，商 $f(z) = w_2(z)/w_1(z)$ は円板 $|z| < \pi/2$ において単葉である．

実際，(2.57) から

$$w_1(z) = z^{\frac{1}{2}} \sum_{k=0}^{\infty} \frac{(-1)^k}{k!\,\Gamma(\frac{1}{3}+k+1)} \left\{\frac{1}{2}\left(\frac{2}{3}z^{\frac{3}{2}}\right)\right\}^{2k+\frac{1}{3}}$$

$$= \frac{z}{\sqrt[3]{3}} \sum_{k=0}^{\infty} \frac{(-1)^k}{k!\,\Gamma(k+\frac{1}{3}+1)3^{2k}} z^{3k}$$

となり，これは整関数で，1 章の命題 1 および命題 26 によりその位数は $\dfrac{3}{2}$ である．同様に

$$w_2(z) = z^{\frac{1}{2}} \sum_{k=0}^{\infty} \frac{(-1)^k}{k!\,\Gamma(-\frac{1}{3}+k+1)} \left\{\frac{1}{2}\left(\frac{2}{3}z^{\frac{3}{2}}\right)\right\}^{2k-\frac{1}{3}}$$

$$= \sqrt[3]{3} \sum_{k=0}^{\infty} \frac{(-1)^k}{k!\,\Gamma(k-\frac{1}{3}+1)3^{2k}} z^{3k}$$

も位数 $\frac{3}{2}$ の整関数である．次にこれらが (2.117) の解であることを示そう．実際，$\zeta = \frac{2}{3} z^{\frac{3}{2}}$ とおくと $\frac{d\zeta}{dz} = z^{\frac{1}{2}}$ であるから，$w_1(z) = z^{\frac{1}{2}} J_{\frac{1}{3}}(\zeta(z))$ を微分すると $w_1'(z) = \frac{1}{2} z^{-\frac{1}{2}} J_{\frac{1}{3}}(\zeta(z)) + z J_{\frac{1}{3}}'(\zeta(z))$ より，(2.54) に注意して

$$w_1''(z) + z w_1(z) = \frac{3}{2} \zeta \left[J_{\frac{1}{3}}''(\zeta) + \frac{1}{\zeta} J_{\frac{1}{3}}'(\zeta) + \left(1 - \frac{1}{3^2 \zeta^2}\right) J_{\frac{1}{3}}(\zeta) \right] = 0$$

を得る．w_2 についても同様である．

最後に単葉性について見る．定理 15 から $f = w_2/w_1$ のシュヴァルツ微分は $Sf(z) = 2z$ で与えられる．そこで $r > 0$ に対して $f_r(z) = f(rz)$ と定めると $Sf_r(z) = 2r^2 z$ となり，したがって

$$|Sf_{\pi/2}(z)| = 2 \left(\frac{\pi}{2}\right)^2 |z| < \frac{\pi^2}{2} \quad (z \in \mathbb{D})$$

となり，定理 25 より $f_{\pi/2}(z) = f(\pi z/2)$ は $|z| < 1$ 上で単葉であることがわかり，主張が示された．

なお，$w(z) = w_j(-z)$ $(j = 1, 2)$ とおくと，これはエアリ (Airy) の微分方程式
$$w'' - zw = 0$$
の解になるが，第 1 種，第 2 種の**エアリ関数** $\mathrm{Ai}(z), \mathrm{Bi}(z)$ は実際，

$$\mathrm{Ai}(z) = \frac{1}{3} \big[w_1(-z) + w_2(-z) \big],$$
$$\mathrm{Bi}(z) = \frac{1}{\sqrt{3}} \big[-w_1(-z) + w_2(-z) \big]$$

と表されることが知られている（詳しくは [29] などを参照のこと）．先ほどの結果からたとえば，$\mathrm{Ai}(z)/\mathrm{Bi}(z)$ が $|z| < \pi/2$ 上で単葉な有理型関数であることがわかる．

本節のこれまでの結果は主として単位円板上で取り扱ったが応用上，半平面で使われることも多い．単位円板から半平面へは 1 次分数変換で写り，単葉関数との合成も単葉関数であるから単位円板上の結果は容易に半平面に移る．こ

こでは半平面を上半平面 $\mathbb{H} = \{z \in \mathbb{C} : \operatorname{Im} z > 0\}$ として以下簡単にまとめておく．

1) $\mathbb{H}$ 上の双曲計量

$\mathbb{H}$ をそれ自身に全単射に写し，任意に与えられた点 $z_0, w_0 \in \mathbb{H}$ に対して z_0 を w_0 に写す 1 次分数変換 $w = T(z)$ は（鏡像原理より $\bar{z}_0$ が $\bar{w}_0$ に写ることから）

$$\frac{w - w_0}{w - \bar{w}_0} = e^{i\theta} \frac{z - z_0}{z - \bar{z}_0}$$

の形で与えられる（ただし θ は実数）．したがって $z \to z_0$ の時 $w \to w_0$ で

$$\left.\frac{dw}{dz}\right|_{z=z_0} = e^{i\theta} \frac{2 \operatorname{Im} w_0}{2 \operatorname{Im} z_0}$$

を得る．両辺の絶対値をとり z_0, w_0 をあらためて z, w と書くと

$$\frac{|dw|}{2 \operatorname{Im} w} = \frac{|dz|}{2 \operatorname{Im} z} \quad (z \in \mathbb{H},\ w = T(z)). \tag{2.118}$$

$|dz|/2 \operatorname{Im} z$ は $\mathbb{H}$ 上の双曲計量であり，(2.118) は 1 次分数変換 $T : \mathbb{H} \to \mathbb{H}$ に対してそれが不変であることを示している．

2) $\mathbb{H}$ 上のシュヴァルツ微分と単葉関数

$\mathbb{H} = \{z : \operatorname{Im} z > 0\}$ から $\mathbb{D} = \{\zeta : |\zeta| < 1\}$ の上への 1 次分数変換 φ は例えば

$$\zeta = \varphi(z) = \frac{z - i}{z + i}$$

で与えられる．さて $f(z)$ は $\mathbb{H}$ 上で非定数の有理型関数とし，$f^*(\zeta) = f \circ \varphi^{-1}(\zeta)$ とすると $Sf^*(\zeta) = Sf(z)\left(\dfrac{dz}{d\zeta}\right)^2$ ゆえ

$$(1 - |\zeta|^2)^2 |Sf^*(\zeta)| = \frac{(1 - |\varphi(z)|^2)^2}{|\varphi'(z)|^2} |Sf(z)| = (2 \operatorname{Im} z)^2 |Sf(z)|. \tag{2.119}$$

定理 20, 24 に対応して以下の定理がそれぞれ成り立つ：

定理 26. $f(z)$ が上半平面 $\mathbb{H}$ の有理型関数で単葉ならば

$$|Sf(z)| \leq \frac{6}{(2\operatorname{Im} z)^2} \quad (z \in \mathbb{H}). \tag{2.120}$$

実際, $f^*(\zeta) = f(\varphi^{-1}(\zeta))$ は単位円板 $\mathbb{D}$ で単葉ゆえ定理 20 および (2.119) より $(2\operatorname{Im} z)^2 |Sf(z)| \leq 6$ となるので (2.120) が成立する. また (2.120) の右辺の分子 6 は最良である. 例えば, $f(z) = z^2$ は $\mathbb{H}$ 上で単葉正則で, $Sf(z) = -\dfrac{6}{4z^2}$ ゆえ $z = iy \, (y > 0)$ のとき (2.120) において等号が成立する.

定理 27. $f(z)$ が $\mathbb{H}$ 上の非定数有理型関数で

$$|Sf(z)| \leq \frac{2}{(2\operatorname{Im} z)^2} \quad (z \in \mathbb{H}) \tag{2.121}$$

を満たすならば f は $\mathbb{H}$ で単葉である.

実際, (2.119) と (2.121) から $|Sf^*(\zeta)| \leq 2(1-|\zeta|^2)^{-2}$ ゆえ $f^*(\zeta) = f(\varphi^{-1}(\zeta))$ は定理 24 により $\mathbb{D}$ で単葉, したがって $f(z)$ は $\mathbb{H}$ で単葉である. なお, (2.121) の右辺は最良である (例 7, (2.104) 参照).

3.5 ベルトラミ微分方程式への応用

まず念のため記号について確認しておく. 複素偏微分作用素

$$\frac{\partial}{\partial z} = \frac{1}{2}\left(\frac{\partial}{\partial x} - i\frac{\partial}{\partial y}\right), \quad \frac{\partial}{\partial \bar{z}} = \frac{1}{2}\left(\frac{\partial}{\partial x} + i\frac{\partial}{\partial y}\right)$$

(ただし $z = x+iy$) を複素変数関数 $f(z)$ に施した $\partial f/\partial z, \partial f/\partial \bar{z}$ をそれぞれ $f_z, f_{\bar{z}}$ と表す. $\bar{f}$ を f の複素共役, すなわち $\bar{f}(z) = \overline{f(z)}$ とすると一般に

$$\overline{(f_z)} = \bar{f}_{\bar{z}}, \quad \overline{(f_{\bar{z}})} = \bar{f}_z$$

である. 特に $f(z)$ が正則関数ならばコーシー・リーマンの関係式から $f_{\bar{z}} = 0$ であり, $f_z = f'(z)$ である. 逆に f が C^1 級で $f_{\bar{z}} = 0$ ならば f は正則関数である. また C^1 級の関数 $w = f(z) = u(x,y) + iv(x,y)$ を $\mathbb{R}^2$ (の

部分領域）から $\mathbb{R}^2$ への写像と見なしたときの**ヤコビ行列式**（Jacobian）は $J_f = u_x v_y - u_y v_x = |f_z|^2 - |f_{\bar{z}}|^2$ と表される．

さて単連結領域 $G\,(\subset \mathbb{C})$ における偏微分方程式

$$f_{\bar{z}}(z) = \mu(z) f_z(z) \tag{2.122}$$

において $\mu(z)$ は $\|\mu\|_\infty := \sup_{\in G} |\mu(z)| < 1$ を満たす連続関数（より一般に可測関数）とするとき (2.122) を**ベルトラミ (Beltrami) 方程式**といい，$\mu(z)$ を**ベルトラミ係数**という．以下で取り扱うのは G が上半平面 $\mathbb{H} = \{z : \mathrm{Im}\, z > 0\}$ の場合でベルトラミ係数は

$$\mu(z) = \frac{1}{2}\overline{q(z)}(z - \bar{z})^2 = -\frac{1}{2}\overline{q(z)}(2\,\mathrm{Im}\, z)^2 \tag{2.123}$$

の形とする．ただしここで $q(z)$ は $\mathbb{H}$ 上の正則関数で $\|\mu\|_\infty \le k < 1$ となるものとする．(2.123) よりこの条件は

$$|q(z)| = \frac{2}{(2\,\mathrm{Im}\, z)^2}|\mu(z)| \le \frac{2k}{(2\,\mathrm{Im}\, z)^2} \quad (z \in \mathbb{H}) \tag{2.124}$$

と同値である．ここで $|dz|/2\,\mathrm{Im}\, z$ は $\mathbb{H}$ 上の双曲計量であったことを思い出しておこう．さて $\mu(z)$ が (2.123) で与えられた場合の方程式

$$f_{\bar{z}} = \frac{1}{2}\overline{q(z)}(z - \bar{z})^2 f_z \tag{2.125}$$

の解を求める．まず上式の複素共役をとると

$$\bar{f}_z = \frac{1}{2}q(z)(\bar{z} - z)^2 \bar{f}_{\bar{z}}. \tag{2.126}$$

ここで見やすくするために $z, \bar{z}$ を独立変数とみなして ξ, η と書き，$\bar{f}$ を w と書くと (2.126) は

$$w_\xi - \frac{1}{2}q(\xi)(\eta - \xi)^2 w_\eta = 0 \tag{2.127}$$

となる．これはラグランジュ (Lagrange) の偏微分方程式[12]であり，その補助方程式

$$\frac{d\xi}{1} = \frac{d\eta}{-(\eta - \xi)^2 q(\xi)/2} = \frac{dw}{0}$$

---

[12] 一般に x, y を実独立変数，z を実従属変数として実数値関数 P, Q, R を係数に

から $dw = 0$, したがって $w = A$ (定数) は (2.127) の自明解に対応し, 最初の等式から
$$\frac{d\eta}{d\xi} = -\frac{1}{2}(\eta - \xi)^2 q(\xi).$$

これはリッカティ方程式であり例 3 の (2.34) にしたがって $\eta = \xi - v(\xi)/v'(\xi)$ とおくと
$$v''(\xi) + \frac{1}{2}q(\xi)v(\xi) = 0 \tag{2.128}$$

となる. この方程式の 1 次独立な解 $v_1(\xi), v_2(\xi)$ をとると (2.128) の一般解は $v = c_1 v_1 + c_2 v_2$ (c_1, c_2 は任意定数) と書ける:
$$\eta = \xi - \frac{c_1 v_1 + c_2 v_2}{c_1 v_1' + c_2 v_2'}.$$

この式を書き直すと
$$\frac{v_1(\xi) + (\eta - \xi)v_1'(\xi)}{v_2(\xi) + (\eta - \xi)v_2'(\xi)} = -\frac{c_2}{c_1} =: B \quad (\text{定数}). \tag{2.129}$$

持つ $P(x, y, z)z_x + Q(x, y, z)z_y = R(x, y, z)$ の形の偏微分方程式のことをいう. 解 $z = z(x, y)$ が存在したすると, その xyz 空間におけるグラフの接平面の方程式は (X, Y, Z) を流通座標として $Z - z = z_x(X - x) + z_y(Y - y)$ であるから, その法線ベクトルは $(z_x, z_y, -1)$ で与えられる. したがって補助方程式と呼ばれる次の連立常微分方程式
$$\frac{dx}{P} = \frac{dy}{Q} = \frac{dz}{R}$$

の解 (たとえばこの等式をパラメータ t について dt と等置すれば常微分方程式系 $dx = Pdt, dy = Qdt, dz = Rdt$ を解くことによって解曲線が得られる. したがってこの意味で分母が 0 であっても式は意味を持つ) で点 $(x, y, z(x, y))$ を通るものは解 $z = z(x, y)$ のグラフに含まれることがわかる. 逆に xyz 空間内の曲面 S に対して S 上の任意の点を出発する補助方程式の解曲線がその点の近傍において S に含まれるならば, 曲面 S は最初の偏微分方程式の解曲面であることがわかる. 補助方程式の解曲線は**特性曲線**と呼ばれ, このようにして解を求める方法は**特性曲線法**と呼ばれる. 本稿では複素変数が扱われているが, ここでは解の形を推察するための発見的方法として用いられているだけなので厳密さにこだわる必要はない.

したがって (2.127) の一般解 w は (2.129) の任意関数であるが，ここでは一つの特解として $w = B$ と選び，$w = \bar{f}, \xi = z, \eta = \bar{z}$ として書き直すと

$$f(z) = \overline{\frac{v_1(z) + (z - \bar{z})v_1'(z)}{v_2(z) + (z - \bar{z})v_2'(z)}} \quad (z \in \mathbb{H}) \tag{2.130}$$

は (2.125) の解を与える．実際確かめてみよう．まず $q(z)$ が単連結領域 $\mathbb{H}$ 上で正則ゆえ定理 7 から実際，そのような 1 次独立な正則解 v_1, v_2 が $\mathbb{H}$ 上で存在することに注意する．（必要なら定数倍することにより）ロンスキー行列式 $W = v_1'v_2 - v_1v_2' = 1$ としてよい．実際，たとえば $z = i \in \mathbb{H}$ において $v_1(i) = v_2'(i) = 0, v_1'(i) = v_2(i) = 1$ を満たす解 v_1, v_2 をとればよい．ここで $(\bar{v}_j)_z = \overline{(v_j)_{\bar{z}}} = 0, (\bar{v}_j)_{\bar{z}} = \overline{v_j'}, v_j'' = -q(z)v_j/2$ 等を使って計算すれば $z \in \mathbb{H}$ に対して

$$f_z(z) = \frac{1}{\overline{\left(v_2(z) + (z - \bar{z})v_2'(z)\right)}^2}, \quad f_{\bar{z}}(z) = \frac{(z - \bar{z})^2 \overline{q(z)}/2}{\overline{\left(v_2(z) + (z - \bar{z})v_2'(z)\right)}^2} \tag{2.131}$$

（ここで $v_2(z)$ と $v_2'(z)$ が同時に 0 にはならないこと，また (2.130) の分母分子についてもそうであるから f の値が定まることに注意）．(2.131) より $f_{\bar{z}} = \mu(z)f_z$ がわかった！ 以上から解 f は $\mathbb{H}$ から $\widehat{\mathbb{C}} = \mathbb{C} \cup \{\infty\}$ の中への実解析的写像であり，そのヤコビアンは (2.131) より

$$J_f(z) = |f_z|^2 - |f_{\bar{z}}|^2 = \frac{1 - |\mu(z)|^2}{|v_2(z) + (\bar{z} - z)v_2'(z)|^4} > 0.$$

したがって f は局所微分同相写像である．

さて，$q^*(z) = \overline{q(\bar{z})}$ とおけば，q^* は下半平面 $\mathbb{H}^* = \{z : \operatorname{Im} z < 0\}$ 上の正則関数であり，同様に $v_j^*(z) = \overline{v_j(\bar{z})}$ $(j = 1, 2)$ とおけばこれらは $\mathbb{H}^*$ 上の微分方程式 $v'' + q^*v/2 = 0$ の解であることが容易にわかる．もし $q(z)$ がさらに $\overline{\mathbb{H}} \cup \{\infty\}$ $(\subset \widehat{\mathbb{C}})$ を含む開集合で正則であったと仮定すると，(2.130) の形から

$f(x) = \overline{v_1(x)/v_2(x)} = v_1^*(x)/v_2^*(x)$ $(x \in \mathbb{R})$ となる. そこで f を

$$f(z) = \begin{cases} \dfrac{\overline{v_1(z)} + (z-\bar{z})\overline{v_1'(z)}}{\overline{v_2(z)} + (z-\bar{z})\overline{v_2'(z)}} & (z \in \overline{\mathbb{H}}) \\ \dfrac{v_1^*(z)}{v_2^*(z)} & (z \in \mathbb{H}^*) \end{cases}$$

によって定めると，これは $\widehat{\mathbb{C}}$ からそれ自身への C^1 級写像であり各点でヤコビアンが正となることから局所同相である．ここでリーマン球面 $\widehat{\mathbb{C}}$ からそれ自身への局所同相写像は大域的に同相であるという事実を用いると $f: \widehat{\mathbb{C}} \to \widehat{\mathbb{C}}$ が同相であることがわかる．したがって f は擬等角写像であることがわかり，構成法から下半平面 $\mathbb{H}^*$ 上で $f = v_1^*/v_2^*$ は正則で，定理 2.78 からそのシュヴァルツ微分は $Sf = q^*$ を満たす．境界まで正則とは限らない一般の q に対しても q を近似することにより同じ結論が得られる．この結果は**アールフォルス・ヴェイル（Ahlfors-Weill）の定理**として知られているが，厳密な証明はたとえば文献 [26, 18] 等を参照されたい．

【付記】

1．上記の例ではベルトラミ係数 $\mu(z)$ として $\mu(z) = \bar{q}(z)(z-\bar{z})^2$, ただし $q(z)$ は上半平面 $\mathbb{H}$ で正則な関数でかつ $|\mu(z)| \le k < 1$ $(z \in \mathbb{H})$ という条件を満たすものを取り扱った．なぜこのように一見，意味不明な条件のものを取り扱ったかと思われたかもしれないが，これはその $\mu(z)$ を持つベルトラミ方程式の解がタイヒミュラー空間論の一つの基礎定理の証明に必要であることもあり，上記の証明をみれば本論の応用例になるかと思った次第である．詳細については [17] を参照のこと．

2．ここではベルトラミ方程式についての簡単な話を記す．ベルトラミ方程式 $f_{\bar{z}} = \mu f_z$, $(\|\mu\|_\infty < 1)$ の同相な解を求める問題は既に 1820 年代にガウス (Gauss) が $\mu(z)$ が滑らかな関数の場合に曲面の等温座標の導入のために研究した．その後ルベーグ積分論の発展とともに可測関数を係数に持つ微分方程式の研究が進み，1938 年モーリー (Morrey) は同相な L^2 解の組織的な研究をした．一方，複素解析方面からはグレッチュ (Grötzsch) が等角写像の拡張にあ

たる擬等角写像の概念を（滑らかな場合に）導入して以来多くの研究がなされたが，最終的には可測な係数 μ のベルトラミ方程式の解が（一般な）擬等角写像であることがベアス (Bers, 1957 年) によって示された．

ここでは最も簡単な場合，すなわちベルトラミ係数 $\mu(z)$ が定数 k ($0 < k < 1$) の場合を考えてみる．ベルトラミ方程式はこのとき $f_{\bar{z}}(z) = k f_z(z)$ であるから視察，あるいは (2.127) のようにして $f(z) = c(z + k\bar{z})$ ($c \neq 0$ は定数) という解が得られる．ここで $c = 1/(1-k)$, $z = x + iy$ とすれば

$$f(z) = Kx + iy \quad (1 < K = \frac{1+k}{1-k} < +\infty)$$

と書ける．これはアフィン変換で，写像としては1対1で，また次の幾何学的性質を持つ．すなわち原点を中心とする円 $\{|z| = r\}$ の像は原点を中心とする楕円（長軸，短軸の長さはそれぞれ $2Kr, 2r$）であり，その2つの長さの比は r に無関係に K に等しい．明らかにこの性質は中心が原点以外の任意の点の時も成り立つ．

ところで一般に向きを保つ領域 D からもう一つの領域 D' への微分同相写像 $f(z)$ に対し，任意の点 $z_0 \in D$ において $f(z)$ をテイラー展開する時，その1次までの式

$$f(z_0) + (z - z_0) f_z(z_0) + (\bar{z} - \bar{z}_0) f_{\bar{z}}(z_0)$$

を考えると，仮定から $f_z(z_0) \neq 0$ ゆえ非退化なアフィン変換であり，z_0 を中心とする円を $f(z_0)$ を中心とする楕円に写し，その長軸と短軸の長さの比は

$$K(z_0) = \frac{1 + k(z_0)}{1 - k(z_0)}, \ k(z_0) = |\mu(z_0)|, \ \mu(z_0) = \frac{f_{\bar{z}}(z_0)}{f_z(z_0)}$$

となる．このとき $K_f := \sup_{z \in D} K(z) < +\infty$ ならば f は D 上の**擬等角写像** (quasiconformal mapping) といい，K_f を f の**最大変形度**（または**最大歪曲度**, maximal dilatation）という．（f の滑らかさを仮定しないさらに一般な場合について，詳しくは [1, 36] などを参照のこと．）これより上の例（$\mu = k$ が実定数）は最も簡単な擬等角写像と言える．

最後に，複素微分方程式として当初第2章にレヴナーの微分方程式を含める予定であったが，それはビーベルバッハ予想の研究のために生まれ育ったもの

であるから，その後の発展を含めて次章で詳述することにした．

【文献案内】

常微分方程式全般については，岡村 [28], 島倉 [35], Bieberbach [5], Hille [15] などを参照のこと．特に複素領域における微分方程式や級数解法については 犬井 [19], Hille [16] が参考になる．ベッセル関数などの特殊関数については，小松 [22], 戸田 [38], 犬井 [19], 時弘 [39] を参照されたい．なお Sansone-Gerretsen [33] はシュヴァルツ微分や特殊関数を含む複素解析全般について広範にカバーする優れた参考書である．擬等角写像やタイヒミュラー空間については今吉・谷口 [17]（英語版 [18]），谷口 [36], Ahlfors [1], Lehto [26] などを見よ．

第3章

ビーベルバッハ予想

1 単位円板上の単葉関数論

1.1 面積定理からの帰結

2章3.3節で導入したように，単位円板 $\mathbb{D} = \{z : |z| < 1\}$ 上の正則かつ単葉な関数 $f(z)$ で $f(0) = 0, f'(0) = 1$ と正規化されたものからなる族を $\mathcal{S}$ と表記する．すると，各 $f \in \mathcal{S}$ は

$$f(z) = z + a_2 z^2 + a_3 z^3 + \cdots \quad (z \in \mathbb{D})$$

とベキ級数展開される．また，単位円の外部 $|\zeta| > 1$ 上で正則かつ単葉な関数 $F(\zeta)$ で

$$F(\zeta) = \zeta + b_0 + \frac{b_1}{\zeta} + \frac{b_2}{\zeta^2} + \cdots \quad (|\zeta| > 1)$$

の形に展開されるもの全体からなる族を Σ と表し，これに対して

$$\sum_{n=1}^{\infty} n|b_n|^2 \leq 1 \tag{3.1}$$

が成り立つことが面積定理の帰結であった（2章 (2.99) 参照）．本節ではこれを利用していくつか重要な評価式を導いておく．ケーベ (Koebe) は 1909 年に定性的な形で単葉関数に関して重要な考察を行ったが，ビーベルバッハ (Bieberbach) は 1916 年の論文でそれを定量化し次のことを証明した．

定理 1. $f(z) = z + a_2 z^2 + a_3 z^3 + \cdots$ を族 $\mathcal{S}$ に属する関数とする

と，$|a_2| \leq 2$ である．さらに等号が成立するのは f がケーベ関数 $K(z) = z/(1-z)^2$ であるか，またはその回転 $e^{-i\alpha}K(e^{i\alpha}z)$ である場合に限る．

証明． 証明には $\mathcal{S}$ の元 $f(z) = z + a_2 z^2 + \cdots$ に対して次の平方根変換

$$g(z) = \sqrt{f(z^2)} = z + b_3 z^3 + b_5 z^5 + \cdots = \sum_{k=1}^{\infty} b_{2k-1} z^{2k-1} \quad (3.2)$$

を用いる（ここで $b_1 = 1$ とした）．g は $\mathbb{D}$ 上の単葉な奇関数であり上のようにベキ級数展開される．実際，奇関数なのは形から明らかであるので，単葉性のみを示す．$g(z_1) = g(z_2)$ とすれば $f(z_1^2) = f(z_2^2)$ であるから $z_1^2 = z_2^2$ である．もし $z_1 \neq z_2$ であるならば $z_1 = -z_2$ となるが，この時 $g(z_1) = g(z_2) = -g(-z_2) = -g(z_1)$ より $g(z_1) = 0$ でありしたがって $f(z_1^2) = 0$ すなわち $z_1 = 0 = z_2$ となり，矛盾．よって g の単葉性が示された．ここで $f(z^2) = g(z)^2$ のベキ級数展開の係数を比較することにより

$$a_n = b_1 b_{2n-1} + b_3 b_{2n-3} + \cdots + b_{2n-1} b_1 = \sum_{k=1}^{n} b_{2k-1} b_{2n-2k+1} \quad (3.3)$$

を得る．便利のため最初のいくつかを計算しておくと

$$b_3 = \frac{a_2}{2}, \quad b_5 = \frac{1}{2}\left(a_3 - \frac{1}{4}a_2^2\right), \quad b_7 = \frac{1}{2}\left(a_4 - \frac{1}{2}a_2 a_3 + \frac{1}{8}a_2^3\right) \quad (3.4)$$

となる．したがって

$$G(\zeta) = \frac{1}{g(1/\zeta)} = \zeta - \frac{a_2}{2}\zeta^{-1} + \cdots$$

は族 Σ に属し，2章の面積定理における (2.99) から $|a_2| \leq 2$ が従う．ここで等号成立条件は同定理より，ある実数 α に対して $G(\zeta) = \zeta - e^{i\alpha}/\zeta$ すなわち $g(z) = z/(1 - e^{i\alpha}z^2)$ の時であり，これは取りも直さず $f(z) = g(\sqrt{z})^2 = z/(1 - e^{i\alpha}z)^2$ であることを意味する． $\square$

ここでいくつかこの定理の応用を見ておこう．まず次のケーベの4分の1定理 (Koebe one-quarter theorem) が示される．

定理 2. 単葉関数 $f \in \mathcal{S}$ による単位円板の像 $f(\mathbb{D})$ は円板 $|w| < 1/4$ を含む．またこの定数 $1/4$ は最良である．

証明． $f(z) = z + a_2 z^2 + \cdots$ を $\mathcal{S}$ の元とする．点 w を像 $f(\mathbb{D})$ の補集合から任意に選び，関数

$$g(z) = \frac{f(z)}{1 - f(z)/w} = z + (a_2 + w^{-1})z^2 + \cdots$$

を考えると分母が 0 にならないことから $g \in \mathcal{S}$ である．よって定理 1 から $|a_2 + w^{-1}| \leq 2$ となり，三角不等式と $|a_2| \leq 2$ から $1/|w| \leq 2 + |a_2| \leq 4$，すなわち $|w| \geq 1/4$ を得，主張が従う．最良性にはケーベ関数 K を考えればよい．実際，2 章で見たように，$K(\mathbb{D}) = \mathbb{C} \setminus (-\infty, -1/4]$ である． □

2 章 3.2 節で見たように，単位円板 $\mathbb{D}$ 内の任意の点 a に対して 1 次分数変換

$$T(z) = \frac{z + a}{1 + \bar{a}z}$$

は $\mathbb{D}$ を保つ．そこで，$f \in \mathcal{S}$ に対して $f \circ T$ を原点において正規化して

$$g(z) = \frac{f(T(z)) - f(T(0))}{(f \circ T)'(0)} = \frac{f\left(\frac{z+a}{1+\bar{a}z}\right) - f(a)}{(1 - |a|^2)f'(a)}$$

$$= z + \left(\frac{1 - |a|^2}{2} \cdot \frac{f''(a)}{f'(a)} - \bar{a}\right)z^2 + \cdots$$

（ケーベ変換とも呼ばれる）を考えると再び $g \in \mathcal{S}$ となるから，定理 1 から

$$\left|(1 - |a|^2)\frac{f''(a)}{f'(a)} - 2\bar{a}\right| \leq 4$$

を得る．少し変形し，a をあらためて z とすれば次の補題を得る．

補題 3. 単葉関数 $f \in \mathcal{S}$ に対して次の不等式が成り立つ：

$$\left|\frac{zf''(z)}{f'(z)} - \frac{2|z|^2}{1 - |z|^2}\right| \leq \frac{4|z|}{1 - |z|^2} \quad (z \in \mathbb{D}). \tag{3.5}$$

この評価式を梃子にして様々な基本的不等式が導かれる．まずケーベの歪曲定理 (Koebe distortion theorem) を示そう．

定理 4（ケーベの歪曲定理）．単葉関数 $f \in \mathcal{S}$ に対して

$$\frac{1-r}{(1+r)^3} \leq |f'(z)| \leq \frac{1+r}{(1-r)^3} \quad (r = |z| < 1). \tag{3.6}$$

さらに，いずれかの不等式において等号が原点以外でのある点で成り立つのは f がケーベ関数の回転の時に限る．

証明．まず不等式 (3.5) において実部に着目すると

$$\frac{2r^2 - 4r}{1-r^2} \leq \mathrm{Re}\left[\frac{zf''(z)}{f'(z)}\right] \leq \frac{2r^2 + 4r}{1-r^2} \tag{3.7}$$

を得る．ここで

$$\mathrm{Re}\left[\frac{zf''(z)}{f'(z)}\right] = r\,\mathrm{Re}\left[\frac{\partial}{\partial r}\log f'(re^{i\theta})\right] = r\frac{\partial}{\partial r}\log|f'(re^{i\theta})|$$

であることに注意すれば，

$$\frac{2r-4}{1-r^2} \leq \frac{\partial}{\partial r}\log|f'(re^{i\theta})| \leq \frac{2r+4}{1-r^2}$$

が分かる．そこで、これを r について積分すれば求める不等式が得られる．

もし (3.6) において原点以外の点 $z = r_0 e^{i\theta}$ で等号が成立したとすると，積分する前の段階で等号がその積分区間全体で成立していなければいけない．特に (3.7) において $r = 0$ の近傍でいずれかの等式が恒等的に成り立つ．したがって $\mathrm{Re}[e^{i\theta}f''(0)/f'(0)] = \pm 4$ が成立しなければいけない．$|a_2| = |f''(0)/f'(0)|/2 \leq 2$ であったことを思い出すと，このことから $|a_2| = 2$ でなければならず，定理 1 より f はケーベ関数の回転でなければならないことが分かる． □

さらにこの評価の積分形として次のケーベの増大度定理 (Koebe growth theorem) が得られる．

定理 5 (増大度定理). 単葉関数 $f \in \mathcal{S}$ に対して次の評価が成り立つ:
$$\frac{r}{(1+r)^2} \leq |f(z)| \leq \frac{r}{(1-r)^2} \quad (r = |z| < 1). \tag{3.8}$$
さらにいずれかの不等式において原点以外のある点で等号が成立するのは f がケーベ関数の回転である場合に限る.

証明. $z = re^{i\theta}$ としてまず右の不等式を示す. $f(z) = \int_0^r f'(te^{i\theta})e^{i\theta}dt$ と歪曲定理から,
$$|f(z)| \leq \int_0^r |f'(te^{i\theta})|dt \leq \int_0^r \frac{1+t}{(1-t)^3}dt = \frac{r}{(1-r)^2}$$
を得る. もしある $z \neq 0$ に対して右辺において等号が成立するとすると, 先の証明において用いたケーベの歪曲定理において等号が成立する必要があり, このことから f がケーベ関数の回転でなければならないことがわかる.

左の不等式はそう単純には従わない. まず, $r/(1+r)^2 < 1/4$ だから $|f(z)| \geq 1/4$ の時は何も証明すべきことはない. したがって $|f(z)| < 1/4$ と仮定してよい. するとケーベの4分の1定理から 0 と $f(z)$ を結ぶ線分 $[0, f(z)]$ は像 $f(\mathbb{D})$ に含まれる. その線分の f による逆像を C とすれば, C は 0 と z を結ぶ $\mathbb{D}$ 内の曲線となる. ゆえに (3.6) から
$$|f(z)| = \int_{[0,f(z)]} |dw| = \int_C |f'(\zeta)||d\zeta| \geq \int_C \frac{1-|\zeta|}{(1+|\zeta|)^3}|d\zeta|$$
$$\geq \int_0^r \frac{1-t}{(1+t)^3}dt = \frac{r}{(1+r)^2}$$
を得る. 等号が成立するのは上記証明から $|f(z)| < 1/4$ の場合に限るが, やはりケーベの歪曲定理において等号が成立せねばならず, ケーベ関数の回転に限ることがわかる. □

この定理から族 $\mathcal{S}$ は $\mathbb{D}$ 上で局所一様有界になっていることがわかる. よって次の結論を得る. (なお, 広義一様収束位相については, この後の 3.1 節を参照されたい.)

系. 族 $\mathcal{S}$ は広義一様収束位相に関してコンパクトである.

証明. 局所一様有界性とモンテル (Montel) の定理(付録の定理 11)により $\mathcal{S}$ が正規族であることがわかる.すなわち,$\mathcal{S}$ の元からなる任意の列 $\{f_k\}$ は $\mathbb{D}$ 上で広義一様収束する部分列 $\{f_{k_j}\}$ を含む.コンパクト性を言うにはこの極限 $f = \lim_{j\to\infty} f_{k_j}$ が単葉であることを見ればよいが,これはフルヴィッツの定理(付録の定理 10)から従う. □

実はケーベ (1909) が示したのは本質的にはこのコンパクト性であって,上で紹介したように最良不等式の形を最初に与えたのはビーベルバッハ (1916) であった.ケーベの名が冠されているのは敬意を表してのことである.

この時点で次のリトルウッド (Littlewood) による係数評価に言及することは無意味ではないであろう.

定理 6. $\mathcal{S}$ に属する関数 $f(z) = z + a_2 z^2 + a_3 z^3 + \cdots$ に対して不等式

$$|a_n| < en \quad (n = 2, 3, \ldots) \tag{3.9}$$

が成り立つ.ただし,ここに $e = 2.71828\ldots$ は自然対数の底である.

証明. $g(z) = \sqrt{f(z^2)} = \sum_{n=1}^{\infty} b_n z^n$ を $f(z)$ の平方根変換とする(ここに $b_1 = 1$ で,偶数項は実際には現れないが気にしないことにする).すると増大度定理から $|g(z)| \leq r/(1-r^2)$ $(r = |z| < 1)$ であるから特に g による円板 $|z| < r$ の像領域の面積は

$$\int_0^{2\pi} \int_0^r |g'(\rho e^{i\theta})|^2 \rho d\rho d\theta = \pi \sum_{n=1}^{\infty} n|b_n|^2 r^{2n} \leq \pi \left(\frac{r}{1-r^2}\right)^2$$

と評価される.この不等式の両辺を $\pi r/2$ で割り,さらに r で積分することにより

$$\sum_{n=1}^{\infty} |b_n|^2 r^{2n} = \frac{1}{2\pi} \int_0^{2\pi} |g(re^{i\theta})|^2 d\theta \leq 2 \int_0^r \frac{t}{(1-t^2)^2} dt = \frac{r^2}{1-r^2} \quad (0 < r < 1).$$

これを再び $f(z)$ の言葉に戻せば

$$\frac{1}{2\pi}\int_0^{2\pi}|f(re^{i\theta})|d\theta \le \frac{r}{1-r} \quad (0<r<1)$$

となる．そこで係数の表示式（付録 (A.4) 参照）において $r=1-\dfrac{1}{n}$ とすれば

$$|a_n| \le \frac{1}{2\pi}\int_0^{2\pi}\frac{|f(re^{i\theta})|}{r^n}d\theta \le \frac{r^{1-n}}{1-r}$$
$$= n\left(1-\frac{1}{n}\right)^{1-n} = n\left(1+\frac{1}{n-1}\right)^{n-1} < ne$$

を得る．よって (3.9) が示された． $\square$

最後に面積定理のより直接的な帰結として次の不等式を示しておく[1]．

定理 7. 族 Σ に属する関数 $F(\zeta)=\zeta+b_0+b_1/\zeta+\cdots$ に対して，次の不等式が成り立つ：

$$|F(\zeta)-\zeta-b_0| \le \sqrt{-\log(1-|\zeta|^{-2})}, \tag{3.10}$$

$$|F'(\zeta)-1| \le \frac{1}{|\zeta|^2-1} \qquad (|\zeta|>1). \tag{3.11}$$

証明． $|\zeta|^{-1}=r<1$ とおけば，コーシー・シュヴァルツの不等式と (3.1) から，

$$|F(\zeta)-\zeta-b_0|^2 \le \left(\sum_{n=1}^{\infty}|b_n|r^n\right)^2 \le \sum_{n=1}^{\infty}n|b_n|^2 \cdot \sum_{n=1}^{\infty}\frac{r^{2n}}{n} \le -\log(1-r^2)$$

となり (3.10) が示された．また，$F'(\zeta)=1-\sum nb_n\zeta^{-n-1}$ に注意すれば，同様にして

$$|F'(\zeta)-1|^2 \le \left(\sum_{n=1}^{\infty}n|b_n|r^{n+1}\right)^2 \le \sum_{n=1}^{\infty}n|b_n|^2 \cdot \sum_{n=1}^{\infty}nr^{2n+2} \le \frac{r^4}{(1-r^2)^2}$$

---

[1] 大まかな評価を行うために導入する不等式なので等号成立条件にはこだわらない．実際，(3.10) は最良ではないが，(3.11) について，$\zeta=\zeta_0$ において等号が成立するためには $F(\zeta)=\zeta+b_0-(\zeta_0-1/\bar{\zeta}_0)/(\bar{\zeta}_0\zeta-1)$ であることが必要かつ十分である．

を得るので, (3.11) が示された. □

系. 関数 $f(z)$ が $|z| > \rho$ において正則かつ単葉で, $z \to \infty$ の時, $f(z) - z \to 0$ であるとする. このとき,

$$|f(z) - z| < \frac{2\rho}{3} \quad (|z| \geq 2\rho) \tag{3.12}$$

および

$$\frac{2}{3} < \frac{|f(z)|}{|z|} < \frac{4}{3} \quad (|z| \geq 2\rho) \tag{3.13}$$

が成り立つ. 特に像 $\{f(z) : |z| > \rho\}$ の補集合 E は円板 $|w| < 8\rho/3$ に含まれる.

実際, $F(\zeta) = f(\rho\zeta)/\rho$ を考えれば, (仮定から $b_0 = 0$ なので) (3.10) から $|\zeta| \geq 2$ に対して

$$\rho^{-1}|f(\rho\zeta) - \rho\zeta| = |F(\zeta) - \zeta| \leq \sqrt{\log(4/3)} = 0.53\cdots < \frac{2}{3}$$

となるので (3.12) が得られ, これからただちに (3.13) が従う. 最後の主張は E がジョルダン曲線 $\{f(z) : |z| = 2\rho\}$ の内部に含まれることから従う.

1.2 ビーベルバッハ予想

さて, 不等式の等号条件でたびたび登場するケーベ関数は

$$K(z) = \frac{z}{(1-z)^2} = \sum_{n=1}^{\infty} nz^n = z + 2z^2 + 3z^3 + \cdots$$

という形であったことを思い出しておこう. 定理 1 に関連してビーベルバッハは 1916 年の論文の脚注に, $n \geq 3$ についても同様に $|a_n| \leq n$ が成立し, 等号成立はケーベ関数の回転の時に限ると記した. これが**ビーベルバッハ予想**の発端であり, それを機にこの予想に対する数学者たちの挑戦が始まった. すなわち

ビーベルバッハ予想 (1916). $|z|<1$ 上の単葉関数 $f(z)=z+a_2z^2+a_3z^3+\cdots$ に対して $|a_n|\leq n$ が成り立つ．さらに，ある $n\geq 2$ に対して等号が成り立つならば，f はケーベ関数の回転である．

レヴナー (Löwner, 後に渡米し Loewner と表記を改める) は 1923 年にレヴナーの微分方程式（後述）を導入し，$|a_3|\leq 3$ を証明した．その後もビーベルバッハ予想攻略のための様々なアプローチが検討されたが，その一つとしてリトルウッドとペイリー (Littlewood-Paley) は 1932 年の論文において，単葉な奇関数 $g(z)=z+b_3z^3+\cdots$ に対してはある絶対定数 A が存在して $|b_{2n-1}|\leq A$ $(n=2,3,\ldots)$ が成り立つことを示した上で，$A=1$ にとれると予想した．実際，$n=3$ については $f(z)=g(\sqrt{z})^2=z+a_2z^2+\cdots$ がやはり S に属することから定理 1 より $|b_3|=|a_2/2|\leq 1$ が成り立つ．式 (3.3) を見ればわかるようにリトルウッド・ペイリー予想はビーベルバッハ予想を含む．1933 年にフェケテとシェゲー (Fekete-Szegő) は 各 $0<\lambda<1$ について単葉関数 $f(z)=z+a_2z^2+a_3z^3+\cdots$ に関する最良不等式

$$|a_3-\lambda a_2^2|\leq 1+2\exp\left[-\frac{2\lambda}{1-\lambda}\right] \tag{3.14}$$

を示した．さらに，これと平方根変換によって最良不等式 $|b_5|\leq \frac{1}{2}+e^{-2/3}=1.0134\ldots$ を導き（式 (3.4) 参照），リトルウッド・ペイリー予想が成り立たないことを示したのであった．ただ，$|b_{2n-1}|\leq 1$ は虫の良すぎる結論であり，ロバートソン (Robertson) はそれをある意味で平均化した次の予想が成り立てばビーベルバッハ予想が従うことに注意した．

ロバートソン予想 (1936). 単位円板上の単葉な奇関数 $g(z)=z+b_3z^3+b_5z^5+\cdots$ $(b_1=1)$ に対して

$$|b_1|^2+|b_3|^2+\cdots+|b_{2n-1}|^2\leq n \quad (n=2,3,4,\ldots) \tag{3.15}$$

が成り立つ．

実際，$f(z)=z+a_2z^2+\cdots$ の平方根変換を $g(z)=z+b_3z^3+\cdots$ とする

と，(3.3) とコーシー・シュヴァルツの不等式から

$$|a_n| \leq \sum_{k=1}^{n} |b_{2k-1} b_{2n-2k+1}| \leq \left(\sum_k |b_{2k-1}|^2 \cdot \sum_k |b_{2n-2k+1}|^2 \right)^{1/2} \leq n$$

となる．

　その後の進展はやや停滞したが，1955 年になってギャラベディアンとシッファー (Garabedian-Schiffer) は，シッファーの境界変分法など多くの手法を組み合わせて $|a_4| \leq 4$ を示すことに成功した．これは少し後の 1960 年にハジニスキとシッファー (Charzyński-Schiffer) によりグルンスキーの不等式のみを用いる証明に簡略化された．その後は $n = 5, 6$ の場合が証明されていくが，計算量は膨大となり閉塞感が漂い始めた．n が奇数の場合の証明の困難さから，予想が正しくないと感じる研究者が増え始め，コンピュータ技術の発達により数式処理や大規模数値計算も可能となってきたことから，計算機を援用した反例探索の研究も現れ始めた．一部には数値計算により反例が見つかったとの報告もあったが，誤差の問題もあり決定的なものとは言えない状況であった．そんな中，1984 年になってド・ブランジュ (de Branges) がヒルベルト空間を扱った関数解析の著書の改訂作業の際，付録としてビーベルバッハ予想へのアプローチを盛り込もうとして実際にその方法で解けてしまうことに気づいたのだった．実は当初の証明にはいくつかギャップがありその道の専門家でも理解困難な代物で，しばらく相手にされなかったのだが，ド・ブランジュは同年にたまたまレニングラード（現サンクトペテルブルグ）のステクロフ研究所に長期滞在することになっていて，そこでミリン (Milin) らのセミナーでアイデアを説明し，議論の末にギャップは埋めることが可能で証明が正しいということがわかり，修正された証明が世界中に伝わったのであった．それを見てすぐにフィッツジェラルドとポメレンケ (FitzGerald-Pommerenke [11]) は関数解析の議論を経ない純粋に関数論的な証明を与え，彼らの論文とド・ブランジュの論文 [8] が 1985 年にほぼ同時に出版されたのであった．（なお，ド・ブランジュの著書の改訂版は結局，出版されることはなかった．）ビーベルバッハ予想に関するまとまった著作としては，[12] があるほか，[9] には当時の関係者らによる記録なども見られる．

表 3.1 ビーベルバッハ予想関連年表

1916	Bieberbach $	a_2	\leq 2$, ビーベルバッハ予想
1920	Nevanlinna 星状関数に対して $	a_n	\leq n$
1923	Löwner $	a_3	\leq 3$, レヴナーの微分方程式
1925	Littlewood $	a_n	< e \cdot n = 2.718 \ldots \cdot n$
1932	Littlewood-Paley リトルウッド・ペイリー予想
1936	Robertson ロバートソン予想
1939	Grunsky グルンスキー不等式
1955	Hayman $\lim_{n \to \infty} \dfrac{	a_n	}{n} = \alpha \leq 1$
1955	Garabedian-Schiffer $	a_4	\leq 4$
1960	Zalcman ザルツマン予想 $	a_n^2 - a_{2n-1}	\leq (n-1)^2$
1965	Milin $	a_n	< 1.243 \cdot n$
1967	Lebedev-Milin レベデフ・ミリン不等式
1968	Pederson, 小澤 $	a_6	\leq 6$
1971	Milin ミリン予想
1972	Pederson-Schiffer $	a_5	\leq 5$
1972	FitzGerald $	a_n	< \sqrt{\dfrac{7}{6}} \cdot n = 1.0801 \ldots \cdot n$
1976	Askey-Gasper アスキー・ガスパーの不等式
1978	Horowitz $	a_n	< 1.0657 \cdot n$
1984	de Branges $	a_n	\leq n$ (予想を完全に証明)

1.3 カラテオドリ族

応用上重要な関数族として**カラテオドリ (Carathéodory) 族** $\mathcal{P}$ がある. これは単位円板 $\mathbb{D}$ 上の正則関数 $p(z)$ で, 条件

$$\operatorname{Re} p(z) > 0 \quad (z \in \mathbb{D}), \qquad p(0) = 1$$

を満たすものとして定義される. この族に関しては次の**ヘルグロッツ (Herglotz) の定理**が基本的である. 証明には関数解析の基本的な結果をいくつか

用いるが，後の議論には用いないので，証明は読み飛ばしてもらっても差し支えない．

定理 8. カラテオドリ族 $\mathcal{P}$ に属する関数 $p(z)$ に対して，単位円周 $\mathbb{T} = \partial \mathbb{D}$ 上のボレル確率測度 μ が存在し，

$$p(z) = \int_{\mathbb{T}} \frac{\zeta + z}{\zeta - z} d\mu(\zeta) \quad (z \in \mathbb{D}) \tag{3.16}$$

が成り立つ．逆に $\mathbb{T}$ 上のボレル確率測度 μ に対してこのような形で表される関数 $p(z)$ はカラテオドリ族に属する．

証明． $0 < \rho < 1$ に対して関数 $u_\rho(\theta) = \operatorname{Re} p(\rho e^{i\theta})$ を考えると，仮定からこれは滑らかな正値関数であり，シュヴァルツの表現公式（1章，(1.46)）から

$$p(\rho z) = \frac{1}{2\pi} \int_0^{2\pi} \frac{e^{i\theta} + z}{e^{i\theta} - z} u_\rho(\theta) d\theta \quad (|z| < 1)$$

が得られる．ここで $z = 0$ として $1 = \frac{1}{2\pi} \int u_\rho(\theta) d\theta$ であることから，$u_\rho(\theta) d\theta / 2\pi$ は単位円周 $\mathbb{T}$ 上のボレル確率測度を定めるので，それを μ_ρ と表記する．すなわち $d\mu_\rho(e^{i\theta}) = u_\rho(\theta) d\theta / 2\pi$．したがって上の式は

$$p(\rho z) = \int_{\mathbb{T}} \frac{\zeta + z}{\zeta - z} d\mu_\rho(\zeta) \tag{3.17}$$

と書き換えられる．さて，$\mathbb{T}$ 上のボレル確率測度全体のなす集合を $M(\mathbb{T})$ と表すことにすると，各 $\mu \in M(\mathbb{T})$ は $\mathbb{T}$ 上の連続関数からなる（最大値ノルムに関する）可分バナッハ空間 $C^0(\mathbb{T})$ 上の正値有界線形汎関数

$$\Lambda_\mu(\varphi) = \int_{\mathbb{T}} \varphi(\zeta) d\mu(\zeta)$$

を定め，Λ_μ の作用素ノルムは μ の全測度，すなわち 1 に等しい．バナッハ・アラオグル (Banach-Alaoglu) の定理により，$C^0(\mathbb{T})$ の双対空間 $C^0(\mathbb{T})^*$ の閉単位球は弱 * コンパクトなので，適当な列 $\rho_k \to 1$ で，μ_{ρ_k} がある $\Lambda \in C^0(\mathbb{T})^*$

(ただし $\|\Lambda\| \leq 1$) に弱 * 収束するものが存在する[2]. 特に Λ が正値, すなわち $\varphi(\zeta) \geq 0$ ならば $\Lambda(\varphi) = \lim \Lambda_{\mu_{\rho_k}}(\varphi) \geq 0$ であり, 定数関数 1 を入れれば $\Lambda(1) = \lim \Lambda_{\mu_{\rho_k}}(1) = 1$ であるから Λ は $C^0(\mathbb{T})$ 上の正値有界線形汎関数でノルムは 1 である. リース (Riesz) の表現定理 によりこのような T はある $\mu \in M(\mathbb{T})$ に対して $\Lambda = \Lambda_\mu$ と一意的に表される. 今 $\varphi(\zeta)$ として $(\zeta+z)/(\zeta-z)$ を考え, $\rho = \rho_k$ を (3.17) に代入して $k \to \infty$ とすれば,

$$p(z) = \lim_{k \to \infty} p(\rho_k z) = \lim_{k \to \infty} \int_\mathbb{T} \frac{\zeta+z}{\zeta-z} d\mu_{\rho_k}(\zeta) = \int_\mathbb{T} \frac{\zeta+z}{\zeta-z} d\mu(\zeta)$$

となって (3.16) が示された. □

この定理を用いれば, 次の**カラテオドリの補題**が示される.

補題 9. $\mathbb{D}$ 上の正則関数

$$p(z) = 1 + 2c_1 z + 2c_2 z^2 + \cdots = 1 + 2\sum_{n=1}^{\infty} c_n z^n$$

がカラテオドリ族 $\mathcal{P}$ に属するならば, 各 $n \geq 1$ に対して $|c_n| \leq 1$ が成り立つ.

証明. $\zeta \in \mathbb{T}$ に対して

$$\frac{\zeta+z}{\zeta-z} = \frac{1+\bar\zeta z}{1-\bar\zeta z} = 1 + 2\sum_{n=1}^{\infty} \bar\zeta^n z^n$$

であるから, これを (3.16) に代入して

$$p(z) = 1 + 2\int_\mathbb{T} \sum_{n=1}^{\infty} \bar\zeta^n z^n d\mu(\zeta) = 1 + 2\sum_{n=1}^{\infty} z^n \int_\mathbb{T} \bar\zeta^n d\mu(\zeta)$$

---

[2] 測度 μ に関する $\mathbb{T}$ 上の積分を $[0, 2\pi]$ における非減少関数 $\tilde\mu(\theta)$ で $\tilde\mu(2\pi^-) - \tilde\mu(0) = 1$ を満たすものに関するスティルチェス積分 $\int_0^{2\pi} \psi(\theta) d\tilde\mu(\theta)$ とみなした時, かつてはヘリー (Helly) の選出定理を用いるのが標準的であった.

を得る．したがって
$$c_n = \int_{\mathbb{T}} \bar{\zeta}^n d\mu(\zeta)$$
であり，特に
$$|c_n| \leq \int_{\mathbb{T}} |\bar{\zeta}^n| d\mu(\zeta) = \int_{\mathbb{T}} d\mu(\zeta) = 1$$
が得られる． □

別の応用として次の増大度評価がある．

補題 10. $p \in \mathcal{P}$ および $z \in \mathbb{D}$ に対して不等式
$$\frac{1-|z|}{1+|z|} \leq |p(z)| \leq \frac{1+|z|}{1-|z|} \tag{3.18}$$
および
$$|p'(z)| \leq \frac{2}{(1-|z|)^2} \tag{3.19}$$
が成立する．

証明． $z \in \mathbb{D}, \zeta \in \mathbb{T}$ に対して
$$\left|\frac{\zeta+z}{\zeta-z}\right| \leq \frac{1+|z|}{1-|z|}$$
であることに注意すれば，(3.18) の右辺の不等式はヘルグロッツの定理から直ちに従う．左辺の不等式はこの結果と $1/p \in \mathcal{P}$ という事実に注意すればよい．(3.19) はヘルグロッツの公式を微分した
$$p'(z) = \int_{\mathbb{T}} \frac{2\zeta}{(\zeta-z)^2} d\mu(\zeta)$$
と同様の手法により得られる． □

1.4 幾何学的部分族

族 $\mathcal{S}$ は扱うのが難しいため，属する関数が明示的に表現できるような部分族がビーベルバッハ予想の成否を確認するための道具として用いられてきた．ここでは代表的なものとして星状関数族と凸状関数族のみを紹介する．

正規化された単位円板 $\mathbb{D}$ 上の正則関数 $f(z) = z + a_2 z^2 + \cdots$ が**星状** (starlike) であるとは，f が $\mathbb{D}$ を原点に関する星状領域に単葉に写すことをいう．ここで平面領域 D が点 a に関して星状であるとは，任意の点 $z \in D$ に対して z と a を結ぶ線分 $[z,a] = \{(1-t)a + tz : 0 \le t \le 1\}$ が D に含まれることをいう．なお，平面領域 D は任意の点 $a \in D$ に関して星状な時，凸または凸状であると言われる．$\mathbb{D}$ 上の正規化された正則関数 $f(z)$ が**凸状** (convex) であるとは，f が単葉でその像 $f(\mathbb{D})$ が凸であることをいう．$\mathbb{D}$ 上の正規化された正則関数のうち，星状であるもの全体を $\mathcal{S}^*$ で，凸状であるもの全体を $\mathcal{K}$ で表すこととする．

ここで以下で必要となる重要な概念を導入しておく．単位円板 $\mathbb{D}$ 上の 2 つの正則関数 f, g に対して，g が f に**従属する** (subordinate) とは，$\mathbb{D}$ 上のある正則関数 ω が存在して $\omega(0) = 0$, $|\omega(z)| < 1$ $(z \in \mathbb{D})$ かつ $g = f \circ \omega$ が成り立つことをいい，記号で

$$g \prec f \quad \text{または} \quad g(z) \prec f(z)$$

と表す．特に f が単葉であるならば，$\omega = f^{-1} \circ g$ となることから，$g \prec f$ であるための必要十分条件は $f(0) = g(0)$ かつ $g(\mathbb{D}) \subset f(\mathbb{D})$ が成り立つことである．なお，シュヴァルツの補題 (付録の定理 7) から $|\omega(z)| \le |z|$ であることに注意する．これより，$\mathbb{D}_r = \{z : |z| < r\}$ とすると，$g(\mathbb{D}_r) \subset f(\mathbb{D}_r)$ $(0 < r < 1)$ であることがわかる．

補題 11. $\mathbb{D}$ 上の正則関数 $f(z) = z + a_2 z^2 + \cdots$ が星状であるためには次の条件が必要かつ十分である：

$$\operatorname{Re}\left[\frac{zf'(z)}{f(z)}\right] > 0 \quad (z \in \mathbb{D}). \tag{3.20}$$

証明． まず f が星状とすると，$f_r(z) = f(rz)/r$ $(0 < r < 1)$ も星状であることに注意する．実際，$D = f(\mathbb{D})$ とし，$0 < t < 1$ に対して $D_t = tD = \{tw : w \in D\}$ とおくと，D が星状であることから $D_t \subset D$ である．すなわち $tf \prec f$ であり，上に述べた注意から $tf(\mathbb{D}_r) \subset f(\mathbb{D}_r)$ が従う．これより任意の $w \in f(\mathbb{D}_r)$ に対して $[0, w] = \{tw : 0 \leq t \leq 1\} \subset f(\mathbb{D}_r)$ となり，$f(\mathbb{D}_r)$ が星状であることがわかった．すなわち $f_r \in \mathcal{S}^*$ が結論される．次に f_r が星状であることから，その境界曲線の偏角は単調に増加する，すなわち

$$\frac{d}{d\theta} \arg f_r(e^{i\theta}) = \frac{d}{d\theta} \operatorname{Im} \log f(re^{i\theta}) = \operatorname{Re}\left[\frac{re^{i\theta} f'(re^{i\theta})}{f(re^{i\theta})}\right] \geq 0$$

である．ここで $u(z) = \operatorname{Re}[zf'(z)/f(z)]$ は $\mathbb{D}$ 上の調和関数で $u \geq 0$ かつ $u(0) = 1$ であるから，最小値の原理から $\mathbb{D}$ 上で $u > 0$ となり所期の条件が従う．

(3.20) を仮定すると，上の議論を逆にたどれば，$\arg f_r(e^{i\theta})$ は単調に増加し θ が 0 から 2π に動く間に，留数定理から

$$\int_0^{2\pi} \operatorname{Re}\left[\frac{re^{i\theta} f'(re^{i\theta})}{f(re^{i\theta})}\right] d\theta = \operatorname{Re} \int_{|z|=r} \left[\frac{zf'(z)}{f(z)}\right] \frac{dz}{iz} = 2\pi$$

だけ増加するが，これは原点の周りをちょうど1周することを意味し，円周 $|z| = r$ 上で $f(z)$ が単葉であることがわかる．よって，ダルブーの定理（付録の定理 8) から f の単葉性が従う． □

たとえば，ケーベ関数 $K(z) = z/(1-z)^2$ については

$$\frac{zK'(z)}{K(z)} = \frac{1+z}{1-z}$$

となり $K \in \mathcal{S}^*$ であることがわかる（これはもちろん $K(\mathbb{D}) = \mathbb{C} \setminus (-\infty, -1/4]$ が原点に関して星状であることからも明らかである）．

補題 12. $\mathbb{D}$ 上の正則関数 $f(z) = z + a_2 z^2 + \cdots$ が凸状であるためには次の条件が必要かつ十分である：

$$\operatorname{Re}\left[1 + \frac{zf''(z)}{f'(z)}\right] > 0 \quad (z \in \mathbb{D}). \tag{3.21}$$

証明. 星状の場合と同様に, $f \in \mathcal{K}$ とすると $f_r(z) = f(rz)/r \in \mathcal{K}$ $(0 < r < 1)$ であることに注意する. これには $z_0, z_1 \in \mathbb{D}_r$ に対して $(1-t)f(z_0) + tf(z_1) \in f(\mathbb{D}_r)$ $(0 < t < 1)$ であることを示せばよい. そこで $\max\{|z_0|, |z_1|\} < r_0 < r$ なる r_0 に対して $g(z) = (1-t)f(z_0 z/r_0) + tf(z_1 z/r_0)$ とおけば $f(\mathbb{D})$ が凸であるから $g(\mathbb{D}) \subset f(\mathbb{D})$. よって $g \prec f$ であり, $g(\mathbb{D}_r) \subset f(\mathbb{D}_r)$ が従う. 特に $g(r_0) = (1-t)f(z_0) + tf(z_1) \in f(\mathbb{D}_r)$ が示された. 次に f_r が凸状であることから, 境界曲線 $f_r(e^{i\theta})$ の接ベクトル $ie^{i\theta} f'_r(e^{i\theta})$ の偏角は単調に増加する. すなわち

$$\frac{d}{d\theta} \arg[ie^{i\theta} f'_r(e^{i\theta})] = \frac{d}{d\theta} \operatorname{Im} \log[ie^{i\theta} f'_r(e^{i\theta})] = \operatorname{Re}\left[1 + \frac{re^{i\theta} f''(re^{i\theta})}{f'(re^{i\theta})}\right] \geq 0$$

が得られ, 星状関数の場合と同様に所期の不等式が得られる.

次に (3.21) を仮定すると, 上の議論を逆にたどって星状関数の場合と同様に f が凸状であることが示される. □

幾何学的には「凸状 ⇒ 星状」であるのは明らかであるが, 解析的な言い換え「(3.21) ⇒ (3.20)」はそれほど自明には見えない. ただ, 解析的な特徴付けにはある種の類似性があり, 実際に次のことがアレキサンダー (Alexander) によって指摘された.

補題 13 (アレキサンダーの補題). $\mathbb{D}$ 上の正規化された正則関数 $f(z)$ に対して, $f(z)$ が凸状であるための必要十分条件は $zf'(z)$ が星状であることである.

証明. 実際, $g(z) = zf'(z)$ とおけば単純計算から

$$\frac{zg'(z)}{g(z)} = 1 + \frac{zf''(z)}{f'(z)}$$

であるから, 補題 11, 12 を用いて結論が導かれる. □

さて, 星状関数についてビーベルバッハ予想が成り立つことはネヴァンリンナ (R. Nevanlinna) によって証明された.

定理 14. 星状関数 $f(z) = z + a_2 z^2 + \cdots$ の係数に対して $|a_n| \leq n$ $(n = 2, 3, \ldots)$ が成り立つ．さらに f がケーベ関数の回転でなければ，真に不等号となる．

証明． $f \in \mathcal{S}^*$ とし，$p(z) = zf'(z)/f(z) = 1 + 2c_1 z + 2c_2 z^2 + \cdots$ とすると仮定から $\operatorname{Re} p > 0$ である．よってカラテオドリの補題（補題 9）により $|c_n| \leq 1$ $(n = 1, 2, \ldots)$ である．まず関係式 $zf'(z) = p(z)f(z)$ の両辺の級数展開を比較して

$$na_n = a_n + 2\sum_{k=1}^{n-1} c_{n-k} a_k \quad (n = 2, 3, \ldots)$$

を得る．ただしここに $a_1 = 1$ とした．そこで $|a_n| \leq n$ を n に関する帰納法で証明する．まず $n = 1$ の時は自明であり，$n-1$ まで正しいとすると，上式とカラテオドリの補題から

$$(n-1)|a_n| \leq 2\sum_{k=1}^{n-1} |c_{n-k}||a_k| \leq 2\sum_{k=1}^{n-1} k = n(n-1)$$

であるから $|a_n| \leq n$ が示される．等号が成立するためには $|a_2| = 2$ であることが必要で，この場合はビーベルバッハの定理（定理 1）により f はケーベ関数の回転に限る．よって主張が示された． □

アレキサンダーの補題を用いれば次のことがただちに得られる．

系． 凸状関数 $f(z) = z + a_2 z^2 + \cdots$ の係数に対して $|a_n| \leq 1$ $(n = 2, 3, \ldots)$ が成り立つ．さらに f が 1 次分数変換 $z/(1-z) = z + z^2 + z^3 + \cdots$ の回転でなければ，真に不等号となる．

証明． 実際，補題 13 から

$$g(z) = zf'(z) = z + \sum_{n=2}^{\infty} n a_n z^n$$

は星状関数であり，上の定理から $|na_n| \leq n$ であるので $|a_n| \leq 1$ が得られる．等号成立は $g(z) = z/(1-z)^2$ またはこの回転である場合に限られるので，これは $f(z) = z/(1-z)$ またはその回転であることに対応する． □

2 対数係数とその指数化

本書では紹介しないが単葉関数の対数の係数に関するグルンスキーの不等式が長らくビーベルバッハ予想攻略のための強力な道具であった．その "指数化" を 1960 年代に組織的に研究したのがミリン (Milin) であり，それによりビーベルバッハ予想に肉薄した．ただ指数化に関する重要な部分は単葉関数論とは独立であり，形式的な級数計算とコーシー・シュヴァルツの不等式だけから展開可能である．

2.1 単葉関数の対数係数

既に何度も用いているが，本章では等号成立条件が重要となるので，以下で必要な形のコーシー・シュヴァルツの不等式を述べておこう．

補題 15. $x_1, \ldots, x_n; y_1, \ldots, y_n$ を複素数とすると

$$\left| \sum_{k=1}^{n} x_k y_k \right|^2 \leq \sum_{k=1}^{n} |x_k|^2 \cdot \sum_{k=1}^{n} |y_k|^2 \qquad (3.22)$$

ここで等号が成立するための必要十分条件は 2 つのベクトル $x = (x_1, \ldots, x_n), \bar{y} = (\bar{y_1}, \ldots, \bar{y_n})$ のいずれか一方が他方の定数倍となることである．

証明. 以下では $x = (x_1, \ldots, x_n)$, $y = (y_1, \ldots, y_n) \in \mathbb{C}^n$ に対してそのドット積を

$$x \cdot y = x_1 y_1 + \cdots + x_n y_n$$

と定める．以下，$|y|^2 = y \cdot \bar{y} = |y_1|^2 + \cdots + |y_n|^2 > 0$ としてよい．まず任意

の複素数 t に対して

$$0 \leq |\boldsymbol{x} - t\bar{\boldsymbol{y}}|^2 = (\boldsymbol{x} - t\bar{\boldsymbol{y}}) \cdot (\bar{\boldsymbol{x}} - \bar{t}\boldsymbol{y}) = |\boldsymbol{x}|^2 - 2\operatorname{Re}\left(\bar{t}\boldsymbol{x} \cdot \boldsymbol{y}\right) + |t|^2 |\boldsymbol{y}|^2$$

が成り立つ．そこで $t = \boldsymbol{x} \cdot \boldsymbol{y}/|\boldsymbol{y}|^2$ とおけば，所期の不等式が得られる．等号が成立するのはこの t に対して $\boldsymbol{x} = t\bar{\boldsymbol{y}}$ が成り立つ時である． □

特に $\boldsymbol{x} = (x_1, \ldots, x_n), \boldsymbol{y} = (1, \ldots, 1)$ の場合を考えると

$$|x_1 + \cdots + x_n|^2 \leq n\left(|x_1|^2 + \cdots + |x_n|^2\right) \tag{3.23}$$

を得る．ここで等号が成立するのは $x_1 = \cdots = x_n$ が成り立つときに限ることに注意．

単葉関数 $f \in \mathcal{S}$ に対して $f(z)/z = 1 + a_2 z + a_3 z^2 + \cdots$ は $\mathbb{D}$ 上正則で決して値 0 を取らないのでその対数 $\varphi(z) = \log[f(z)/z]$ が $\varphi(0) = 0$ を満たすように $\mathbb{D}$ 上で一価正則に定まる．それをベキ級数で展開し

$$\log \frac{f(z)}{z} = 2\sum_{n=1}^{\infty} \gamma_n z^n \quad (|z| < 1) \tag{3.24}$$

と表した時，γ_n を f の**対数係数**と呼ぶ．(係数に 2 をかけているのは便宜上のものであり，かけない流儀もある．ここでは [10] に従った．) なお，形式計算により最初のいくつかを計算しておくと

$$\gamma_1 = \frac{a_2}{2}, \quad \gamma_2 = \frac{1}{2}\left(a_3 - \frac{1}{2}a_2^2\right), \quad \gamma_3 = \frac{1}{2}\left(a_4 - a_2 a_3 + \frac{1}{3}a_2^3\right) \tag{3.25}$$

となることがわかる．より一般に各 n に対して n 変数の多項式 $P_n(x_1, \ldots, x_n)$ が存在して，$\gamma_n = P_n(a_2, \ldots, a_{n+1})$ と表される．たとえば係数評価式 (3.9) に注意すれば，各 γ_n は族 $\mathcal{S}$ に対して一様有界，すなわち n にのみ依存する定数 Γ_n が存在し，$|\gamma_n| \leq \Gamma_n$ が任意の $f \in \mathcal{S}$ について成り立つことがわかる．

対数係数について，f がケーベ関数 $K(z) = z/(1-z)^2$ の場合が基準となるが，その場合

$$\log \frac{K(z)}{z} = 2\log \frac{1}{1-z} = 2\sum_{n=1}^{\infty} \frac{z^n}{n}$$

より $\gamma_n = 1/n$ となる．

2.2 レベデフ・ミリン不等式

より一般に複素数を係数に持つ（形式的）ベキ級数

$$\varphi(z) = \alpha_1 z + \alpha_2 z^2 + \cdots = \sum_{n=0}^{\infty} \alpha_n z^n$$

を考え，

$$\psi(z) = e^{\varphi(z)} = 1 + \beta_1 z + \beta_2 z^2 + \cdots = \sum_{n=0}^{\infty} \beta_n z^n$$

とおく（ここに $\alpha_0 = 0$, $\beta_0 = 1$）．$\psi = e^{\varphi}$ の対数微分をとれば関係式 $z\psi'(z) = z\varphi'(z)\psi(z)$ を得るので

$$\sum_{n=1}^{\infty} n\beta_n z^n = \sum_{n=1}^{\infty} n\alpha_n z^n \cdot \sum_{n=0}^{\infty} \beta_n z^n$$

が成り立つ．z^n の係数比較をすることにより（2章 (2.43) 参照）

$$n\beta_n = \sum_{k=0}^{n-1} (n-k)\alpha_{n-k}\beta_k \quad (n \geq 1) \tag{3.26}$$

が得られ，これにより β_n を帰納的に求めることができる．

レベデフ・ミリン不等式は以下に述べる3タイプがあるが，特に重要なのが第2のものである．

定理 16（第1レベデフ・ミリン不等式）．$\sum_n n|\alpha_n|^2 < +\infty$ とすると

$$\sum_{n=0}^{\infty} |\beta_n|^2 \leq \exp\left[\sum_{n=1}^{\infty} n|\alpha_n|^2\right] \tag{3.27}$$

ここで等号が成立するのは，ある数 $\omega \in \mathbb{D}$ があって $\alpha_n = \omega^n/n$ ($n = 1, 2, \ldots$) となることである．

証明． まず (3.26) にコーシー・シュヴァルツの不等式 (3.23) を適用して

$$|\beta_n|^2 \leq \frac{1}{n}\sum_{k=0}^{n-1}(n-k)^2|\alpha_{n-k}|^2|\beta_k|^2 \quad (n \geq 1) \tag{3.28}$$

が得られる．そこで $a_n = n|\alpha_n|^2$ $(n=1,2,\dots)$ とし，b_n を帰納的に $b_0 = 1$,

$$nb_n = \sum_{k=0}^{n-1}(n-k)a_{n-k}b_k \quad (n \geq 1) \tag{3.29}$$

により定める．これは (3.26) と同じ形なので

$$\sum_{n=0}^{\infty} b_n z^n = \exp\left[\sum_{n=1}^{\infty} a_n z^n\right]$$

が成り立つ．仮定から右辺は $|z| < 1$ で正則となるが，$a_n \geq 0, b_n \geq 0$ であるから $z \to 1$ としても等号が成立する．また $|\beta_n|^2 \leq b_n$ $(n=0,1,2,\dots)$ が成り立つことも (3.28), (3.29) を用いて帰納的に示される．よって

$$\sum_{n=0}^{\infty} |\beta_n|^2 \leq \sum_{n=0}^{\infty} b_n = \exp\left[\sum_{n=1}^{\infty} a_n\right] = \exp\left[\sum_{n=1}^{\infty} n|\alpha_n|^2\right].$$

さて，等号が成立するためにはすべての n に対して $|\beta_n|^2 = b_n$ でなければならないので，(3.28) においても等号が成立する．よって (3.23) の等号成立条件から，各 n に対してある $\lambda_n \in \mathbb{C}$ があって

$$(n-k)\alpha_{n-k}\beta_k = \lambda_n \quad (k=0,1,\dots,n-1) \tag{3.30}$$

となり，特に $k=0$ として $n\alpha_n = \lambda_n$ を得る．一方，(3.30) を (3.26) に代入して $\beta_n = \lambda_n$ を得る．したがって式 (3.30) は $\lambda_n = \lambda_{n-k}\lambda_k$ の形に表現され，帰納法から容易に $\lambda_n = \lambda_1^n$ $(n=1,2,\dots)$ が得られる．$\omega = \lambda_1$ とおけば $\alpha_n = \omega^n/n$ であり，条件 $\sum_n n|\alpha_n|^2 < +\infty$ から $|\omega| < 1$ でなければならない． □

定理 17（第 2 レベデフ・ミリン不等式）．$n = 1, 2, 3, \dots$ に対して不等式

$$\sum_{k=0}^{n} |\beta_k|^2 \leq (n+1)\exp\left[\frac{1}{n+1}\sum_{k=1}^{n}(n+1-k)\left(k|\alpha_k|^2 - \frac{1}{k}\right)\right] \tag{3.31}$$

が成り立つ．ここで等号が成立するのは，ある数 $\omega \in \partial \mathbb{D}$ があって $\alpha_k = \omega^k/k$ $(k = 1, 2, \ldots, n)$ となることである．

証明． 以下の証明において

$$A_n = \sum_{k=0}^{n} k^2 |\alpha_k|^2, \quad B_n = \sum_{k=0}^{n} |\beta_k|^2 \quad (n = 0, 1, 2, \ldots)$$

とする．コーシー・シュヴァルツの不等式 (3.22) を (3.26) に適用して

$$n^2 |\beta_n|^2 \leq \sum_{k=0}^{n-1} (n-k)^2 |\alpha_{n-k}|^2 \cdot \sum_{k=0}^{n-1} |\beta_k|^2 = A_n B_{n-1} \quad (n = 1, 2, \ldots) \quad (3.32)$$

を得る．今，(3.32) と不等式 $1 + x \leq e^x$ から

$$B_n = B_{n-1} + |\beta_n|^2 \leq \left(1 + \frac{A_n}{n^2}\right) B_{n-1}$$
$$= \frac{n+1}{n} \left(1 + \frac{A_n - n}{n(n+1)}\right) B_{n-1}$$
$$\leq \frac{n+1}{n} \exp\left(\frac{A_n - n}{n(n+1)}\right) B_{n-1}$$

この不等式を繰り返し適用して最後に $B_0 = 1$ に注意すれば

$$B_n \leq (n+1) \exp\left(\sum_{k=1}^{n} \frac{A_k - k}{k(k+1)}\right)$$
$$= (n+1) \exp\left(\sum_{k=1}^{n} \frac{A_k}{k(k+1)} + 1 - \sum_{k=1}^{n+1} \frac{1}{k}\right). \quad (3.33)$$

最後の指数関数の中に現れる和をアーベルの級数変化法を用いて変形するため，

$$s_n = \sum_{k=1}^{n} \frac{1}{k(k+1)} = \sum_{k=1}^{n} \left(\frac{1}{k} - \frac{1}{k+1}\right) = 1 - \frac{1}{n+1}$$

とおくと（ただし $s_0 = 0$ としておく），

$$\sum_{k=1}^{n} \frac{A_k}{k(k+1)} = \sum_{k=1}^{n} A_k(s_k - s_{k-1}) = A_n s_n - \sum_{k=2}^{n}(A_k - A_{k-1})s_{k-1}$$
$$= \left(1 - \frac{1}{n+1}\right)\sum_{k=1}^{n} k^2|\alpha_k|^2 - \sum_{k=1}^{n} k^2|\alpha_k|^2 \left(1 - \frac{1}{k}\right)$$
$$= \sum_{k=1}^{n} k|\alpha_k|^2 - \frac{1}{n+1}\sum_{k=1}^{n} k^2|\alpha_k|^2$$
$$= \frac{1}{n+1}\sum_{k=1}^{n}(n+1-k)k|\alpha_k|^2.$$

一方,
$$1 - \sum_{k=1}^{n+1}\frac{1}{k} = \frac{n}{n+1} - \sum_{k=1}^{n}\frac{1}{k} = -\frac{1}{n+1}\sum_{k=1}^{n}\frac{n+1-k}{k}$$

であるから, これらを (3.33) に代入して

$$B_n \le (n+1)\exp\left[\frac{1}{n+1}\sum_{k=1}^{n}(n+1-k)\left(k|\alpha_k|^2 - \frac{1}{k}\right)\right]$$

が得られる.

次に等号成立条件を見てみよう. 等号が成立するためにはコーシー・シュヴァルツの不等式と $1+x \le e^x$ を適用したすべての場所で等号が成立しなければならないが, $1+x \le e^x$ で等号が成り立つのは $x=0$ の時に限ることに注意する. したがって $A_k = k$ $(k=1,2,\ldots,n)$ かつ適当な複素数 $\lambda_1,\ldots,\lambda_m$ が存在して

$$\beta_k = \lambda_m(m-k)\overline{\alpha_{m-k}} \quad (k=0,1,\ldots,m-1) \tag{3.34}$$

が成り立つ必要がある. この関係式を (3.26) で $n=m$ とした式に代入すると

$$m\beta_m = \lambda_m \sum_{k=0}^{m-1}(m-k)^2|\alpha_{m-k}|^2 = \lambda_m A_m = m\lambda_m$$

が得られるので $\beta_m = \lambda_m$ $(m=1,2,\ldots,n)$ であることがわかる. (3.34) において $k=0,1$ とすると $1 = m\lambda_m\overline{\alpha_m}$ および

$$\lambda_1 = \beta_1 = \lambda_m(m-1)\overline{\alpha_{m-1}} = \frac{\lambda_m}{\lambda_{m-1}}$$

が得られる．したがって $\omega = \lambda_1$ とおくと帰納的に $\beta_m = \lambda_m = \omega^m$ ($m = 1, 2, \ldots, n$) が従う．また，$m\alpha_m = 1/\bar{\omega}^m$ ($m = 1, 2, \ldots, n$) である．ここで $A_1 = |\alpha_1|^2 = 1$ より $|\alpha_1| = 1$ であることから $|\omega| = 1$ がわかり，$\alpha_m = \omega^m/m$ が示された． □

なお，第2レベデフ・ミリン不等式 (3.31) は

$$\sum_{k=0}^{n} |\beta_k|^2 \leq (n+1) \exp\left[\frac{1}{n+1} \sum_{m=1}^{n} \sum_{k=1}^{m} \left(k|\alpha_k|^2 - \frac{1}{k}\right)\right]$$

の形にも書けることに注意する．次は単独の β_n に関する不等式である．

定理 18（第3レベデフ・ミリン不等式）． $n = 1, 2, 3, \ldots$ に対して不等式

$$|\beta_n|^2 \leq \exp\left[\sum_{k=1}^{n} \left(k|\alpha_k|^2 - \frac{1}{k}\right)\right] \tag{3.35}$$

が成り立つ．ここで等号が成立するのは，ある数 $\omega \in \partial \mathbb{D}$ があって $\alpha_k = \omega^k/k$ ($k = 1, 2, \ldots, n$) となることである．

証明． 前定理の証明と同じ記号 A_n を用いる．不等式 (3.31) の右辺の指数の中の和は $1 \leq k \leq n+1$ までにしても変わらないことに注意し，その上で n を一つ減らして (3.32) に適用すると

$$|\beta_n|^2 \leq \frac{A_n}{n} \exp\left[1 - \frac{A_n}{n} + \sum_{k=1}^{n} \left(k|\alpha_k|^2 - \frac{1}{k}\right)\right]$$

を得る．したがって，あとは不等式 $xe^{1-x} \leq 1$ に注意するだけで (3.35) を得る．この不等式において等号が成り立つのは $x = 1$ の時のみなので，(3.35) において等号が成り立つのは $A_n = n$ の時に限る．さらに $n-1$ に対する (3.31) で等号が成り立たなければいけないので，前定理の証明から $A_k = k$ ($k = 1, \ldots, n-1$) および (3.34) が $m = 1, \ldots, n-1$ について成り立つ必要がある．また (3.32) における等号成立から (3.34) が $m = n$ でも成り立つ必要があり，前定理と同じ等号成立条件が得られる． □

2.3 ミリン予想

ここで再び単葉関数の場合に戻ろう．まず手始めに星状関数の対数係数について調べてみる．$f \in \mathcal{S}^*$ に対して $p(z) = zf'(z)/f(z)$ はカラテオドリ関数，すなわち $p(0) = 1$，$\operatorname{Re} p > 0$ であったから（補題 11），$p(z) = 1 + 2c_1 z + 2c_2 z^2 + \cdots$ と表した時，カラテオドリの補題から $|c_n| \leq 1$ $(n = 1, 2, \ldots)$ である．ここで関係式

$$\frac{f'(z)}{f(z)} - \frac{1}{z} = 2 \sum_{n=1}^{\infty} c_n z^{n-1}$$

の両辺を積分することにより

$$\log \frac{f(z)}{z} = 2 \sum_{n=1}^{\infty} \frac{c_n}{n} z^n$$

が得られる．したがって f の対数係数は $\gamma_n = c_n/n$ で与えられ，特に $|\gamma_n| \leq 1/n$ $(n = 1, 2, \ldots)$ を満たすことがわかる．公式 (3.25) を見れば，確かに $|\gamma_1| = |a_2/2| \leq 1$ は一般の $f \in \mathcal{S}$ に対して成り立つが，$n = 2$ の場合はフェケテ・シェゲー不等式 (3.14) により

$$|\gamma_2| = \frac{1}{2} \left| a_3 - \frac{1}{2} a_2^2 \right| \leq \frac{1}{2} + e^{-2} = 0.635335 \cdots$$

が最良不等式となり，$|\gamma_2| \leq 1/2$ は一般には成り立たない．しかし，ミリンは驚異的な洞察力により，ある意味で平均化した次の予想を提示した．

ミリン予想 (1971). 単葉関数 $f \in \mathcal{S}$ に対して $\log[f(z)/z] = 2 \sum_n \gamma_n z^n$ とする．このとき不等式

$$\sum_{k=1}^{n-1} (n-k) \left(k |\gamma_k|^2 - \frac{1}{k} \right) \leq 0 \quad (n = 2, 3, \ldots) \tag{3.36}$$

が成り立つ．

このミリン予想はロバートソン予想 (3.15) を含む．実際，$f \in \mathcal{S}$ に対してその平方根変換を $g(z) = z\sqrt{f(z^2)/z^2} = z + b_3 z^3 + b_5 z^5 + \cdots$ とし，

$$\varphi(z) = \frac{1}{2} \log \frac{f(z)}{z} = \sum_{n=1}^{\infty} \gamma_n z^n$$

とする．このとき，

$$e^{\varphi(z)} = \sqrt{\frac{f(z)}{z}} = \sum_{n=0}^{\infty} b_{2n+1} z^n \quad (b_1 = 1)$$

であるから，第2レベデフ・ミリン不等式 (3.31) から

$$\sum_{k=0}^{n-1} |b_{2k+1}|^2 \leq n \exp\left[\frac{1}{n}\sum_{k=1}^{n-1}(n-k)\left(k|\gamma_k|^2 - \frac{1}{k}\right)\right]$$

となるが，これにミリン予想における不等式 (3.36) を適用すればロバートソン予想が従う．

ミリン予想 (3.36) は上述のように $n=2$ の時は自明であるが，グリンシュパン (Grinshpan) は1972年の論文において $n=3,4$ の時も正しいことを示している．

3 レヴナーの微分方程式

3.1 核収束定理

平面領域 D 上の正則関数のなす集合 $\mathcal{H}(D)$ は自然にベクトル空間とみなされるが，$\mathcal{H}(D)$ あるいはその部分空間の位相については多様な選択肢がある．ここでは比較的弱い位相である広義一様収束位相を入れて考える．すなわち，$\mathcal{H}(D)$ の元の列 f_k $(k=1,2,3,\dots)$ が f に収束するというのは，D の各コンパクト集合 K 上で $f_k(z)$ が一様に $f(z)$ に収束すること，つまり

$$\max_{z \in K} |f_k(z) - f(z)| \to 0 \quad (k \to \infty)$$

であることを意味する．この位相に関して次の性質が重要である．

(i) $\mathcal{H}(D)$ の元 f_k が D 上広義一様にある関数 f に収束するならば，極限関数 f は D 上で正則である，すなわち $f \in \mathcal{H}(D)$ が成り立つ．

(ii) $\mathcal{H}(D)$ に属する単葉関数 f_k がある f に D 上で広義一様収束するならば，f は D 上で単葉であるかまたは定数である（フルヴィッツの定理，付録の定理10参照）．

(iii) $z_0 \in D$ を中心とするベキ級数展開 $\sum_{n=0}^{\infty} a_n(z-z_0)^n$ の各係数 a_n は広義一様収束位相に関して連続である．言い換えれば，$f \in \mathcal{H}(D)$ に対して $a_n(f) = f^{(n)}(z_0)/n!$ と書く時，列 $f_k \in \mathcal{H}(D)$ が f に D 上広義一様収束するならば $a_n(f_k) \to a_n(f)$ $(k \to \infty)$ が成り立つ．

(iv) $\mathcal{H}(D)$ に属する元の列 f_k が正規族をなすとする，すなわち f_k のいかなる部分列も広義一様収束する部分列を持つと仮定する．このときもし，ある関数 f が存在し，f_k のいかなる収束部分列も f に収束するならば，f_k は f に広義一様収束する．

性質 (iii) はワイエルシュトラスの 2 重級数定理（付録の定理 9 参照）の帰結として知られているが，コーシーの積分公式による次の表示式からほとんど明らかであろう：

$$a_n(f) = \frac{f^{(n)}(z_0)}{n!} = \frac{1}{2\pi i} \int_{|z-z_0|=\delta} \frac{f(z)}{(z-z_0)^{n+1}} dz,$$

ただしここに $\delta > 0$ は閉円板 $\{z : |z-z_0| \leq \delta\}$ が D に含まれるようにとる．これら (i)〜(iii) については付録を参照されたい．性質 (iv) は少し雑な言い方をすれば，f_k の収束部分列の極限が一意的ならば f_k そのものが収束することを意味する．念のため，背理法による証明を与えておこう．f_k が f に広義一様収束しないとすれば，あるコンパクト集合 $K \subset D$ と部分列 $f_{k(j)}$ および定数 $\varepsilon > 0$ が存在して，

$$\max_{z \in K} |f_{k(j)}(z) - f(z)| \geq \varepsilon \quad (j = 1, 2, \dots)$$

が成り立つ．f_k が正規族をなすことから，$f_{k(j)}$ の収束部分列 $f_{k(j(m))}$ をとることができるが，仮定からこの広義一様極限が f である．したがって

$$\max_{z \in K} |f_{k(j(m))}(z) - f(z)| \to 0 \quad (m \to \infty)$$

となるが，これは矛盾である．よって性質 (iv) が示された．

ビーベルバッハ予想における $|a_n| \leq n$ という一様な評価式を族 $\mathcal{S}$ のすべての元に対して示すには上の性質 (iii) から $\mathcal{S}$ の稠密部分集合についてその評価

式を示せば十分である．そこで $\mathcal{S}$ に属する関数の列 f_k がある $f \in \mathcal{S}$ に広義一様収束するという状況を像領域 $f_k(\mathbb{D})$ の幾何的な条件により記述することが重要となる．カラテオドリ (Carathéodory) は核収束という概念を提案し，それによってこの問題を解決した．以下でカラテオドリの理論の一端を紹介しよう．

定義. D_k $(k = 1, 2, \ldots)$ を定点 a を含む平面領域の列とする．この時，領域列 $\{D_k\}$ の点 a に関する**核** (kernel) とは，次の性質を満たす点 w 全体および a のなす集合をいう：a と w を含む領域 W が存在し，十分大きな k に対して $W \subset D_k$ が成り立つ．

この定義における核を D と書くことにすると，上のような W は D の部分集合となり，したがって D は a を含む領域（すなわち連結開集合）であるか，または（そのような W が存在しない場合）a のみからなる1点集合のいずれかである．なお，この定義において W として常に**ジョルダン領域** (Jordan domain)，すなわちジョルダン曲線を境界に持つ単連結領域をとることができることに注意する．実際，W は領域なので弧状連結であることに注意すると，a と w を W 内で結ぶ曲線が存在するが，そのようなものとして折れ線をとることができる．さらにもし自己交差があればループを消去することにより自己交差を持たないとしてよい．したがって，そのような折れ線の適当な管状近傍を選べば境界がジョルダン曲線となる．なお，ジョルダン領域 W とその境界のジョルダン曲線を併せた集合 $\overline{W}$ を**ジョルダン閉領域**と呼ぶ．

定義. 定点 a を含む平面領域の列 D_k $(k = 1, 2, \ldots)$ が（a に関して）**核収束**するとは，どのような部分列の核も元の列の核 D と一致することをいう．このとき，$D_k \to D$ $(k \to \infty)$ と書く．

例として D_k を2つの円板 $|z - 2| < 1$, $|z + 2| < 1$ と長方形 $\{x + iy : -2 < x < 2, |y| < 1/k\}$ の和集合とする．D_k $(k = 1, 2, 3, \ldots)$ は点 2 に関して円板 $|z - 2| < 1$ に核収束する．同時に，D_k は点 -2 に関しては円板 $|z + 2| < 1$ に核収束する．他方，D_k は原点に関しては1点集合 $\{0\}$ に核収束してしまう．従って核収束の概念は基点 a の選び方に依存する．

ここまで領域列 D_k や関数列 f_k の収束性について論じてきたが，連続パラメータ t に対して D_t や f_t が与えられている場合にも収束の概念が同様に定義される．これには，$t \to t_0$ の時，広義一様に $f_t \to f$ であることが，任意の実数列 $t_k \to t_0$ に対して広義一様に $f_{t_k} \to f$ であることと同値であることなどに注意すればよい．

例 1. $\gamma : [0, +\infty) \to \mathbb{C}$ を与えられた点 a を通らない単純曲線で $\gamma(t) \to \infty$ $(t \to +\infty)$ を満たすものとする．$0 \le t < +\infty$ に対して単連結領域 $\mathbb{C} \setminus \gamma([t, +\infty))$ を D_t と表すと，点 a に関する核収束の意味で D_t は t について連続である．このことを見るには，$t_0 \in [0, +\infty)$ に収束する任意の列 t_k $(k = 1, 2, \dots)$ に対して，D_{t_k} の点 a に関する核 D が D_{t_0} に等しいことを示せばよい．実際，$w \in D_{t_0}$ とすると，$w \notin \gamma([t_0, +\infty))$ だから点 w と曲線 $\gamma([t_0, +\infty))$ との距離 d は正である．そこで W を w と a を含むジョルダン領域でこの曲線からの距離が $d/2$ 以上であるものとすれば，ある $\delta > 0$ が存在して任意の $t \ge 0$ で $|t - t_0| < \delta$ なるものに対して $|\gamma(t) - \gamma(t_0)| < d/2$ となるようにできる．十分大きな k に対して $|t_k - t_0| < \delta$ となるので，$W \subset D_{t_k}$ が言え，$w \in W \subset D$ であることがわかる．よって $D \subset D_{t_0}$ が示された．逆に $w \in D$ とすれば，a と W を含む領域 W があって，十分大きな k に対して $W \subset D_{t_k}$ が成り立つ．すなわち，$W \cap \gamma([t_k, +\infty)) = \emptyset$ であり，$k \to \infty$ として $W \cap \gamma([t_0, +\infty)) = \emptyset$，すなわち $w \in W \subset D_{t_0}$ が従うので，$D \subset D_{t_0}$ が言えたことになる．

核収束に関して，まず次の事実を示す．

補題 19. $f_k(0) = a$ $(k = 1, 2, \dots)$ を満たす単位円板 $\mathbb{D}$ 上の単葉正則関数の列 f_k が広義一様に f に収束する時，列 $D_k = f_k(\mathbb{D})$ の核は $f(\mathbb{D})$ に等しい．

証明． ワイエルシュトラスの 2 重級数定理より $f_k'(0)$ も $f'(0)$ に収束する．最初に $f'(0) \ne 0$ の場合を考える．このときはフルヴィッツの定理から f は単葉なので，$\{D_k\}$ の核 D が $f(\mathbb{D})$ に等しいことを示せばよい．まず任意の

$w \in f(\mathbb{D})$ に対して，a, w を内部に含むジョルダン閉領域 $K \subset f(\mathbb{D})$ をとる．すると $f^{-1}(K)$ は $\mathbb{D}$ 内のコンパクト集合だから，ある $0 < r < 1$ に対して $f^{-1}(K) \subset \mathbb{D}_r = \{|z| < r\}$ となる．したがって $J = f(\partial \mathbb{D}_r)$ は K を無限遠点から分離するジョルダン曲線である．d を K と $f(\partial \mathbb{D}_r)$ との間の距離とすると $d > 0$ であり，$f_k(z)$ は $|z| = r$ 上で一様に $f(z)$ に収束するから，十分大きな k_0 に対して

$$\max_{|z|=r} |f_k(z) - f(z)| < d \quad (k \geq k_0)$$

となる．ゆえに $J_k = f_k(\partial \mathbb{D}_r)$ は K を無限遠点から分離するジョルダン曲線であり，J_k の内部 $f_k(\mathbb{D}_r)$ は K を含む．よって $k \geq k_0$ に対して $K \subset f_k(\mathbb{D}_r) \subset D_k$ となり，$w \in K \subset D$ が導かれる．$w \in f(\mathbb{D})$ は任意だったので，$f(\mathbb{D}) \subset D$ が示された．

次に K を D に含まれるジョルダン閉領域で a を含むものとする．核の定義からある k_0 があって，$k \geq k_0$ であれば D_k が K を含む．そこで $g_k = f_k^{-1} : W = \operatorname{Int} K \to \mathbb{D} \ (k \geq k_0)$ を考える．モンテルの定理（付録 定理 11）から $\{g_k\}$ は W 上の正規族であり，その極限関数の一つを $g = \lim g_{k_j}$（ただし $1 \leq k_1 < k_2 < \cdots$）とすると，$|g(w)| \leq 1 \ (w \in W)$ が成り立つ．すると

$$g'(a) = \lim_{j \to \infty} g'_{k_j}(a) = \lim_{j \to \infty} \frac{1}{f'_{k_j}(0)} = \frac{1}{f'(0)} \neq 0$$

であるから特に g は非定数．したがって，最大絶対値原理から $|g(w)| < 1 \ (w \in W)$ となる．$f_k(g_k(w)) = w$ であり，$k = k_j \to \infty$ として $f(g(w)) = w \ (w \in W)$ を得る．$g(w) \in \mathbb{D}$ であるから，これは $w \in f(\mathbb{D})$ であることを意味し，$W = \operatorname{Int} K \subset f(\mathbb{D})$ が従う．よって $D \subset f(\mathbb{D})$ が示された．以上により $D = f(\mathbb{D})$ がこの場合には証明された．

次に $f'(0) = 0$ と仮定する．このとき f は 0 において局所単葉でなく，したがってフルヴィッツの定理から $f(z) \equiv a$ であるから，主張を示すには $\{D_k\}$ の核が $\{a\}$ であることを示せばよい．$g_k(z) = (f_k(z) - a)/f'_k(0)$ と正規化すれば $g_k \in \mathcal{S}$ となる．以下に述べる補題 20 により絶対値が 1 の複素数 ζ_k で $\zeta_k \notin g_k(\mathbb{D})$ であるものが存在する．したがって $\omega_k = a + \zeta_k f'_k(0)$ は D_k に含

まれない点で，仮定から $\omega_k \to a$ $(k \to \infty)$ となる．これは $\{D_k\}$ の核 D が a を内点として含まないことを含意し，$D = \{a\}$ が結論される． □

1.1 節でケーベの 4 分の 1 定理を紹介したが，それと逆方向の結果が上の証明において必要となった．次の結果はあまり知られていないようだが，証明は容易なのでここで述べておく．

補題 20. 単葉関数 $f \in \mathcal{S}$ による単位円板の像 $f(\mathbb{D})$ が単位円周 $\mathbb{T} = \partial \mathbb{D}$ を部分集合として含むことはない．

証明． $f \in \mathcal{S}$ とする．もし $\mathbb{T} \subset f(\mathbb{D})$ とすると補題 19 の証明と同様の議論により $\overline{\mathbb{D}} \subset f(\mathbb{D})$ であることがわかる．よって $R > 1$ を 1 に十分近くとれば，$\mathbb{D}_R = \{|w| < R\} \subset f(\mathbb{D})$ とすることができる．これより，$\mathbb{D}$ 上で正則関数 g を $g(w) = f^{-1}(Rw)$ により定義することができ，作り方から $g(0) = 0$, $|g(w)| < 1$ となる．シュヴァルツの補題により $|g'(0)| \leq 1$ でなければならないが，これは $g'(0) = R/f'(0) = R > 1$ に反する．よって $\mathbb{T} \not\subset f(\mathbb{D})$ である． □

リーマンの写像定理によれば（付録参照），任意の単連結領域 $D \subsetneq \mathbb{C}$ と与えられた点 $a \in D$ に対して，単位円板 $\mathbb{D}$ から D への**等角写像**（双正則写像）$f: \mathbb{D} \to D$ で，$f(0) = a$, $f'(0) > 0$ を満たすものがただ一つ存在する．さて，準備が整ったので，次のカラテオドリの定理を証明する．

定理 21（カラテオドリの核収束定理）**.** D_k $(k = 1, 2, \dots)$ を単連結な $\mathbb{C}$ の真部分領域の列で，定点 a を含むとする．また，f_k を単位円板 $\mathbb{D}$ から D_k への等角写像で $f_k(0) = a$, $f_k'(0) > 0$ を満たすものとする．

(i) f_k がある単葉正則関数に $\mathbb{D}$ 上で広義一様収束するための必要十分条件は D_k が $\mathbb{C}$ のある真部分領域に 0 に関して核収束することである．

(ii) f_k が定数関数に $\mathbb{D}$ 上で広義一様収束するための必要十分条件は D_k が 1 点集合 $\{a\}$ に核収束することである．この条件はさらに $f_k'(0) \to 0$ $(k \to \infty)$ となることと同値である．

(iii) D_k が $\mathbb{C}$ に核収束するための必要十分条件は $f_k'(0) \to +\infty$ ($k \to \infty$) となることである.

証明. 以下,簡単のため $a = 0$ とし,核収束はすべて 0 に関するものとする.予備的考察として,まず $f_k'(0) \to +\infty$ ならば,ケーベの 4 分の 1 定理により D_k は円板 $|w| < f_k'(0)/4$ を含み,$\{D_k\}$ の核は $\mathbb{C}$ となる.一方,$f_k'(0) \to 0$ ならば,補題 20 より D_k が閉円板 $|z| \le f_k'(0)$ を含まないことから $\{D_k\}$ の核は $\{0\}$ である.以上の準備の下で証明を行う.

まず (i) を示す.f_k が単葉正則関数 f に $\mathbb{D}$ 上広義一様収束するとすると,補題 19 から D_k は単連結領域 $f(\mathbb{D})$ に核収束し,リューヴィルの定理から $f(\mathbb{D}) \ne \mathbb{C}$ である.逆を示すため,$\{D_k\}$ が $\mathbb{C}$ の真部分領域 D に核収束すると仮定する.すると最初の考察から $f_k'(0)$ は有界でなくてはならず,$\{f_k\}$ の任意の収束する部分列の極限の像領域は $\{D_k\}$ の核に等しい.仮定からそのような核 D は部分列のとり方によらず一定なので,極限関数も一意的に定まる.本節の冒頭に挙げた性質 (iv) から,f_k が $\mathbb{D}$ 上で広義一様にある正則関数 f に収束し,フルヴィッツの定理から f は $\mathbb{D}$ 上単葉である.

次に (ii) を示す.f_k が定数関数に収束すればワイエルシュトラスの 2 重級数定理から $f_k'(0) \to 0$ である.よって D_k は $\{0\}$ に核収束する.逆に D_k が $\{0\}$ に核収束するとすると,ケーベの 4 分の 1 定理から $f_k'(0) \to 0$ であることが従い,これとケーベの増大度定理から $f_k(z) \to 0$ が従う.

最後に (iii) を示す.D_k が $\mathbb{C}$ に核収束すると仮定する.$f_k'(0)$ が有界な部分列を持てばケーベの増大度定理とモンテルの定理から収束する部分列を持ち,それに対応する核は $\mathbb{C}$ ではありえない.よって $f_k'(0) \to +\infty$ が示された.逆は最初の考察から従う. □

次節で必要となるので,同じくカラテオドリによる次の結果を紹介しておく.なお,証明には境界要素 (prime end) などやや込み入った概念を必要とするのでここでは省略するが,詳しくは [41] などを参照されたい.ジョルダン領域はジョルダン曲線を境界に持つ単連結領域のことであったが,ここではリー

マン球面 $\widehat{\mathbb{C}} = \mathbb{C} \cup \{\infty\}$ におけるジョルダン曲線を考え，領域が非有界でもよいものとする．たとえば，上半平面 $\{z : \operatorname{Im} z > 0\}$ はジョルダン領域だが，帯領域 $\{z : |\operatorname{Im} z| < 1\}$ は（境界が無限遠点を 2 回通る曲線なので）ジョルダン領域ではない．

定理 22（カラテオドリの定理）．単位円板からジョルダン領域 D への等角写像 $f : \mathbb{D} \to D$ は閉包の同相写像 $f : \overline{\mathbb{D}} \to \overline{D}$ に一意的に拡張される．ただし，ここに $\overline{D}$ はリーマン球面における閉包とする．

最後に次節で必要となる別のタイプの収束定理について述べておく．そのためまず以下の記号を用意しておく．空でない集合 $E \subset \mathbb{C}$ に対してその**直径** (diameter) を

$$\operatorname{diam} E = \sup_{a,b \in E} |a - b|$$

によって，また点 $z \in \mathbb{C}$ から E までの**距離** (distance) を

$$\operatorname{dist}(z, E) = \inf_{a \in E} |z - a|$$

によって定義する．

補題 23. 複素平面内のコンパクト集合 E_k, E_k' と等角写像 $f_k : \mathbb{C} \setminus E_k \to \mathbb{C} \setminus E_k'$ $(k = 1, 2, \ldots)$ が次の 4 条件を満たすとする：

  (i) $\operatorname{diam} E_k \to 0 \ (n \to \infty)$.
  (ii) 定点 $a \in \mathbb{C}$ があって $\operatorname{dist}(a, E_k) \to 0 \ (n \to \infty)$ が成り立つ．
  (iii) ある点 $z_0 \ (\neq a)$ があって，十分大きな n に対して $f_k(z_0) = z_0$ が成り立つ．
  (iv) $c_k = \lim_{z \to \infty} \dfrac{f_k(z)}{z}$ とするとき，$c_k \to 1 \ (k \to \infty)$ が成り立つ．

この時，$f_k(z)$ は $\mathbb{C} \setminus \{a\}$ 上で広義一様に恒等写像 z に収束し，

$$\operatorname{diam} E_k' \to 0 \quad (k \to \infty)$$

が成り立つ．

証明. $\delta < |z_0 - a| < R < +\infty$ を満たす正数 δ, R に対してコンパクト集合 $K = \{z : \delta \leq |z - a| \leq R\}$ を考え，この上で $f_k(z)$ が z に一様収束することを示せばよい．実際，それが示されたとして，

$$\delta_k = \mathrm{dist}(a, E_k) + \mathrm{diam}\, E_k$$

とおけば，十分大きな n に対して $\delta_k < \delta$ かつ K 上で $|f_k(z) - z| < \delta$ となるから，特に円周 $|z - a| = \delta$ の f_k による像は円板 $|w - a| < 2\delta$ に含まれ，$\mathrm{diam}\, E'_k < 4\delta$ が導かれる．δ はいくらでも小さくとれるので，$\mathrm{diam}\, E'_k \to 0\ (k \to \infty)$ が従う．

ではその一様収束性を示そう．そのために $\zeta = (z-a)/\delta_k$ つまり $z = a + \delta_k \zeta$ と変数変換し，$F_k(\zeta) = f_k(a + \delta_k \zeta)/(\delta_k c_k)$ とおけば $F_k \in \Sigma$ となる．

$$F_k(\zeta) = \zeta + b_0^{(k)} + \frac{b_1^{(k)}}{\zeta} + \cdots$$

と展開し，不等式 (3.10) を用いると

$$|F_k(\zeta) - \zeta - b_0^{(k)}| \leq \sqrt{-\log\left(1 - |\zeta|^{-2}\right)} \leq \sqrt{\log(4/3)} < 1 \quad (|\zeta| \geq 2)$$

が得られる．これを $f_k(z)$ に戻せば

$$\left|\frac{f_k(z)}{c_k} - z + A_k\right| < \delta_k \quad (|z - a| \geq 2\delta_k) \tag{3.37}$$

となる．ただし，ここで $A_k = a - \delta_k b_0^{(k)}$ と置いた．仮定より $f_k(z_0) = z_0$ が成り立つとしてよいから，特に $|z_0/c_k - z_0 + A_k| < \delta_k$ となり，$c_k \to 1, \delta_k \to 0$ に注意すると $A_k \to 0\ (n \to \infty)$ が得られる．$\delta > 2\delta_k$ に取っておけば，(3.37) から $|z - a| \geq \delta$ において一様に $f_k(z)/c_k \to z\ (k \to \infty)$ であることがわかる．さらに $c_k \to 1$ であることを用いれば，K 上で一様に $f_k(z) \to z$ であることがわかり，証明が完了する． $\square$

注意. 証明からわかるように，もし $c_k = 1\ (k = 1, 2, \ldots)$ であれば，$f_k(z)$ は $(0 <)\delta \leq |z - a| < +\infty$ において z に一様収束する．

3.2 レヴナーの定理

本章において，複素平面上の**スリット** (slit) とは，ジョルダン弧[3] $\gamma : [0, +\infty) \to \mathbb{C}$ で $\gamma(t) \to \infty$ $(t \to +\infty)$ を満たすもののことをいい，単位円板 $\mathbb{D}$ をスリットの補集合に等角に写す写像を**スリット写像**と呼ぶ．なお，より一般に，互いに交わらない有限個のそのようなジョルダン弧の和集合のことをスリットといい，成分が唯一つのものを単一ジョルダン弧と呼ぶこともあるが，以下では単一の場合しか扱わないのでスリットとはそのような単一ジョルダン弧を意味するものとする．次の結果から，$\mathcal{S}$ の元 $f(z) = z + a_2 z^2 + \cdots$ に対して $|a_n| \leq n$ を証明するためにはスリット写像 f に対して $|a_n| \leq n$ を示せばよいことになる．

補題 24. 単位円板 D 上の正規化された単葉正則関数族 $\mathcal{S}$ の中で，スリット写像は稠密部分集合をなす．

証明． まず任意の $f \in \mathcal{S}$ は $f(rz)/r$ $(0 < r < 1)$ の形の写像で広義一様に近似できるので，ある $R > 1$ に対して $|z| < R$ において単葉正則であるような f がスリット写像の $\mathbb{D}$ における広義一様極限であることを示せばよい．そのために $D = f(\mathbb{D})$ の境界上の点 $f(1)$ を出発するスリット σ で端点を除き $\overline{D}$ の補集合に含まれるものを選び，これと ∂D の部分弧 $\tau_k = \{f(e^{i\theta}) : 0 \leq \theta \leq 2\pi - \frac{1}{k}\}$ を併せて得られるスリットを γ_k とする（図 3.1 参照）．g_k を $\mathbb{D}$ から $D_k = \mathbb{C} \setminus \gamma_k$ への等角写像で $g_k(0) = 0, g'_k(0) > 0$ を満たすものとする．$\{D_k\}$ の任意の部分列の 0 に関する核は D であるから，D_k は 0 に関して D に核収束し，よってカラテオドリの定理（定理 21）により g_k は f に広義一様収束する．そこで $f_k(z) = g_k(z)/g'_k(0)$ とすれば $f_k \in \mathcal{S}$ であり，$g'_k(0) \to f'(0) = 1$ $(k \to \infty)$ ゆえ，スリット写像 f_k は f に $\mathbb{D}$ 上で広義一様収束する．よって主張が示された．

---

[3] ある有界閉区間から $\mathbb{C}$ または $\mathbb{C} \cup \{\infty\}$ への単射な連続写像（およびその像）を**ジョルダン弧** (Jordan arc) と呼ぶ．$\gamma(\infty) = \infty$ と考えれば，γ はこの意味でのジョルダン弧とみなせる．

3 レヴナーの微分方程式　147

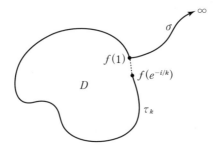

図 3.1　ジョルダン領域 D のスリット領域による近似

□

次に $f \in \mathcal{S}$ をスリット写像とし，そのスリットが連続な 1 対 1 写像 $\gamma : [0, +\infty) \to \mathbb{C}$ でパラメータ付けされているとする．便宜上，$\gamma(+\infty) = \infty$ (無限遠点) と定めておく．そこで，$0 \leq t < +\infty$ に対して $D_t = \mathbb{C} \setminus \gamma([t, +\infty))$ とおき，$f_t(z) = f(z,t)$ を $\mathbb{D}$ から D_t への等角写像で，条件 $f_t(0) = 0, f'_t(0) > 0$ により唯一つ定まるものとする．$0 \leq s < t$ とすると $D_s \subsetneq D_t$ ゆえ，シュヴァルツの補題を $\omega = \omega_{s,t} = f_t^{-1} \circ f_s : \mathbb{D} \to \mathbb{D}$ に適用して不等式

$$\omega'(0) = \frac{f'_s(0)}{f'_t(0)} < 1 \tag{3.38}$$

を得る．ここで $h(t) = f'_t(0)$ $(0 \leq t < +\infty)$ とすると，$t \mapsto D_t$ はカラテオドリの核収束の意味で連続であるから (p. 140 の例 1 参照)，$h(t)$ は連続であり (3.38) から $h(s) < h(t)$ $(0 \leq s < t)$ となる．さらに $t \to +\infty$ の時，D_t は $\mathbb{C}$ に核収束するから定理 21 (iii) より $h(t) \to +\infty$ $(t \to +\infty)$ である．以上のことから，h は区間 $[0, +\infty)$ を $[1, +\infty)$ に連続かつ 1 対 1 に写すことがわかった．そこで，γ のパラメータを $\tau = \log h(t)$ に変換することにより，初めから $h(t) = e^t$ と正規化しておいてよい．すなわち，$f_t(z) = f(z,t)$ は次の 3 条件を満たし，このように構成された関数の族 $\{f_t\}$ をスリット写像 f に付随する (正規化された) **レヴナー連鎖** (Löwner chain) と呼ぶ[4]:

---

[4] ポメレンケ (Pommerenke) はこの 3 条件だけを満たす写像族に対してより一般的

(i) $f_0 = f$ である.

(ii) 各 $t \in [0, +\infty)$ に対して, $f_t : \mathbb{D} \to \mathbb{C}$ は単葉正則で, $f_t(0) = 0$, $f_t'(0) = e^t$ を満たす.

(iii) 各 $0 \leq s < t < +\infty$ に対して $f_s \prec f_t$ である. すなわち, ある正則写像 $\omega_{s,t} : \mathbb{D} \to \mathbb{D}$ が存在し, $\omega_{s,t}(0) = 0$, $f_s = f_t \circ \omega_{s,t}$ が成り立つ.

スリット写像の重要性は, このようなパラメータ付けを通して, より具体的な表示を持つことに由来する.

定理 25 (レヴナーの定理). スリット写像 $f \in \mathcal{S}$ に付随する正規化されたレヴナー連鎖 $f_t(z) = f(z, t)$ $(0 \leq t < +\infty)$ は $\mathbb{D} \times [0, +\infty)$ 上で C^1 級であり, 偏微分方程式

$$\frac{\partial f}{\partial t} = z \frac{\partial f}{\partial z} \cdot \frac{1 + \kappa(t)z}{1 - \kappa(t)z} \tag{3.39}$$

を満足する. ここに κ は $[0, +\infty)$ 上で $|\kappa(t)| = 1$ を満たす複素数値連続関数である. また, 固定した $s \geq 0$ および $z \in \mathbb{D}$ に対して $w(t) = \omega_{s,t}(z) = f_t^{-1}(f_s(z))$ は常微分方程式および初期条件

$$\frac{dw}{dt} = -w \cdot \frac{1 + \kappa(t)w}{1 - \kappa(t)w} \quad (s \leq t < +\infty), \quad w(s) = z \tag{3.40}$$

を満たす. さらに $0 \leq s < +\infty$ に対して

$$f_s(z) = \lim_{t \to +\infty} e^t \omega_{s,t}(z) \tag{3.41}$$

が成り立ち, この収束は $\mathbb{D}$ 上で広義一様である.

証明. $t \geq 0$ に対して $D_t = \mathbb{C} \setminus \gamma([t, +\infty))$ と表し, $0 \leq s < t$ に対して, $\omega_{s,t} = f_t^{-1} \circ f_s : \mathbb{D} \to \mathbb{D}$ とする. 以下, $t \geq 0$ を固定しておく. $D_t \setminus D_0 = \gamma([0, t))$ ゆえ, $\alpha = f_t^{-1}(\gamma([0, t)))$ として $\omega_{0,t}(\mathbb{D}) = \mathbb{D} \setminus \alpha$ となっている. この曲線 α が $\mathbb{T} = \partial \mathbb{D}$ に端点を持つこと, すなわち左極限 $\lambda = \lambda(t) = \lim_{s \uparrow t} f_t^{-1}(\gamma(s))$

な方程式や, 関連する単葉性判定法を導いた. [30] 参照.

が $\mathbb{T}$ 内に存在することを示そう．カラテオドリの定理（定理 22）を適用したいところだが，D_t はジョルダン領域ではないのでそのままでは適用できない．直観的にはジョルダン曲線 $\gamma([t, +\infty))$ の右岸と左岸を区別するだけでよさそうだが，抽象的にそれを行うことは避けて，ここではそのようなアイデアを念頭に置きつつそれと同等な手法を用いることにする．そこでまず，D_t 上で予備的な変換

$$\zeta = F(w) = \sqrt{1 - \frac{w}{\gamma(t)}}$$

を考える．ただし F は $F(0) = 1$ となるような D_t における一価正則な分枝とする．この逆関数は

$$w = G(\zeta) = \gamma(t)(1 - \zeta^2)$$

であり，$\mathbb{C}$ 上正則であることに注意しておく．像領域 $F(D_t)$ は $G^{-1}(\gamma((t, +\infty)))$ の 2 つの連結成分 Γ^+ と $\Gamma^- = -\Gamma^+$ に原点と無限遠点を併せたジョルダン曲線を境界に持つジョルダン領域である．ここで Γ^+ は 0 から出発して曲線に沿って無限遠点に向かう時，領域 $F(D_t)$ を左手に見る方の成分とする（図 3.2 参照）．

よって合成関数 $F \circ f_t$ は定理 22 から同相写像 $h : \overline{\mathbb{D}} \to \overline{F(D_t)}$ に拡張される．特にこれより f_t は連続写像 $G \circ h : \overline{\mathbb{D}} \to \overline{D_t} = \widehat{\mathbb{C}}$ に拡張される．記号の煩雑さを避けるため，以下ではこれによって f_t が $\overline{\mathbb{D}}$ 上連続に定義されているとしておく．さて，$f_t^{-1} = h^{-1} \circ F$ であることに注意すると，

$$\lambda = \lim_{s \uparrow t} f_t^{-1}(\gamma(s)) = \lim_{s \uparrow t} h^{-1}(F(\gamma(s))) = h^{-1}(0) \in \mathbb{T}$$

であることがわかる．これで極限の存在が示された．同様に $\mu = \mu(t) = h^{-1}(\infty)$ とし，単位円周の部分閉弧で λ を出発して反時計回りに μ に至るものを $I^+ = I_t^+$ とし，時計回りに μ に至るものを $I^- = I_t^-$ と表す（図 3.2 参照）．すなわち $h(I^\pm) = \Gamma^\pm$ とする．$f_t : \overline{\mathbb{D}} \to \widehat{\mathbb{C}}$ の $I^\pm$ への制限を $f_t^\pm : I^\pm \to \gamma([t, +\infty])$ と書くことにすると，これは同相写像であることに注意する．そこで $0 \leq t < u$ に対して $J_{t,u}^\pm = (f_t^\pm)^{-1}(\gamma([t, u]))$ と定め，$J_{t,u} = J_{t,u}^- \cup J_{t,u}^+$ とする．すると単位円周の部分開弧 $J_{t,u}$ は $f_t(J_{t,u}) = \gamma([t, u])$ を満たし，$(f_t^\pm)^{-1}$

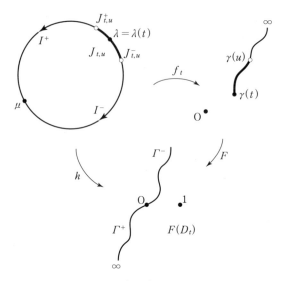

図 3.2　$\Gamma^\pm$, $I^\pm$ および $J_{t,u}$

の連続性から

$$\operatorname{diam} J_{t,u} \to 0 \quad (u \downarrow t) \tag{3.42}$$

となる．また，$0 \leq s < t$ に対しては $I_s^\pm \setminus J_{s,t}^\pm = f_s^{-1}(\gamma([t, +\infty))) \cap I_s^\pm$ であることを考慮して，$\omega_{s,t} = f_t^{-1} \circ f_s$ を $I_s^\pm \setminus J_{s,t}^\pm$ 上では $(f_t^\pm)^{-1} \circ f_s$ と定めることにより，$\omega_{s,t}$ は連続写像 $\omega_{s,t} : \overline{\mathbb{D}} \to \overline{\mathbb{D}}$ に拡張される．$\alpha_{s,t} = f_t^{-1}(\gamma([s,t)))$ とおくと，$\omega_{s,t}(\mathbb{D}) = \mathbb{D} \setminus \alpha_{s,t}$ であり，$\omega_{s,t}(J_{s,t}) = \alpha_{s,t}$ が成り立つ（図 3.3 参照）．さらに $\alpha_{s,t} = h^{-1}(F(\gamma([s,t))))$ と表されるから，

$$\operatorname{diam} \alpha_{s,t} \to 0 \quad (s \uparrow t) \tag{3.43}$$

となることがわかる．

次にこの $\lambda = \lambda(t)$ が t について連続に動くことを示す．まず右連続であること，すなわち $u \downarrow t$ の時 $\lambda(u) \to \lambda(t)$ であることを示す．$\omega = \omega_{t,u}$ に対して $\mathbb{T} \setminus \overline{J_{t,u}}$ に関するシュヴァルツの鏡像原理を適用すると（付録の定理 13 参照），$\hat{\omega}(z) = 1/\overline{\omega(1/\bar{z})}$ によって拡張された関数 $\hat{\omega} = \hat{\omega}_{t,u}$ は $J_{t,u}$ の

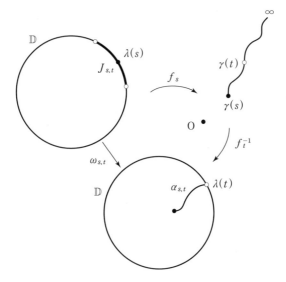

図 3.3 $\omega_{s,t}$ と $\alpha_{s,t}$

補集合を $\hat{\alpha}_{t,u} = \alpha_{t,u} \cup \{\lambda(u)\} \cup \alpha_{t,u}^*$ の補集合に等角写像する．ただしここに α^* は $\alpha \subset \mathbb{D}$ の単位円周に関する反転とする．ここで $\hat{\omega}(0) = 0$, $\hat{\omega}'(0) = e^{t-u}$, $\lim_{z \to \infty} \hat{\omega}(z)/z = \lim_{z \to 0} \bar{z}/\overline{\omega(z)} = 1/\overline{\omega'(0)} = e^{u-t} \to 1$ ($u \downarrow t$) であることと (3.42) に注意して補題 23 を適用すると，$\hat{\omega}_{t,u}(z)$ が $u \downarrow t$ の時 $\mathbb{C} \setminus \{\lambda(t)\}$ 上で広義一様に z に収束することがわかる．したがって，任意に固定した $\varepsilon > 0$ に対してある $\delta > 0$ が存在し，$u \in (t, t+\delta)$ に対して $\operatorname{diam} J_{t,u} < \varepsilon$ かつ円周 $|z - \lambda(t)| = \varepsilon$ 上で

$$|\hat{\omega}_{t,u}(z) - z| \leq \varepsilon$$

が成り立つ．円 $|z - \lambda(t)| = \varepsilon$ の $\hat{\omega}_{t,u}(z)$ による像曲線を C_u とすると，C_u は閉円板 $|z - \lambda(t)| \leq 2\varepsilon$ に含まれ，$\hat{\omega}_{t,u}$ の単葉正則性から $\overline{J_{t,u}}$ はジョルダン曲線 C_u の内部に含まれる．特に $|\hat{\omega}_{t,u}(z) - z| < 2\varepsilon$ ($z \in \overline{J_{t,u}}$) であることがわかる．$\nu(u) = (f_t^+)^{-1}(\gamma(u))$ とおけば $\nu(u), \lambda(t) \in \overline{J_{t,u}}$ であり，$\hat{\omega}_{t,u}(\nu(u)) = (f_u^+)^{-1}(\gamma(u)) = \lambda(u)$ であることに注意すると，以上の考察か

ら $t < u < t + \delta$ に対して

$$|\lambda(u) - \lambda(t)| \leq |\hat{\omega}_{t,u}(\nu(u)) - \nu(u)| + |\nu(u) - \lambda(t)| < 2\varepsilon + \mathrm{diam}\, J_{t,u} < 3\varepsilon$$

であることがわかり，右連続性が言えたことになる．

続いて，$\lambda(t)$ が左連続であること，すなわち $s \uparrow t$ の時 $\lambda(s) \to \lambda(t)$ であることを示す．今度は (3.43) に注意して補題 23 を写像 $\hat{\omega}_{s,t}^{-1} : \mathbb{C} \setminus \hat{\alpha}_{s,t} \to \mathbb{C} \setminus J_{s,t}$ ($s < t$) に適用すると，$\hat{\omega}_{s,t}^{-1}(z)$ が $s \uparrow t$ の時 $\mathbb{C} \setminus \{\lambda(t)\}$ 上広義一様に z に収束し，

$$\mathrm{diam}\, J_{s,t} \to 0 \quad (s \uparrow t) \tag{3.44}$$

であることがわかる．$\pi(s) = \omega_{s,t}(\lambda(s))$ とおけば $\pi(s), \lambda(t) \in \overline{\alpha_{s,t}}$ であり，$\lambda(s) = \hat{\omega}_{s,t}^{-1}(\pi(s))$ であるから，右連続性の証明と同様にして左連続性も言える．

必要な準備が整ったので，$\omega_{s,t}(z)$ ($0 \leq s \leq t$) の t に関する微分可能性について考察する．以下，$0 \leq s < t < u$ とする．$\omega_{t,u}(z)/z$ は $\mathbb{D}$ 上で零点を持たない正則関数とみなせるので，一価正則関数

$$\Phi_{t,u}(z) = \log \frac{\omega_{t,u}(z)}{z} \quad (z \in \mathbb{D})$$

を考えることができる．ただしここで対数の分枝は $\Phi_{t,u}(0) = t - u$ を満たすように選ぶ．シュヴァルツの補題から $|\omega_{t,u}(z)/z| < 1$ であるから，$\mathrm{Re}\,[\Phi_{t,u}(z)] = \log |\omega_{t,u}(z)/z| < 0$ ($|z| < 1$) であることに注意する．$\Phi_{t,u}(z)$ はこれまでの考察からわかるように，$|z| \leq 1$ 上で連続であり $z \in \mathbb{T} \setminus J_{t,u}$ に対しては $\mathrm{Re}\,[\Phi_{t,u}(z)] = 0$ となっている．したがってシュヴァルツの表現公式 (1章 (1.46)) から

$$\Phi_{t,u}(z) = \frac{1}{2\pi} \int_a^b \mathrm{Re}\,[\Phi_{t,u}(e^{i\theta})] \frac{e^{i\theta} + z}{e^{i\theta} - z} d\theta \quad (|z| < 1) \tag{3.45}$$

という表示を得る．ただし，ここに $a < b < a + 2\pi$ は e^{ia}, e^{ib} が単位円周 $\mathbb{T}$ の部分弧 $J_{s,t}$ の両端点であるように選ぶ．特に $z = 0$ として，

$$t - u = \Phi_{t,u}(0) = \frac{1}{2\pi} \int_a^b \mathrm{Re}\,[\Phi_{t,u}(e^{i\theta})] d\theta \tag{3.46}$$

を得る. ここで $\omega_{t,u} \circ \omega_{s,t} = \omega_{s,u}$ に注意して (3.45) の z として $\omega_{s,t}(z)$ を代入すると

$$\log \frac{\omega_{s,u}(z)}{\omega_{s,t}(z)} = \frac{1}{2\pi}\int_a^b \mathrm{Re}\left[\Phi_{t,u}(e^{i\theta})\right]\frac{e^{i\theta}+\omega_{s,t}(z)}{e^{i\theta}-\omega_{s,t}(z)}d\theta$$

となる. ここで実部, 虚部にそれぞれ積分の平均値定理を適用すると, ある $\xi, \eta \in (a,b)$ が存在して

$$\log \frac{\omega_{s,u}(z)}{\omega_{s,t}(z)} = \left\{\mathrm{Re}\left[\frac{e^{i\xi}+\omega_{s,t}(z)}{e^{i\xi}-\omega_{s,t}(z)}\right]+i\,\mathrm{Im}\left[\frac{e^{i\eta}+\omega_{s,t}(z)}{e^{i\eta}-\omega_{s,t}(z)}\right]\right\}\frac{1}{2\pi}\int_a^b\mathrm{Re}\left[\Phi_{t,u}(e^{i\theta})\right]d\theta$$

が成り立つ. (3.46) に注意してこの両辺を $u-t$ で割り, $u \downarrow t$ とすると (3.42) から $a, b \to \arg\lambda(t)$ であるから, $e^{i\xi}, e^{i\eta} \to \lambda(t)$ となり,

$$\lim_{u\downarrow t}\frac{\log\omega_{s,u}(z)-\log\omega_{s,t}(z)}{u-t} = -\frac{\lambda(t)+\omega_{s,t}(z)}{\lambda(t)-\omega_{s,t}(z)}$$

を得る. (3.44) に注意すると, u を固定して $t \uparrow u$ としても同様の結論が得られることがわかり, 最終的に

$$\frac{\partial}{\partial t}\log\omega_{s,t}(z) = \frac{\partial_t\omega_{s,t}(z)}{\omega_{s,t}(z)} = -\frac{\lambda(t)+\omega_{s,t}(z)}{\lambda(t)-\omega_{s,t}(z)}$$

が得られる. よって, $\kappa(t) = 1/\lambda(t) = \overline{\lambda(t)}$ として (3.40) が示された. 特に固定した s, z に対して $\omega_{s,t}(z)$ が t について C^1 級であることがわかる. 続いて $f_t(z)$ の t に関する微分可能性について調べる. そのためまず $0 \le s < t < u$ とし, 固定した $z \in \mathbb{D}$ に対して $w = \omega_{s,t}(z)$, $\tilde{w} = \omega_{s,u}(z)$ とおけばランダウの記号を用いて

$$\tilde{w} - w = \partial_t\omega_{s,t}(z)(u-t) + o(u-t) \quad (u\downarrow t)$$

と上述の偏微分可能性を記述することができる. $z \in \mathbb{D}$ について $f_t(\omega_{s,t}(z)) = f_u(\omega_{s,u}(z))$ であったことに注意すると,

$$f_u(w) - f_t(w) = f_u(w) - f_u(\tilde{w}) = f_u'(w)(w-\tilde{w}) + o(|w-\tilde{w}|)$$
$$= -f_u'(w)\partial_t\omega_{s,t}(z)(u-t) + o(u-t) \quad (u\downarrow t)$$

を得る.ここでワイエルシュトラスの 2 重級数定理(付録参照)から $f'_u(w) = f'_t(w) + o(1)$ $(u \to t)$ であることに注意すると,$u \downarrow t$ の時

$$\frac{f_u(w) - f_t(w)}{u - t} = -\bigl[f'_t(w) + o(1)\bigr]\partial_t \omega_{s,t}(z) + o(1) = -f'_t(w)\partial_t \omega_{s,t}(z) + o(1)$$

となり,特に各 $w \in \omega_{s,t}(\mathbb{D})$ に対して $f_t(w)$ が t について右微分可能で,(3.40) に注意するとその微分係数が(w を z に置き換えて)(3.39) で与えられることが示された.同様に $t \uparrow u$ としても同じ結論が得られ $f_t(z)$ は t について偏微分可能であることが示される.$s \uparrow t$ とすれば $\omega_{s,t}(\mathbb{D})$ は $\mathbb{D}$ に収束することから,これで各 $z \in \mathbb{D}$ に対して $f_t(z)$ が t について C^1 級であることが確かめられた.さらに $f_t(z) = f(z,t)$ は z について解析的であるから,ワイエルシュトラスの 2 重級数定理によりこれは 2 変数の関数として C^1 級であることも分かる.

最後に (3.41) を示す.そのためには,$g_t(z) = e^t f_t^{-1}(z)$ で定義される関数族 $g_t : D_t \to \mathbb{C}$ が $t \to +\infty$ の時 $\mathbb{C}$ 上広義一様に恒等写像に収束することを言えばよい.実際,もしそうだとすると $e^t \omega_{s,t}(z) = e^t f_t^{-1}(f_s(z)) = g_t(f_s(z)) \to f_s(z)$ $(t \to +\infty)$ であることが従うからである.さて,これを言うためにまず任意に固定した $R > 0$ に対して,十分大きな t を取れば $\{z : |z| < R\} \subset D_t$ であり,$g_t(Rz)/R$ が族 $\mathcal{S}$ の元であることからこの上で正規族をなすことが分かる.$0 \le t_1 < t_2 < \cdots$ を $t_k \to +\infty$ $(k \to \infty)$ となる任意の数列とする.すると $R = 1$ として,$|z| < 1$ 上で広義一様収束する g_{t_k} の部分列 $g_{1,k}$ $(k = 1, 2, \dots)$ をとることができる.以下,帰納的に $g_{n,k}$ $(k = 1, 2, \dots)$ の部分列 $g_{n+1,k}$ $(k = 1, 2, \dots)$ で $|z| < n+1$ 上で広義一様収束するものがとれる.最後に $g_{k,k}$ を考えればこれは $\mathbb{C}$ 上で広義一様収束する g_{t_k} の部分列となっている.その極限関数 $g(z)$ は $g(0) = 0, g'(0) = 1$ を満たし,フルヴィッツの定理より $\mathbb{C}$ 上単葉であるから,$g(z) \equiv z$ でなければならない.$t \to +\infty$ の時の g_t の任意の極限関数が恒等写像でなければならないことから,3.1 節で述べた原理 (iv) から $g_t(z)$ が $t \to +\infty$ の時 $\mathbb{C}$ 上広義一様に z に収束することが結論される. □

さて,レヴナーの定理の逆,つまり「$[0, +\infty)$ 上で与えられた複素数値連続

関数 $\kappa(t)$ で $|\kappa(t)| = 1$ を満たすものに対して (3.39) を満たすレヴナー連鎖 $f_t(z) = f(z,t)$ は存在するか？」というのは重要な問題である．実際に以下で述べるように，比較的緩やかな条件の下で (3.39) の解でレヴナー連鎖の条件 (ii), (iii) を満たす関数 $f_t(z)$ が存在することが知られている (*cf.* [30])．

定理 26. $\mathbb{D} \times [0, +\infty)$ 上の関数 $p_t(z) = p(z,t)$ は，各 $t \geq 0$ に対して $p_t \in \mathcal{P}$ であり，各 $z \in \mathbb{D}$ に対して t の連続関数であるとする．このときレヴナー連鎖 $f_t(z) = f(z,t)$ で微分方程式

$$\frac{\partial f}{\partial t} = z\frac{\partial f}{\partial z}p(z,t) \quad (z \in \mathbb{D},\ t \geq 0) \tag{3.47}$$

を満たすものが存在する．

証明． 定理を示すため前述と同様に，$s \geq 0$ に対して常微分方程式

$$w'(t) = -w(t)p(w(t),t) \quad (t \geq s) \tag{3.48}$$

の初期値問題 $w(s) = z \in \mathbb{D}$ の解を考える．このような解が局所的に存在することは一般論から分かるが，すべての $t \geq s$ にわたって存在することは必ずしも自明ではない．$z = 0$ に対しては $w(t) \equiv 0$ が解となるので，当面は $z \neq 0$ と仮定して話を進める．局所解 $w(t)$ について補題 10 から

$$\frac{d}{dt}\log|w(t)| = \frac{d}{dt}\operatorname{Re}\log w(t) = \operatorname{Re}\frac{w'(t)}{w(t)} = -\operatorname{Re}p(w(t),t) \leq -\frac{1-|w(t)|}{1+|w(t)|} < 0$$

なので，絶対値 $|w(t)|$ は単調減少であり，途中で解 $w(t)$ が単位円板の外にはみ出すことはない．したがって t について正の方向にいくらでも解 $w(t)$ を延長することができる．（また，特に $|w(t)| \leq |z|$ であることに注意しておく．）同様に補題 10 のもう一方の不等式から

$$\frac{d}{dt}\log|w(t)| = -\operatorname{Re}p(w(t),t) \geq -\frac{1+|w(t)|}{1-|w(t)|} \geq -\frac{1+|z|}{1-|z|} =: -A$$

となるので，これを積分して $|w(t)| \geq |z|e^{-A(t-s)} > 0$ $(t \geq s)$ を得る．特に $w(t) \neq 0$ であることもわかる．そこで，初期条件 $w(s) = z \in \mathbb{D}$ を満た

す (3.48) の解を $w(t) = w_{s,t}(z)$ と表すことにする．上述より $(\log|w(t)|)' \leq -(1-|z|)/(1+|z|)$ $(t \geq s)$ であるから，積分して

$$|w_{s,t}(z)| = |w(t)| \leq |z|\exp\left[-\frac{1-|z|}{1+|z|}(t-s)\right]$$

を得るので，特に $w_{s,t}(z) \to 0$ $(t \to +\infty)$ であることが従う．初期値に関する微分方程式の解の正則依存性（p. 56 における注意参照）から $w_{s,t}(z)$ は $z \in \mathbb{D}$ について正則であり，$w_{s,t}(0) = 0$ を満たす．さらに，各 $0 \leq s \leq t$ に対して $w_{s,t}(z)$ は z の単葉関数である．実際，任意に固定した $t_0 \geq s$ に対して，ある $z_1, z_2 \in \mathbb{D}$ が $w_{s,t_0}(z_1) = w_{s,t_0}(z_2)$ を満たすと仮定すると，$w_{s,t}(z_1)$ と $w_{s,t}(z_2)$ は t について同じ微分方程式 (3.48) の解であり，$t = t_0$ において同じ初期条件を満たす．微分方程式の初期値問題の解の一意性から，$w_{s,t}(z_1) = w_{s,t}(z_2)$ $(s \leq t < +\infty)$ であることが従い，特に $t = s$ として $z_1 = w_{s,s}(z_1) = w_{s,s}(z_2) = z_2$ を得るので，w_{s,t_0} の単葉性が示された．同様に，関係式

$$w_{t,u} \circ w_{s,t}(z) \left(= w_{t,u}(w_{s,t}(z))\right) = w_{s,u}(z) \quad (0 \leq s \leq t \leq u,\ z \in \mathbb{D}) \tag{3.49}$$

が，両辺が u に関して同じ微分方程式と $u = t$ における同じ初期条件を持つことから示される．次に s を固定して $w_{s,t}(z) = b_1(t)z + b_2(t)z^2 + \cdots$ と書いた時，(3.48) に代入して z の係数を比較すると $b_1'(t) = -b_1(t)$ $(t \geq s)$ を得る．$b_1(s) = 1$ であることに注意すると，この微分方程式を解いて $b_1(t) = e^{s-t}$ が導かれる．よって $e^{t-s}w_{s,t} \in \mathcal{S}$ であり，式 (3.48) を積分して

$$e^{t-s}w_{s,t}(z) = \exp\left(\int_s^t (1 - p(w_{s,\tau}(z), \tau))d\tau\right) \tag{3.50}$$

を得る．ここで一般に $p \in \mathcal{P}$ に対して (3.19) を用いて

$$|1 - p(w)| = \left|\int_0^w p'(z)dz\right| \leq \int_0^{|w|} \frac{2}{(1-r)^2}dr = \frac{2|w|}{1-|w|}$$

が成り立つことと，ケーベの増大度定理（定理 5）より

$$e^{\tau-s}|w_{s,\tau}(z)| \leq \frac{|z|}{(1-|z|)^2} \quad (s \leq \tau < +\infty)$$

となることを用いると,

$$|1-p(w_{s,\tau}(z),\tau)| \leq \frac{2|w_{s,\tau}(z)|}{1-|w_{s,\tau}(z)|} \leq \frac{2|w_{s,\tau}(z)|}{1-|z|} \leq \frac{2|z|e^{s-\tau}}{(1-|z|)^3}$$

となるが，この右辺は $s \leq \tau < +\infty$ において積分可能であるから, (3.50) における右辺が $t \to +\infty$ の時に収束することが分かる．そこで

$$f_s(z) = \lim_{t\to+\infty} e^t w_{s,t}(z) = e^s \exp\left(\int_s^{+\infty}\left(1-p(w_{s,\tau}(z),\tau)\right)d\tau\right)$$

とすると, $e^{-s}f_s$ は $e^{t-s}w_{s,t} \in \mathcal{S}$ の広義一様極限なので, $e^{-s}f_s \in \mathcal{S}$ である．一方 (3.49) の両辺に e^u を乗じて $u \to +\infty$ とすれば $f_t \circ w_{s,t} = f_s$ $(0 \leq s \leq t)$ が従い，これは族 $f_s(z) = f(z,s)$ $(0 \leq s < +\infty)$ がレヴナー連鎖であることを意味する．よって式 (3.47) が成り立つことが分かり，主張が示された． □

この定理から，特に連続関数 $\kappa : [0,+\infty) \to \mathbb{T} = \partial\mathbb{D}$ に対する (3.39) の解 $\{f_t\}$ がレヴナー連鎖となる，すなわち前述の条件 (i), (ii), (iii) を満たすことが分かる．しかしこれがスリット写像に付随する，すなわち単葉関数 $f = f_0$ がスリット写像であるという保証はなく，実際その反例も知られている. f がスリット写像であるような κ を特徴付けることは重要ではあるが難しい問題で現在も完全には解決していない．

3.3 古典的応用例

レヴナー方程式がどのように機能するのかを理解するためには，後に述べるド・ブランジュによるビーベルバッハ予想の証明に含まれる結果ではあるが，レヴナーによる $|a_3| \leq 3$ の証明をまず見てみることが有効であろう．

定理 27. $f(z) = z + a_2 z^2 + a_3 z^3 + \cdots$ を族 $\mathcal{S}$ に属する単葉関数とすると, $|a_3| \leq 3$ が成り立つ．また，等号が成立するのは $f(z)$ がケーベ関数 $K(z) = z/(1-z)^2$ の回転である時に限る．

証明. 適当な回転変換 $e^{-i\theta}f(e^{i\theta}z) = z + e^{i\theta}a_2 z^2 + e^{2i\theta}a_3 z^3 + \cdots$ により $a_3 = |a_3|$ が成り立つようにできるので, $\operatorname{Re} a_3 \leq 3$ を示せば十分である．さ

らに補題 24 により，f がスリット写像であるとしてよい．f_t $(0 \leq t < +\infty)$ を f に付随するレヴナー連鎖とし，$\omega_t := \omega_{0,t} = f_t^{-1} \circ f$ を

$$\omega_t(z) = e^{-t}\left[z + a_2(t)z^2 + a_3(t)z^3 + \cdots\right] \quad (|z| < 1)$$

と展開しておく．$\omega_0(z) = z$ であるから，$a_n(0) = 0$ $(n = 2, 3, \ldots)$ であることに注意する．レヴナーの定理における式 (3.41) から

$$f(z) = \lim_{t \to +\infty} e^t \omega_t(z)$$

である．したがって，特に $a_n(t) \to a_n$ $(t \to +\infty)$ である．また，(3.40) より $\omega_t(z)$ は t の関数として微分方程式と初期条件

$$\partial_t \omega_t(z) = -\omega_t(z) \frac{1 + \kappa(t)\omega_t(z)}{1 - \kappa(t)\omega_t(z)}, \quad \omega_0(z) = z \tag{3.51}$$

を満たしている．ここで $\kappa(t)$ は $|\kappa(t)| = 1$ を満たす t について連続な関数であった．さて，ワイエルシュトラスの 2 重級数定理から各係数 $a_n(t)$ は t について C^1 級であり，

$$\partial_t \omega_t(z) = -\omega_t(z) + e^{-t}\left[a_2'(t)z^2 + a_3'(t)z^3 + \cdots\right]$$

であることが分かる．これらを (3.51) の第 1 式に代入し，z^2, z^3 の係数を比較すると

$$a_2'(t) = -2e^{-t}\kappa(t), \tag{3.52}$$

$$a_3'(t) = -2e^{-2t}\kappa(t)^2 - 4e^{-t}\kappa(t)a_2(t) \tag{3.53}$$

という等式が得られる．まず式 (3.52) を積分すると

$$a_2 = \int_0^{+\infty} a_2'(t)dt = -2\int_0^{+\infty} e^{-t}\kappa(t)dt$$

という表示が得られる．この証明では必要ないが，これより

$$|a_2| \leq 2\int_0^{+\infty} e^{-t}|\kappa(t)|dt = 2\int_0^{+\infty} e^{-t}dt = 2$$

が分かり，ビーベルバッハの不等式（定理 1）の別証明となっている．

次に (3.52) を用いて (3.53) を変形すると

$$a_3'(t) = -2e^{-2t}\kappa(t)^2 + 2a_2(t)a_2'(t) = -2e^{-2t}\kappa(t)^2 + \{a_2(t)^2\}'$$

が得られるので，積分表示

$$a_3 = -2\int_0^{+\infty} e^{-2t}\kappa(t)^2 dt + 4\left\{\int_0^{+\infty} e^{-t}\kappa(t)dt\right\}^2$$

が導かれる．そこで適当な実連続関数 $\theta(t)$ により

$$\kappa(t) = e^{i\theta(t)} = \cos\theta(t) + i\sin\theta(t)$$

と表すと，一般に複素数 $z = x + iy$ に対して $\text{Re}\,[z^2] = x^2 - y^2 \leq x^2$ であることに注意して不等式

$$\text{Re}\,a_3 \leq -2\int_0^{+\infty} e^{-2t}\cos 2\theta(t)dt + 4\left\{\int_0^{+\infty} e^{-t}\cos\theta(t)dt\right\}^2$$

が示される．倍角公式 $\cos 2\theta = 2\cos^2\theta - 1$ とコーシー・シュヴァルツの不等式から

$$\text{Re}\,a_3 \leq 1 - 4\int_0^{+\infty} e^{-2t}\cos^2\theta(t)dt + 4\left\{\int_0^{+\infty} e^{-t}dt\right\}\left\{\int_0^{+\infty} e^{-t}\cos^2\theta(t)dt\right\}$$

$$= 1 + 4\int_0^{+\infty} \left[e^{-t} - e^{-2t}\right]\cos^2\theta(t)dt$$

$$\leq 1 + 4\int_0^{+\infty} \left[e^{-t} - e^{-2t}\right] dt = 3 \tag{3.54}$$

となり，求めていた不等式が示された．

最後に $\text{Re}\,a_3 \leq 3$ の等号成立条件を調べる．明らかにケーベ関数 $K(z) = z + 2z^2 + 3z^3 + \cdots$ とその半回転 $-K(-z) = z - 2z^2 + 3z^3 - \cdots$ は等号を満たすが，それ以外に $\text{Re}\,a_3 = 3$ を満たす関数が存在するかどうかは上記のスリット写像による近似に依拠する証明でははっきりしない．実は変分法による族 $\mathcal{S}$ の支点 (support point) の一般理論から，$\text{Re}\,a_3$ の $\mathcal{S}$ における最大値を

達成するような $f \in \mathcal{S}$ はスリット写像に限ることが知られている（cf. Duren [10, Thereom 10.3]）．そこで，そのことを仮定した上で等号成立条件を調べてみよう．まず (3.54) において等号が成り立つためには $\cos^2 \theta(t) \equiv 1$ でなければならず，$\theta(t)$ の連続性から，$\cos \theta(t)$ は恒等的に 1 または -1 である，すなわち $\kappa(t) \equiv 1$ であるか，$\kappa(t) \equiv -1$ であるかのいずれかでなければならない．$\kappa(t) \equiv 1$ と仮定しよう．$z \in \mathbb{D}$ $(z \neq 0)$ を固定すると，(3.51) から $w(t) = \omega_t(z)$ は微分方程式

$$\frac{dw}{dt} = -w \frac{1+w}{1-w}$$

を満たす．これは変数分離形であり，書き直して

$$\left(\frac{2}{1+w} - \frac{1}{w} \right) dw = dt$$

としたものを 0 から t まで積分すると，$w(0) = z$ より

$$2 \log \frac{1+w(t)}{1+z} - \log \frac{w(t)}{z} = t$$

となる．これを変形して

$$\frac{z}{(1+z)^2} = \frac{e^t w(t)}{(1+w(t))^2}$$

を得る．ここで $e^t w(t) \to f(z)$ $(t \to +\infty)$ であったことを思い出すと，上式において $t \to +\infty$ として $w(t) \to 0$ であるから

$$\frac{z}{(1+z)^2} = f(z)$$

となり，$f(z)$ が $K(z)$ の回転 $-K(-z)$ であることが分かった．同様に $\kappa(t) \equiv -1$ とすると $f(z) = K(z)$ であることが分かる．

ここまで $\mathrm{Re}\, a_3 = 3$ となる場合を調べたわけだが，最初に適当な回転を考えて $|a_3|$ の最大値問題を $\mathrm{Re}\, a_3$ のそれに帰着させたことを思い出せば，等号成立条件が $K(z)$ の回転であるということが従う． $\square$

なお，フェケテ・シェゲーの不等式 (3.14) も基本的には同じ流れで証明されるが，実関数に関する技術的にやや難しい結果を必要とするため，ここでは証明を割愛する．詳しくは [30] または [10] を参照されたい．

3.4 上半平面上のレヴナー方程式[5]

1 次分数変換 $w = i\dfrac{1+z}{1-z}$ は単位円板 $\mathbb{D} = \{z \in \mathbb{C} : |z| < 1\}$ を上半平面 $\mathbb{H} = \{w \in \mathbb{C} : \mathrm{Im}\, w > 0\}$ に等角写像する．したがって単位円板上で展開されたレヴナーの理論を原理的には上半平面上でも並行して展開することができるはずである．しかし，単位円板には原点という特別な点があったが，上半平面には見かけ上特別な点はなく，むしろそれが上半平面を考える一つの利点となっている．そこで，以下ではそれを活かした構成法を紹介しよう．

実軸と交わるある**連続体**（2 点以上からなる連結なコンパクト集合）C と $\mathbb{H}$ との共通部分を $K = C \cap \mathbb{H}$ とする．本節では便利のためこのような K を**許容集合**と呼ぶことにする．K そのものは連結でなくてもよいことに注意する（図 3.4 参照）．$\mathbb{H} \setminus K$ の非有界な連結成分はただ一つで，それを D とすると C の連結性から単連結であることが分かる．$\mathbb{H} \setminus D$ は K が $\mathbb{H}$ 内で囲む有界領域をすべて埋めて得られる $\mathbb{H}$ の相対閉部分集合であり，これを K の**包** (hull) と呼び，K^* で表すことにする（図 3.4 参照）．

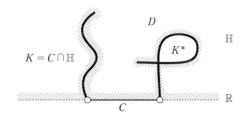

図 3.4 許容集合およびその包

さらに K^* の閉包と実軸との共通部分 $\overline{K^*} \cap \mathbb{R}$ を含む最小の閉区間を I とし，K^* とその複素共役（実軸に関する鏡映）および I との和集合 $\hat{K}$ は連結

---

[5] 本節は次節以降で必要ないので，読み飛ばしても差し支えない．

(かつ多項式凸[6]) なコンパクト集合となる. 以下では $\mathbb{C} \setminus \hat{K}$ を $\hat{D}$ と書く.

たとえば $K = \{z \in \mathbb{H} : |z| = 1\} = \mathbb{H} \cap \mathbb{T}$ の時は $K^* = \{z \in \mathbb{H} : |z| \leq 1\} = \mathbb{H} \cap \overline{\mathbb{D}}$, $I = [-1, 1]$, $\hat{K} = \overline{\mathbb{D}}$ となる. D は単連結だからリーマンの写像定理から D から上半平面への等角写像 $g : D \to \mathbb{H}$ が存在する. $\widehat{\mathbb{R}} = \mathbb{R} \cup \{\infty\}$ とし, $V = \widehat{\mathbb{R}} \setminus I$ に関して鏡像原理 (付録の定理 13) を適用して g を $\hat{g} : \hat{D} = \widehat{\mathbb{C}} \setminus \hat{K} \to \widehat{\mathbb{C}}$ に拡張する. $p = \hat{g}(\infty) \in \widehat{\mathbb{R}}$ が有限点である場合は, たとえば $1/(p - g(w))$ をあらためて $g(w)$ と定義し直すことにより $\hat{g}(\infty) = \infty$ であるとしてよい. さらにこのとき

$$\hat{g}(w) = cw + b_0 + \frac{b_1}{w} + \frac{b_2}{w^2} + \cdots$$

の形に展開される. $\hat{g}$ は実軸に関して対称, すなわち $\overline{\hat{g}(w)} = \hat{g}(\bar{w})$ であるから $c, b_n \in \mathbb{R}, c > 0$ であり, $g(w)$ の代わりに $g((w - b_0)/c)$ を考えることにより, 等角写像 $g : D \to \mathbb{H}$ は

$$g(w) = w + \frac{a}{w} + O(|w|^{-2}) \quad (w \to \infty)$$

を満たすように正規化することができる. したがって g の逆写像 $f : \mathbb{H} \to D$ も

$$f(z) = z + \frac{b}{z} + O(|z|^{-2}) \quad (z \to \infty)$$

と無限遠点の回りでと展開される. このように正規化すると等角写像 $f : \mathbb{H} \to D$ や $g : D \to \mathbb{H}$ は一意的に決まり, これを**流体力学的正規化** (hydrodynamic normalization) と呼ぶ. なお, $V = \widehat{\mathbb{R}} \setminus I$ の像の $\widehat{\mathbb{R}}$ における補集合 $\widehat{\mathbb{R}} \setminus g(V)$ を J とすると, これは粗く言えば f や g によって $I \cup K^*$ の境界に対応する実軸 $\mathbb{R}$ 内の閉区間である. (f は J には必ずしも連続に拡張するとは限らないことに注意.)

---

[6] コンパクト集合 $K \subset \mathbb{C}$ が**多項式凸**であるとは, $a \in \mathbb{C}$ に対して $|p(a)| \leq \max_{z \in K} |p(z)|$ が任意の複素多項式 $p \in \mathbb{C}[z]$ について成り立つならば $a \in K$ が従うことをいう. これは $\mathbb{C} \setminus K$ が連結であることと同値であることが知られている. すなわち, 複素平面においてコンパクト集合が多項式凸であるとはそれが充填された (filled) ということと同じ意味である.

$f = g^{-1}$ であるから簡単な計算により $b = -a$ であることが確認される．実定数 $a = -b$ は集合 K の**半平面容量** (half-plane capacity) と呼ばれ，しばしば $a = \mathrm{hcap}(K)$ と書かれる．K を $r > 0$ 倍した集合 $rK = \{rz : z \in K\}$ については，$g_r(w) = rg(w/r) = w + r^2 a/w + \cdots$ が対応する等角写像を与えることから，
$$\mathrm{hcap}(rK) = r^2 \mathrm{hcap}(K)$$
であることが分かる．同様に実数 τ だけの平行移動についても，$\tilde{g}(w) = g(w - \tau) + \tau$ を考えれば $\mathrm{hcap}(K + \tau) = \mathrm{hcap}(K)$ が分かる．自明な例だが，$K = \emptyset$（空集合）の場合は $\mathrm{hcap}(\emptyset) = 0$ である．また，$K = \mathbb{T} \cap \mathbb{H}$ または $\overline{\mathbb{D}} \cap \mathbb{H}$ の場合は，g としてジューコフスキ変換 $g(w) = w + w^{-1}$ が取れるので，$\mathrm{hcap}(\mathbb{T} \cap \mathbb{H}) = \mathrm{hcap}(\overline{\mathbb{D}} \cap \mathbb{H}) = 1$ となる．

さて，半平面容量の便利な表示式を導出するために，シュヴァルツの表現公式の半平面版を導いておこう．$\mathbb{H}$ からそれ自身への正則関数の表現公式としては，カラテオドリ関数に対するヘルグロッツの公式に対応するものとしてネヴァンリンナ (Nevanlinna) の表現公式が知られているが，ここでは境界関数によってより具体的に積分公式を書き下すため，次のように定式化しておく．

補題 28. $f(z)$ は $\overline{\mathbb{H}} = \mathbb{H} \cup \mathbb{R}$ 上の連続関数で，上半平面 $\mathbb{H}$ 上で正則かつ $\mathrm{Im}\, f(z) > 0$ を満たすとし，さらにある実数 c が存在して $f(z) - cz$ が $|z| \to +\infty$ の時に有限な極限を持つとする．このとき，公式
$$f(z) = cz + \frac{1}{\pi} \int_{-\infty}^{+\infty} \frac{1 + uz}{u - z} \mathrm{Im}\, f(u) \frac{du}{u^2 + 1} + \mathrm{Re}\, f(i) \quad (z \in \mathbb{H}) \tag{3.55}$$
が成り立つ．さらに $\mathbb{H}$ 上で $\mathrm{Im}\,[f(z) - cz] \geq 0$ であり，ある点で等号が成り立つのは $f(z) = cz + d$（d は実定数）である時に限る．

証明． 1 次分数変換
$$w = \frac{z - i}{z + i}, \quad \text{すなわち} \quad z = i\frac{1 + w}{1 - w}$$

を考えると，これは上半平面 $\operatorname{Im} z > 0$ を単位円板 $|w| < 1$ に等角に写し，$\mathbb{R} \cup \{\infty\}$ を単位円周 $\mathbb{T}$ に写すことを思い出しておく．$u \in \mathbb{R}$ に対して $e^{i\theta} = (u-i)/(u+i)$ とおけば，

$$u = i \frac{1 + e^{i\theta}}{1 - e^{i\theta}} = -\cot \frac{\theta}{2}$$

であり，微分をとれば

$$du = \frac{d\theta}{2 \sin^2(\theta/2)} = \frac{1}{2}(u^2 + 1) d\theta$$

となることを以下で用いる．この変数変換を用いて $g(w) = [f(z) - cz]/i$ とおくと，仮定から $g(w)$ は $|w| \leq 1$ 上（有界）連続で，$|w| < 1$ 上正則である．したがって1章 (1.46) のシュヴァルツの表現公式を用いると

$$g(w) = \frac{1}{2\pi} \int_0^{2\pi} \operatorname{Re}\left[g(e^{i\theta})\right] \frac{e^{i\theta} + w}{e^{i\theta} - w} d\theta + i \operatorname{Im} g(0)$$

となり，

$$\frac{e^{i\theta} + w}{e^{i\theta} - w} = \frac{\dfrac{u-i}{u+i} + \dfrac{z-i}{z+i}}{\dfrac{u-i}{u+i} - \dfrac{z-i}{z+i}} = \frac{1}{i} \cdot \frac{1 + uz}{u - z}$$

であることに注意して積分の変数変換を行うと

$$f(z) - cz = ig(w) = \frac{1}{2\pi} \int_{-\infty}^{+\infty} \operatorname{Im}\left[f(u) - cu\right] \frac{1 + uz}{u - z} \cdot \frac{2du}{u^2 + 1} + \operatorname{Re}\left[f(i) - ci\right]$$

が得られる．最後に c が実数であったことを思い出すと，求める式を得る．さらに $u \in \mathbb{R}$ に対して

$$\operatorname{Im} \frac{1 + uz}{u - z} = \frac{(u^2 + 1) \operatorname{Im} z}{|u - z|^2}$$

であることに注意すると

$$\operatorname{Im} f(z) = c \operatorname{Im} z + \frac{1}{\pi} \int_{-\infty}^{+\infty} \frac{\operatorname{Im} z \operatorname{Im} f(u)}{|u - z|^2} du \tag{3.56}$$

を得るので，$\mathrm{Im}\,[f(z) - cz] \geq 0$ を得る．等号成立条件は調和関数に対する最小値原理による． □

系． $f(z)$ は上半平面 $\mathbb{H}$ 上で正則かつ $\mathrm{Im}\,f(z) > 0$ を満たすとし，さらにある実数 c が存在して $f(z) - cz$ が $|z| \to +\infty$ の時に有限な極限を持つとする．このとき，$\mathbb{R}$ 上の正値ボレル測度 μ が存在して

$$f(z) = cz + \int_{\mathbb{R}} \frac{1+uz}{u-z} d\mu(u) + \mathrm{Re}\,f(i) \quad (z \in \mathbb{H}) \tag{3.57}$$

が成り立つ．さらに $f(z)$ が $\mathbb{R}$ の開区間 V に連続拡張して $\mathrm{Im}\,f(z) = 0$ $(z \in V)$ が成り立つならば，$\mu(V) = 0$ である．

証明． 定数 $\delta > 0$ を任意に選び $f(z+i\delta)$ に対して先の補題 28 を適用すれば $z \in \mathbb{H}$ に対して

$$f(z+i\delta) = cz + \frac{1}{\pi} \int_{-\infty}^{+\infty} \frac{1+uz}{u-z} \mathrm{Im}\,f(u+i\delta) \frac{du}{u^2+1} + \mathrm{Re}\,f(i+i\delta)$$

$$= cz + \int_{\mathbb{R}} \frac{1+uz}{u-z} d\mu_\delta(u) + \mathrm{Re}\,f(i+i\delta)$$

という表示式を得る．ここで μ_δ は $d\mu_\delta(u) = \pi^{-1}(1+u^2)^{-1} \mathrm{Im}\,f(u+i\delta) du$ によって定義される $\mathbb{R}$ 上の（ラドン）測度である．(3.56) において $z = i$ とした式を用いると

$$\mathrm{Im}\,f(i+i\delta) - c = \frac{1}{\pi} \int_{-\infty}^{+\infty} \frac{\mathrm{Im}\,f(u+i\delta)}{u^2+1} du = \mu_\delta(\mathbb{R})$$

を得る．したがって $\mu_\delta(\mathbb{R}) \to \mathrm{Im}\,f(i) - c$ であり，定理 21 の証明と同様にして，適当な列 $\delta_k \to 0$ をとれば μ_{δ_k} が $\widehat{\mathbb{R}} = \mathbb{R} \cup \{\infty\}$ 上のある正値ボレル測度 μ に弱収束することがわかる．仮定から $f(z) - cz$ が有界であるので，$\mu(\{\infty\}) = 0$ でなければならず，μ は実質的に $\mathbb{R}$ 上の測度となっている．したがって (3.57) が示された．次に $f(z)$ が有界閉区間 α の近傍 U に連続拡張して $\mathrm{Im}\,f(z) = 0$ $(z \in U)$ であるとすれば，

$$\mu(\alpha) = \lim_{k \to \infty} \mu_{\delta_k}(\alpha) = \lim_{k \to \infty} \frac{1}{\pi} \int_\alpha \frac{\mathrm{Im}\,f(u+i\delta_k)}{u^2+1} du = 0$$

であるから最後の主張も得られる． □

では，許容集合 K の半平面容量の話に戻ろう．$f(z) = z - \mathrm{hcap}(K)/z + \cdots$ を $\mathbb{H}$ から $D = \mathbb{H} \setminus K^*$ への流体力学的に正規化された等角写像とする．これは $c = 1$ として先の補題の系の仮定を満たすので，ある正値ボレル測度 μ に対し表現公式

$$f(z) = z + \int_{\mathbb{R}} \frac{1+uz}{u-z} d\mu(u) + \mathrm{Re}\, f(i) \quad (z \in \mathbb{H}) \tag{3.58}$$

を得る．$g = f^{-1} : D \to \mathbb{H}$ が鏡像原理により $\mathbb{C} \setminus \hat{K}$ 上の等角写像に拡張されたことを思い出すと，$\mathrm{Im}\, f(u)$ は有界閉区間 $J = \mathbb{C} \setminus g(\mathbb{C} \setminus \hat{K}) \subset \mathbb{R}$ を除いては 0 であるから，系の後半の主張より μ は J 上の測度と思ってよい．ここで

$$\frac{1+uz}{u-z} = -u - \frac{u^2+1}{z} + \frac{u(u^2+1)}{(u-z)z} = -u - \frac{u^2+1}{z} + O(|z|^{-2}) \quad (z \to \infty)$$

を表現公式 (3.58) に代入し，z による展開係数を比較すれば

$$\mathrm{Re}\, f(i) = \int_J u\, d\mu(u)$$

および

$$\mathrm{hcap}(K) = \int_J (u^2+1) d\mu(u) \tag{3.59}$$

が導かれ，最終的に

$$f(z) = z - \frac{\mathrm{hcap}(K)}{z} + \int_J \frac{u(u^2+1)}{(u-z)z} d\mu(u) \tag{3.60}$$

という表示式が得られる．特に $f : \mathbb{H} \to \mathbb{H} \setminus K^*$ が境界まで連続に拡張される場合は，補題 28 から

$$\mathrm{Re}\, f(i) = \frac{1}{\pi} \int_J \mathrm{Im}\, f(u) \frac{u\, du}{u^2+1}$$

および

$$\mathrm{hcap}(K) = \frac{1}{\pi} \int_J \mathrm{Im}\, f(u)\, du$$

とより具体的に表されることに注意する．

以上の考察を用いてまず次の基本的結果が示される．

補題 29. K を $\mathbb{H}$ 内の空でない許容集合とすると，$\mathrm{hcap}(K) > 0$ が成り立つ．また許容集合 K_1, K_2 が $K_1 \subset K_2$ を満たすならば $\mathrm{hcap}(K_1) \leq \mathrm{hcap}(K_2)$ であり，包 K_1^* が K_2^* の真部分集合であるならば，真の不等号が成り立つ．

証明． まず K が空でないとすると上で構成した等角写像 $f(z)$ は恒等写像ではないので表現公式に用いられる測度は $\mu \neq 0$ を満たし，(3.59) から $\mathrm{hcap}(K) > 0$ が従う．次に $a_j = \mathrm{hcap}(K_j)$ $(j = 1, 2)$ とおく．$f_j : \mathbb{H} \to D_j = \mathbb{H} \setminus K_j^*$ を流体力学的に正規化された等角写像とする．もし $K_1^* = K_2^*$ ならば $f_1 = f_2$ となり $a_1 = a_2$ が成り立つので，K_1^* が K_2^* の真部分集合として $a_1 < a_2$ を示せばよい．$D_1 \supset D_2$ に注意して $f = f_1^{-1} \circ f_2$ とすれば，これは $\mathbb{H}$ 上の単葉正則関数であり許容集合 $K = f_1^{-1}(K_2^* \setminus K_1^*) \neq \emptyset$ の補集合 $\mathbb{H} \setminus K$ への等角写像で，簡単な計算から

$$f(z) = z - \frac{a_2 - a_1}{z} + O(|z|^{-2}) \quad (z \to \infty)$$

であることが分かるので，最初の主張から

$$\mathrm{hcap}(K) = a_2 - a_1 = \mathrm{hcap}(K_2) - \mathrm{hcap}(K_1) > 0 \tag{3.61}$$

が従う． $\square$

半平面容量の重要性は次の形の評価式からも理解される．ただし，以下では $c \in \mathbb{C}$ および有界集合 $E \subset \mathbb{C}$ に対して

$$\mathrm{rad}(E, c) = \sup_{z \in E} |z - c|$$

と定める．

補題 30. 許容集合 K に対して $f : \mathbb{H} \to \mathbb{H} \setminus K^*$ を流体力学的に正規化された等角写像とし，g をその逆写像とする．また，f によって $I \cup K^*$ の境界に対

応する閉区間を $J \subset \mathbb{R}$ とする．ただし，I は K の閉包と $\mathbb{R}$ の共通部分を含む最小の閉区間である．この時，$|z| \geq 2\,\mathrm{rad}(J,0)$ および $|w| \geq 8\,\mathrm{rad}(K,0)$ を満たす z, w に対してそれぞれ次の不等式が成り立つ：

$$\left| f(z) - z + \frac{\mathrm{hcap}(K)}{z} \right| \leq \frac{2\,\mathrm{hcap}(K)\,\mathrm{rad}(J,0)}{|z|^2}, \qquad (3.62)$$

$$\left| g(w) - w - \frac{\mathrm{hcap}(K)}{w} \right| \leq \frac{13\,\mathrm{hcap}(K)\,\mathrm{rad}(K,0)}{|w|^2}. \qquad (3.63)$$

証明． 簡単のため $a = \mathrm{hcap}(K)$, $r = \mathrm{rad}(J,0)$, $\rho = \mathrm{rad}(K,0)$ とおく．$f(z)$ が先のように鏡像原理によって等角同相写像 $f : \mathbb{C} \setminus J \to \mathbb{C} \setminus \hat{K}$ に拡張されることに注意する．任意の $u \in J$ と $|z| \geq 2r$ に対して $|u/(u/z - 1)| \leq r/(1 - r/2r) = 2r$ であることに注意すると，$f(z)$ の表現公式 (3.60) と (3.59) から

$$\left| f(z) - z + \frac{a}{z} \right| \leq \frac{2r}{\pi|z|^2} \int_J (u^2 + 1) d\mu(u) = \frac{2ar}{|z|^2} \quad (|z| \geq 2r)$$

となり (3.62) が示された．

次に仮定から，$g(w)$ は $\rho < |w| < +\infty$ において正則かつ単葉であることに注意すると，定理 7 の系から J は閉円板 $|z| \leq 8\rho/3$ に含まれる，すなわち $r \leq 8\rho/3$ が成り立つ．さらに $|w| \geq 8\rho$ に対して $z = g(w) = w + a/w + \cdots$ とすると (3.13) から $|z| \geq 2|w|/3 \geq 16\rho/3 \geq 2r$ であることが分かり，さらに (3.12) も用いて

$$\left| \frac{1}{z} - \frac{1}{w} \right| = \frac{|w - z|}{|zw|} \leq \frac{2\rho/3}{(2|w|/3)|w|} = \frac{\rho}{|w|^2}$$

を得る．よって三角不等式と (3.13) から

$$\left| g(w) - w - \frac{a}{w} \right| \leq \left| z - f(z) - \frac{a}{z} \right| + \left| \frac{a}{z} - \frac{a}{w} \right| \leq \frac{2ar}{|z|^2} + \frac{a\rho}{|w|^2} \leq \frac{13a\rho}{|w|^2}$$

が示される． $\square$

実数直線上（たとえば原点）に端点を持つ上半平面上の単純曲線 γ を考える．より正確には，単射な連続写像 $\gamma : [0,T) \to \mathbb{C}$ で，$\gamma(0) \in \mathbb{R}$ かつ $\gamma(t) \in \mathbb{H}$ $(t \in (0,T))$ とする．ただし，ここに $0 < T \leq +\infty$ とする．各 $t \in [0,T)$ に対して $K_t = \gamma([0,t])$ は許容集合で $K_t^* = K_t$ を満たす．そこで g_t を $D_t = \mathbb{H} \setminus K_t$ から $\mathbb{H}$ への流体力学的に正規化された等角写像とする．この時，例1と同様の議論により，D_t はカラテオドリの核収束の意味で t について連続であることが分かる．特に hcap(K_t) は t について連続かつ狭義単調増加である（cf. 補題29）．よってパラメータを変更して hcap$(K_t) = 2t$ $(0 \leq t < T)$ とすることができる[7]．ただし，その際に T の値は必ずしも保存されないことに注意する．

ここではやや一般に次の定理を示そう．

定理 31. $\gamma(t)$ $(0 \leq t < T)$ を実軸を出発する上半平面内の単純曲線とし，$b(t) = \text{hcap}(\gamma([0,t]))$ は $0 \leq t < T$ において微分可能であると仮定する．すると $\mathbb{H} \setminus \gamma([0,t])$ から $\mathbb{H}$ への流体力学的に正規化された等角写像 $g_t(w) = g(w,t)$ は t について微分可能で，t に関する連続関数 U_t に対して微分方程式

$$\dot{g}_t(w) \left(= \frac{\partial g}{\partial t} \right) = \frac{b'(t)}{g_t(w) - U_t} \tag{3.64}$$

を満たす．

注意． この t の関数 U_t は**駆動関数** (driving function) と呼ばれ，証明から分かるように $U_t = f_t^{-1}(\gamma(t))$ となっている．特に $b(t) = 2t$ と正規化した場合には，対応する微分方程式は

$$\dot{g}_t(w) = \frac{2}{g_t(w) - U_t} \tag{3.65}$$

の形となる．

---

[7] この正規化の理由の説明については，たとえば [25] の §4.6.3 を見よ．

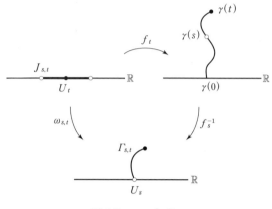

図 3.5　$\omega_{s,t}$ と $\Gamma_{s,t}$

証明. $0 \leq s < t < T$ に対して $\omega_{s,t} = f_s^{-1} \circ f_t = g_s \circ f_t : \mathbb{H} \to \mathbb{H}$ と定めると，$\omega_{s,t}(\mathbb{H}) = \mathbb{H} \setminus \Gamma_{s,t}$, $\Gamma_{s,t} = g_s(\gamma([s,t]))$ となる（図 3.5 参照）．すなわち，$\omega_{s,t}$ は $\mathbb{H}$ から $\mathbb{H} \setminus \Gamma_{s,t}$ への流体力学的に正規化された等角写像と見なされ，3.2 節と同様の議論で $\overline{\mathbb{H}}$ からその上への連続写像に拡張されることが分かる．拡張された関数も便宜上同じ記号で表す．ここで (3.61) より

$$\mathrm{hcap}(\Gamma_{s,t}) = \mathrm{hcap}(\gamma([0,t])) - \mathrm{hcap}(\gamma([0,s])) = b(t) - b(s)$$

であることに注意しておく．$f_t = \omega_{0,t}$ による $\gamma(t)$ の逆像は 1 点であるから，それを

$$U_t = f_t^{-1}(\gamma(t)) = g_t(\gamma(t)) \in \mathbb{R} \quad (0 \leq t < T)$$

とおく．さて，$g(w) = \omega_{t,t+\delta}^{-1}(w + U_t) - U_t$ $(0 < \delta < T - t)$ に対して補題 30 を適用すると，$|w| > 8 \, \mathrm{rad}(\Gamma_{t,t+\delta} - U_t, 0) = 8 \, \mathrm{rad}(\Gamma_{t,t+\delta}, U_t)$ に対して

$$\left| g(w) - w - \frac{\mathrm{hcap}(\Gamma_{t,t+\delta})}{w} \right| \leq \frac{13 \, \mathrm{hcap}(\Gamma_{t,t+\delta}) \, \mathrm{rad}(\Gamma_{t,t+\delta}, U_t)}{|w|^2}$$

となるが，w を $g_t(w) - U_t$ に置き換えれば $g\bigl(g_t(w) - U_t\bigr) = \omega_{t,t+\delta}^{-1}(g_t(w)) - U_t = g_{t+\delta}(w) - U_t$ であることに注意して不等式

$$\left| g_{t+\delta}(w) - g_t(w) - \frac{b(t+\delta) - b(t)}{g_t(w) - U_t} \right| \leq \frac{13(b(t+\delta) - b(t)) \, \mathrm{rad}(\Gamma_{t,t+\delta}, U_t)}{|g_t(w) - U_t|^2}$$

が導かれる．この両辺を $\delta > 0$ で割って $\delta \to 0$ とすれば，$\mathrm{rad}(\Gamma_{t,t+\delta}, U_t) \leq \mathrm{diam}\,\Gamma_{t,t+\delta} = \mathrm{diam}\,g_t(\gamma([t, t+\delta])) \to 0$ であることから

$$\lim_{\delta \downarrow 0} \frac{g_{t+\delta}(w) - g_t(w)}{\delta} = \frac{b'(t)}{g_t(w) - U_t} \quad (w \in D_t)$$

が得られる．これで右微分については (3.64) が示された．次に左微分について考える．$f_t : \mathbb{H} \to \mathbb{H} \setminus \gamma([0, t])$ が $\overline{\mathbb{H}}$ からそれ自身への連続写像に拡張されていたことを思い出そう．$0 \leq s < t$ に対して $J_{s,t} = f_t^{-1}(\gamma([s, t])) \subset \mathbb{R}$ とおけば，$\mathrm{diam}\,J_{s,t} \to 0$ $(s \uparrow t)$ となることに注意する．そこで，$0 < \delta < t$ に対して $f(z) = \omega_{t-\delta, t}(z + U_t) - U_t$ を考えると，これは補題 30 の仮定を満たすので，(3.62) から $|z| \geq 2\,\mathrm{rad}(J_{t-\delta, t} - U_t, 0) = 2\,\mathrm{rad}(J_{t-\delta, t}, U_t)$ に対して

$$\left| f(z) - z + \frac{b(t) - b(t-\delta)}{z} \right| \leq \frac{2(b(t) - b(t-\delta))\,\mathrm{rad}(J_{t-\delta, t}, U_t)}{|z|^2}$$

が成り立つ．そこで $z = g_t(w) - U_t$ をこの不等式に代入すれば，先と同様にして左微分についても (3.64) が成り立つことが確かめられる．なお，この U_t が t について連続であることは，3.2 節と同様の議論により示される．□

さて，与えられた $t \geq 0$ の実数値連続関数 U_t に対して微分方程式 (3.65) と初期条件 $g_0(w) = w$ $(w \in \mathbb{H})$ を満たす初期値問題の解 $g_t(w)$ を考えよう．この場合は必ずしも解がずっと延長されるわけではないので，各 $w \in \mathbb{H}$ に対して解 $g_t(w)$ が上半平面内に存在するような最大の区間を $[0, \tau)$ とする．$\tau = \tau(w)$ はしばしば曲線 $g_t(w)$ の**生存時間** (lifetime) とも呼ばれる．$t = \tau$ では解がもうそれ以上接続できないという状態なので $\tau < +\infty$ の場合は $g_\tau(w) = \lim_{t \uparrow \tau} g_t(w) \in \mathbb{R} \cup \{\infty\}$ となっている．そこで $D_t = \{w \in \mathbb{H} : \tau(w) > t\}$ とすると，定理 26 と同様にして $g_t : D_t \to \mathbb{H}$ が等角（同相）写像であることがわかる（詳しくは [25] などを参照のこと）．ただし，一般には $K_t = \mathbb{H} \setminus D_t$ が単純曲線の増大列を表すという保証はない．そのための十分条件としてたとえばある定数 $0 < r < \sqrt{2}$ に対して $|U_t - U_s| \leq r\sqrt{t - s}$ $(0 \leq s \leq t < +\infty)$ であればよいことが知られている（[25, p. 108]）．この条件は U_t が指数 $1/2$ のヘルダー連続関数であり，そのノルムが十分小さいことを意味している．

1次元ブラウン運動は確率1で指数 1/2 のヘルダー連続曲線になることが知られているが，シュラム (Schramm) は 2,000 年頃に定数 $\kappa > 0$ に対してブラウン運動に $\sqrt{\kappa}$ を乗じた $U_t = \sqrt{\kappa} B_t$ を駆動関数として微分方程式 (3.65) に入れて定まる確率過程

$$\dot{g}_t(w) = \frac{2}{g_t(w) - \sqrt{\kappa} B_t}$$

を考え，これが共形不変な2次元統計力学モデルをよく表すことを見抜いた．特にこれを用いて平面ブラウン運動が囲む領域の境界のハウスドルフ次元が 4/3 になるであろうという**マンデルブロ (Mandelbrot) 予想**を 2001 年にローラー (Lawler) とヴェルナー (Werner) との共著論文において証明し，研究者たちを驚かせた．マンデルブロはコンピュータシミュレーションによって 4/3 という値を導いていたが，多くの研究者は 4/3 がただの近似値であって真値は別と考えていたからである．その頃からこの理論は注目を集め，現在この確率過程は**シュラム・レヴナー発展** (Schramm-Löwner evolution) SLE_κ と呼ばれ盛んに研究が進められている．κ の値に応じてどのような統計力学モデルに対応するのかを以下の表にまとめておいた．詳細については [25] や [20] の §11.4 などを参照されたい．

表 3.2 SLE_κ 対応表

$\kappa = 2$	ループ除去ランダムウォーク (loop-erased random walk)
$\kappa = 8/3$	自己回避ウォーク (self-avoiding random walk)
$\kappa = 3$	イジング模型の界面のスケール極限
$\kappa = 4$	ガウス自由場の積分路
$\kappa \leq 4$	K_t が単純曲線を表す
$\kappa = 6$	三角格子の臨界パーコレーションのスケール極限
$\kappa = 8$	一様スパニングツリーとその双対を分離する経路
$\kappa \geq 8$	平面充填曲線

4 ビーベルバッハ予想の証明

4.1 アスキー・ガスパーの不等式

直交多項式系の一つとしてルジャンドル多項式を一般化した**ヤコビ多項式**と呼ばれる一連の多項式がある．これは任意の定数 $\alpha > -1, \beta > -1$ に対して，次の直交関係と正規化条件から一意的に定まる実変数 X の k 次多項式の族 $P_k^{(\alpha,\beta)}(X)$ $(k = 0, 1, 2, \dots)$ である：

$$\int_{-1}^{1} P_k^{(\alpha,\beta)}(X) P_m^{(\alpha,\beta)}(X)(1-X)^\alpha (1+X)^\beta dX = 0 \quad (k \neq m),$$

$$P_k^{(\alpha,\beta)}(1) = \binom{k+\alpha}{k} = \frac{(\alpha+1)_k}{k!} \quad (k = 0, 1, 2, \dots).$$

$\alpha = \beta = 0$ の場合が**ルジャンドル多項式**にほかならない．積分区間の端点 $-1, 1$ を $0, 1$ と正規化した方が単位円板上の関数論を運用する上では便利なことも多いので，ここでは

$$x = \frac{1-X}{2} \quad \text{すなわち} \quad X = 1 - 2x$$

という変換を考え，

$$p_k^{(\alpha,\beta)}(x) = P_k^{(\alpha,\beta)}(1-2x)$$

を考察する．ヤコビ多項式は超幾何関数を用いて表されることが知られているが，以下では直交関係式は必要ないので，簡単のため最初から $p_k^{(\alpha,\beta)}(x)$ が超幾何関数を用いて次のように定義されているとして話を進める：

$$\begin{aligned}
p_k^{(\alpha,\beta)}(x) &= \frac{(\alpha+1)_k}{k!} {}_2F_1(-k, k+\alpha+\beta+1, \alpha+1, x) \\
&= \frac{(\alpha+1)_k}{k!} \sum_{j=0}^{k} \frac{(-k)_j (k+\alpha+\beta+1)_j}{(\alpha+1)_j j!} x^j \\
&= (\alpha+1)_k \sum_{j=0}^{k} \frac{(k+\alpha+\beta+1)_j}{(\alpha+1)_j (k-j)! j!} (-x)^j.
\end{aligned}$$

なお，ここで次の等式を用いた：

$$(-k)_j = (-1)^j \frac{k!}{(k-j)!} \quad (0 \leq j \leq k). \tag{3.66}$$

以下で必要となるアスキー・ガスパーの不等式を示すために鍵となるのがクラウセン (Clausen) の公式であるが，それを述べるために**一般超幾何関数** $_3F_2$ を導入する：

$$_3F_2(a_1,a_2,a_3;b_1,b_2;z) = \sum_{n=0}^{\infty} \frac{(a_1)_n(a_2)_n(a_3)_n}{(b_1)_n(b_2)_n n!} z^n \quad (|z|<1),$$

ただしここに a_1,a_2,a_3,b_1,b_2 はパラメータで，$b_1,b_2 \neq 0,-1,-2,\ldots$ とする．この関数 $w = {}_3F_2(a_1,a_2,a_3;b_1,b_2;z)$ は微分方程式

$$z^2(1-z)w''' - [(3+a_1+a_2+a_3)z^2 - (1+b_1+b_2)z]w'' \tag{3.67}$$
$$+ [b_1b_2 - (1+a_1+a_2+a_3+a_1a_2+a_2a_3+a_3a_1)z]w' - a_1a_2a_3 w = 0$$

を満たす．これを見るには，${}_3F_2(a_1,a_2,a_3;b_1,b_2;z) = \sum_n A_n z^n$ と略記した時，(3.67) の左辺における z^n の係数が

$$n(n^2-1)A_{n+1} - n(n-1)(n-2)A_n - (3+a_1+a_2+a_3)n(n-1)A_n$$
$$+ (1+b_1+b_2)n(n+1)A_{n+1} + b_1b_2(n+1)A_{n+1}$$
$$- (1+a_1+a_2+a_3+a_1a_2+a_2a_3+a_3a_1)nA_n - a_1a_2a_3 A_n$$

となるので，関係式

$$A_{n+1} = \frac{(a_1+n)(a_2+n)(a_3+n)}{(b_1+n)(b_2+n)(1+n)} A_n$$

を用いて，これが 0 になっていることを直接計算によって確かめればよい．

定理 32（クラウセンの公式）．

$$\left[{}_2F_1\left(\alpha,\beta;\alpha+\beta+\frac{1}{2};z\right)\right]^2 = {}_3F_2\left(2\alpha,2\beta,\alpha+\beta;2\alpha+2\beta,\alpha+\beta+\frac{1}{2};z\right).$$

証明. まずクラウセンの公式の右辺を $f(z)$ とおけば, (3.67) の特別な場合として関数 $w = f(z)$ は微分方程式

$$z^2(1-z)w''' - 3\left[(\alpha+\beta+1)z^2 - \left(\alpha+\beta+\frac{1}{2}\right)z\right]w'' - 4\alpha\beta(\alpha+\beta)w$$
$$+ [(\alpha+\beta)(2\alpha+2\beta+1) - (1+3\alpha+3\beta+2\alpha^2+8\alpha\beta+2\beta^2)z]w' = 0 \tag{3.68}$$

を満たす. 次に

$$g(z) = {}_2F_1\left(\alpha, \beta; \alpha+\beta+\frac{1}{2}; z\right)$$

とおけば, $u = g(z)$ はガウスの超幾何微分方程式（2 章 (2.72)）を満たすので

$$z(1-z)u'' + \left[\alpha+\beta+\frac{1}{2} - (\alpha+\beta+1)z\right]u' - \alpha\beta u = 0 \tag{3.69}$$

が成り立つ. これを再度微分して

$$z(1-z)u''' + \left[\alpha+\beta+\frac{3}{2} - (\alpha+\beta+3)z\right]u'' - (\alpha+1)(\beta+1)u' = 0 \tag{3.70}$$

を得る. $w = u^2$ として, $w' = 2uu'$, $w'' = 2uu'' + 2(u')^2$, $w''' = 2uu''' + 6u'u''$ を式 (3.68) の左辺に代入し, u''' の項を (3.70) を用いて消去して整理すれば (3.69) から 0 になることが分かる. すなわち, $w = u^2$ もやはり微分方程式 (3.68) を満たすことが分かる. ここで直接計算により $w = f(z)$, $w = g(z)^2$ がともに同じ初期条件

$$w(0) = 1, \quad w'(0) = \frac{4\alpha\beta}{2\alpha+2\beta+1}, \quad w''(0) = \frac{8\alpha\beta(2\alpha+1)(2\beta+1)(\alpha+\beta+1)}{(2\alpha+2\beta+1)^2(2\alpha+2\beta+3)}$$

を満たすことが分かるので, 微分方程式の初期値問題の解の一意性から $f(z) = g(z)^2$ が従う. □

準備が整ったので**アスキー・ガスパー の不等式** (Askey-Gasper [4], 1976 年) を示そう. これは 1908 年にフェイェール (Fejér) がルジャンドル多項式（すなわち $\alpha = 0$ の場合）に対して示したものを拡張した形となっている. なお, 原論文において不等式は $\alpha \geq -2$ に対して示されていたが, ここでは簡単のため $\alpha > -1$ を仮定する.

定理 33（アスキー・ガスパーの不等式）． 任意の $\alpha > -1$ と $0 \leq x \leq 1$ に対して次の不等式が成り立つ：

$$\sum_{k=0}^{n} p_k^{(\alpha,0)}(x) \geq 0.$$

証明． $a = \alpha + 1 > 0$ とおき，$(a)_k(a+k)_j = (a)_{k+j}$ に注意して和の順序を交換すると

$$\sum_{k=0}^{n} p_k^{(\alpha,0)}(x) = \sum_{k=0}^{n}(\alpha+1)_k \sum_{j=0}^{k} \frac{(\alpha+k+1)_j}{(\alpha+1)_j(k-j)!j!}(-x)^j$$

$$= \sum_{j=0}^{n} \frac{(-x)^j}{(a)_j j!} \sum_{k=j}^{n} \frac{(a)_{k+j}}{(k-j)!}$$

$$= \sum_{j=0}^{n} \frac{(-x)^j}{(a)_j j!} \sum_{k=0}^{n-j} \frac{(a)_{k+2j}}{k!}$$

と変形できる．ここで，一般に

$$\sum_{k=0}^{n} \frac{(a)_k}{k!} = \frac{(a+1)_n}{n!}$$

であることが帰納法を用いて容易に示されるので，

$$(a)_{k+2j} = (a)_{2j}(a+2j)_k$$

を用いてさらに変形を続けると

$$\sum_{k=0}^{n} p_k^{(\alpha,0)}(x) = \sum_{j=0}^{n} \frac{(-x)^j}{(a)_j j!} \sum_{k=0}^{n-j} \frac{(a)_{2j}(a+2j)_k}{k!}$$

$$= \sum_{j=0}^{n} \frac{(-x)^j}{(a)_j j!} \cdot \frac{(a)_{2j}(a+2j+1)_{n-j}}{(n-j)!} \quad (3.71)$$

となる．さらに，(3.66) より $(n-j)! = (-1)^j n!/(-n)_j$ と関係式

$$(a+1)_{2j}(a+2j+1)_{n-j} = (a+1)_{n+j} = (a+1)_n(a+n+1)_j$$

を用いると

$$\sum_{k=0}^{n} p_k^{(\alpha,0)}(x) = \sum_{j=0}^{n} \frac{(-n)_j (a)_{2j} (a+2j+1)_{n-j}}{(-1)^j n! (a)_j j!} (-x)^j$$

$$= \frac{(a+1)_n}{n!} \sum_{j=0}^{n} \frac{(-n)_j (a+n+1)_j (a)_{2j}}{(a)_j (a+1)_{2j} j!} x^j$$

$$= \frac{(a+1)_n}{n!} \sum_{j=0}^{n} \frac{(-n)_j (a+n+1)_j (\frac{a}{2})_j}{(a)_j (\frac{a}{2}+1)_j j!} x^j$$

$$= \frac{(a+1)_n}{n!} {}_3F_2\Big(-n, n+a+1, \frac{a}{2}; a, \frac{a}{2}+1; x\Big)$$

が最終的に得られる．ただし，途中で

$$\frac{(a)_{2j}}{(a+1)_{2j}} = \frac{a}{a+2j} = \frac{a/2}{a/2+j} = \frac{(a/2)_j}{(a/2+1)_j}$$

を用いた．正値性を示すためにはここでクラウセンの公式が使えればいいのだが，実に惜しいことに $_3F_2$ において3番目のパラメータが $(a+1)/2$ ではなく $a/2$ であることなどにより直接には適用できない．そこで，次の**アスキー・ガスパーの等式**を用いる：

$$\frac{(a+1)_n}{n!} {}_3F_2\Big(-n, n+a+1, \frac{a}{2}; a, \frac{a}{2}+1; x\Big) =$$
$$\sum_{0 \le j \le \frac{n}{2}} \frac{(\frac{1}{2})_j (\frac{a+1}{2})_{n-j} (\frac{a}{2}+1)_{n-2j} (a)_{n-2j}}{(\frac{a}{2}+1)_{n-j} (\frac{a}{2})_{n-2j} (n-2j)! j!} {}_3F_2\Big(-n+2j, n-2j+a, \frac{a}{2}; a, \frac{a+1}{2}; x\Big)$$

これが示されれば，あとはクラウセンの公式から

$${}_3F_2\Big(-n+2j, n-2j+a, \frac{a}{2}; a, \frac{a+1}{2}; x\Big) = \left[{}_2F_1\Big(-\frac{n}{2}+j, \frac{n+a}{2}-j; \frac{a+1}{2}; x\Big)\right]^2$$

であるので定理の結論が従う．アスキー・ガスパーの等式を示すには両辺における各 x^m ($0 \le m \le n$) の係数が等しいこと，すなわち

$$\frac{(a+1)_n(-n)_m(n+a+1)_m(\frac{a}{2})_m}{n!(a)_m(\frac{a}{2}+1)_m m!} =$$
$$\sum_{0 \leq 2j \leq n-m} \frac{(\frac{1}{2})_j (\frac{a+1}{2})_{n-j} (\frac{a}{2}+1)_{n-2j}(a)_{n-2j}(-n+2j)_m(n-2j+a)_m(\frac{a}{2})_m}{(\frac{a}{2}+1)_{n-j}(\frac{a}{2})_{n-2j}(n-2j)! j! (a)_m (\frac{a+1}{2})_m m!}$$

が成り立つことを言えばよい．両辺を左辺で割れば，右辺の和は

$$\sum_{0 \leq 2j \leq n-m} \frac{n!(\frac{a}{2}+1)_m (\frac{1}{2})_j (\frac{a+1}{2})_{n-j}(\frac{a}{2}+1)_{n-2j}(a)_{n-2j}(-n+2j)_m(n-2j+a)_m}{(a+1)_n(-n)_m(n+a+1)_m(\frac{a+2}{2})_{n-j}(\frac{a}{2})_{n-2j}(n-2j)! j! (\frac{a+1}{2})_m}$$

の形となる．簡単のため，この和における各項を $A_{m,j}$ とおけば，各 $m = 0, 1, \ldots, n$ に対して

$$A_{m,0} + \cdots + A_{m,k} = 1, \quad k = \left[\frac{n-m}{2}\right] \tag{3.72}$$

であることを示せばよい．ここで $[x]$ は**ガウス記号**，すなわち x を超えない最大の整数を表す．そこで，やや天下り的だが，

$$R_{m,j} = \frac{(2j-1)(n-m-2j+1)(n-m-2j+2)(2n-2j+2+a)}{(2m+a+1)(n-m)(n+m+a+1)(2n-4j+4+a)}$$

に対して $B_{m,j} = R_{m,j} A_{m,j-1}$ とおけば，

$$A_{m+1,j} - A_{m,j} = B_{m,j+1} - B_{m,j} \quad (0 \leq m \leq n,\ 0 \leq 2j \leq n-m) \tag{3.73}$$

が成り立つ（ただし，$A_{m,-1} = 0$ かつ $2j = n-m$ の時は $A_{m+1,j} = 0$ とする）．実際，これが成り立つことを見るにはこの両辺を $A_{m,j}$ で割った式

$$\frac{A_{m+1,j}}{A_{m,j}} - 1 = R_{m,j+1} - R_{m,j} \frac{A_{m,j-1}}{A_{m,j}}$$

を示せばよいが，これには

$$\frac{A_{m+1,j}}{A_{m,j}} = \frac{(2m+a+2)(n-m-2j)(n+m-2j+a)}{(2m+a+1)(n-m)(n+m+a+1)},$$
$$\frac{A_{m,j-1}}{A_{m,j}} = \frac{2j(n+m-2j+a)(n+m-2j+1+a)(2n-2j+1+a)(2n-4j+4+a)}{(2j-1)(n-m-2j+1)(n-m-2j+2)(2n-4j+a)(2n-2j+2+a)}$$

に注意してひたすら代数的な計算を行えばよい．

では最後に (3.72) を示そう．$m = n$ から始めて順次 m を下げていく帰納法により証明する．まず $m = n$ の場合は $A_{n,0} = 1$ であることから (3.72) がただちに分かる．$m + 1$ の時には成り立つと仮定して m の時に示すことを考える．$k = [(n-m)/2]$ とおけば $n - m = 2k$ または $n - m = 2k + 1$ であり，式 (3.73) を $j = 0, 1, \ldots, k = [(n-m)/2]$ について足し合わせると

$$\sum_{j=0}^{k} A_{m+1,j} - \sum_{j=0}^{k} A_{m,j} = B_{m,k+1} - B_{m,0} = 0$$

が得られる．$n-m$ が偶数の時，すなわち $m = n-2k$ の時は $\left[\dfrac{n-(m+1)}{2}\right] = k-1$ であるから，帰納法の仮定により

$$\sum_{j=0}^{k} A_{m,j} = \sum_{j=0}^{k} A_{m+1,j} = \sum_{j=0}^{k-1} A_{m+1,j} = 1$$

であり，$n-m$ が奇数の時，すなわち $m = n-2k-1$ の時は $\left[\dfrac{n-(m+1)}{2}\right] = k$ より同様に (3.72) が m で成り立つことが分かる．このようにして (3.72) がすべての $0 \leq m \leq n$ に対して示される．よってアスキー・ガスパーの等式の証明が完了した． □

上記証明においてアスキー・ガスパーの等式を示すのに用いた方法は一般に**ウィルフ・ジールバーガー (Wilf-Zeilberger) 法**または単にWZ法と呼ばれる．また，(3.73) を満たす数列 $A_{m,j}, B_{m,j}$ は彼らの名を取って**WZ対**とも呼ばれ，超幾何級数に関連する等式を示すのに広く用いられる．たとえば，クラウセンの公式（定理32）はこの方法によっても示される．詳細については [21] の 6,7 章を参照されたい．この WZ 法は与えられた等式を示すのには有効であるが，等式の形をどのように推測するかということについては無力と言ってよい．アスキーとガスパー [4] は $_3F_2$ のオイラー型の積分表示により彼らの等式を得たが，本書では必要な予備知識を減らすため，WZ 法を用いた．

4.2 ド・ブランジュ関数系

ド・ブランジュはビーベルバッハ予想の証明のために自然数 k, n $(k \leq n)$ に対して次の関数系を導入した：

$$\tau_{n,k}(t) = k \sum_{j=0}^{n-k} (-1)^j \frac{(2k+j+1)_j (2k+2j+2)_{n-k-j}}{(k+j)j!(n-k-j)!} e^{-(k+j)t}. \quad (3.74)$$

この関数系は次の線形微分方程式系を満たすことが直接計算により分かる：

$$\tau_{n,k}(t) - \tau_{n,k+1}(t) = -\frac{\tau'_{n,k}(t)}{k} - \frac{\tau'_{n,k+1}(t)}{k+1} \quad (k=1,2,\ldots,n). \quad (3.75)$$

ただし，ここで $\tau_{n,n+1}(t) = 0$ としておく．次の補題が成り立つことに注意する．

補題 34. $1 \leq k \leq n$ に対して次の等式が成り立つ．

(i) $\tau'_{n,k}(t) = -k e^{-kt} \sum_{m=0}^{n-k} p_m^{(2k,0)}(e^{-t})$.

(ii) $\tau_{n,k}(0) = n - k + 1$.

証明． (3.71) において $\alpha = a - 1 = 2k$ とし，n を $n - k$ で置き換えれば

$$\sum_{m=0}^{n-k} p_m^{(2k,0)}(x) = \sum_{j=0}^{n-k} \frac{(-x)^j}{(2k+1)_j j!} \cdot \frac{(2k+1)_{2j}(2k+2j+2)_{n-k-j}}{(n-k-j)!}$$

$$= \sum_{j=0}^{n-k} (-1)^j \frac{(2k+j+1)_j (2k+2j+2)_{n-k-j}}{j!(n-k-j)!} x^j$$

であるから，

$$\tau'_{n,k}(t) = -k \sum_{j=0}^{n-k} (-1)^j \frac{(2k+j+1)_j (2k+2j+2)_{n-k-j}}{j!(n-k-j)!} e^{-(k+j)t}$$

$$= -k e^{-kt} \sum_{m=0}^{n-k} p_m^{(2k,0)}(e^{-t})$$

が成り立ち，(i) が示された．

次に $p_m^{(2k,0)}(1) = \dfrac{(2k+1)_m}{m!} {}_2F_1(-m, m+2k+1; 2k+1; 1)$ を計算する．これは超幾何関数 ${}_2F_1(a,b;c;z)$ が $a+b=c$ を満たす"釣り合った" (balanced) 状況であり，そのままでは 2 章のガウスの公式 (2.77) が適用できない．そこで $\varepsilon > 0$ を b から引くことでガウスの公式を適用し $\varepsilon \to 0$ とするという方針を採る．まず (2.77) により

$$\begin{aligned}
&{}_2F_1(-m, m+2k+1-\varepsilon; 2k+1; 1) \\
&= \frac{\Gamma(2k+1)\Gamma(\varepsilon)}{\Gamma(2k+m+1)\Gamma(-m+\varepsilon)} \\
&= \frac{(2k)!(\varepsilon-1)(\varepsilon-2)\cdots(\varepsilon-m)}{(2k+m)!} \\
&\to (-1)^m \frac{(2k)!m!}{(2k+m)!} = (-1)^m \frac{m!}{(2k+1)_m} \quad (\varepsilon \downarrow 0)
\end{aligned}$$

が得られる．一方，${}_2F_1(-m, m+2k+1-\varepsilon; 2k+1; x)$ は m 次多項式であるから係数について連続であり，したがって

$$p_m^{(2k,0)}(1) = \frac{(2k+1)_m}{m!} \lim_{\varepsilon \downarrow 0} {}_2F_1(-m, m+2k+1-\varepsilon; 2k+1; 1) = (-1)^m$$

となる．これと (i) の結果を組み合わせて

$$\begin{aligned}
\tau'_{n,k}(0) &= -k \sum_{m=0}^{n-k} p_m^{(2k,0)}(1) = -k \sum_{m=0}^{n-k} (-1)^m \\
&= \begin{cases} -k & (n-k \text{ が偶数の時}) \\ 0 & (n-k \text{ が奇数の時}) \end{cases}
\end{aligned}$$

であることが分かり，さらに (3.75) より $\tau_{n,k}(0) - \tau_{n,k+1}(0) = 1$ ($k = 1, 2, \ldots, n$) が従う．$\tau_{n,n+1}(0) = 0$ であることから，(ii) の主張が得られる． $\square$

最後にアスキー・ガスパーの不等式と補題 34 を組み合わせて次の定理が得られる．

定理 35. 各 $k = 1, 2, \ldots, n$ に対して $\tau'_{n,k}(t) \leq 0$ $(0 \leq t < +\infty)$ が成り立つ.

$\tau'_{n,k}(t)$ は補題 34 (i) から分かるように e^{-t} の多項式であるから,高々有限個の t を除いて $\tau'_{n,k}(t) < 0$ である.実際,すべての $t \geq 0$ でこのことが言えるが,以下ではそこまで必要ないので上記の主張に留めた.詳しくは [4] を参照のこと.

4.3 ミリン予想の証明

単葉関数 $f \in \mathcal{S}$ の対数係数 γ_n は $\log[f(z)/z] = 2\sum_n \gamma_n z^n$ により定義されたことを思い出そう.ド・ブランジュ [8] はミリン予想を肯定的に解決し,次の定理を証明した.2.3 節で述べたように,このことからビーベルバッハ予想が従うのである.

定理 36(ド・ブランジュの定理). $f \in \mathcal{S}$ とし,γ_n $(n = 1, 2, 3, \ldots)$ をその対数係数とすれば次の不等式が成り立つ:

$$\sum_{k=1}^n (n-k+1)\left(k|\gamma_k|^2 - \frac{1}{k}\right) \leq 0 \quad (n = 1, 2, 3, \ldots). \tag{3.76}$$

さらに,ある $n \geq 1$ について等号が成り立つのは,$f(z)$ がケーベ関数の回転である時に限る.

系. 単位円板上の単葉正則関数 $f(z) = z + a_2 z^2 + \cdots$ に対して不等式

$$|a_n| \leq n \quad (n = 2, 3, 4, \ldots)$$

が成り立ち,しかも f がケーベ関数 $K(z) = z(1-z)^{-2}$ の回転でない限り真の不等号が成立する.

ここではフィッツジェラルドとポメレンケ [11] によって簡略化された方法に従って証明を行う.

証明. 補題 24 により, f がスリット写像である場合に (3.76) を示せば十分である. そこで, $f_t(z) = f(z,t)$ $(0 \leq t < +\infty)$ を f に付随する正規化されたレヴナー連鎖とし, 連続関数 $\kappa(t)$ $(|\kappa(t)| \equiv 1)$ に対して $f(z,t)$ がレヴナーの偏微分方程式 (3.39) を満たすとする. $e^{-t}f_t \in \mathcal{S}$ であったことを思い出すと, その対数係数は t の連続関数として表される:

$$\log \frac{f(z,t)}{e^t z} = 2 \sum_{n=1}^{\infty} \gamma_n(t) z^n \quad (z \in \mathbb{D}).$$

この式の両辺を t について偏微分し, (3.39) を用いると

$$\begin{aligned} 2 \sum_{n=1}^{\infty} \gamma_n'(t) z^n &= \frac{\dot{f}(z,t)}{f(z,t)} - 1 \\ &= \frac{1 + \kappa(t)z}{1 - \kappa(t)z} \cdot \frac{zf'(z,t)}{f(z,t)} - 1 \\ &= \left(1 + 2\sum_{n=1}^{\infty} \kappa(t)^n z^n\right)\left(1 + 2\sum_{n=1}^{\infty} n\gamma_n(t) z^n\right) - 1 \end{aligned}$$

となる. そこで z^n の係数を比較すると

$$\gamma_n'(t) = 2 \sum_{k=1}^{n-1} k\kappa(t)^{n-k} \gamma_k(t) + n\gamma_n(t) + \kappa(t)^n \quad (n=1,2,\dots) \tag{3.77}$$

が得られ,

$$\beta_0(t) = 0, \quad \beta_n(t) = \sum_{k=1}^{n} k\gamma_k(t)\kappa(t)^{-k} \quad (n=1,2,\dots)$$

とおけばさらに (3.77) は

$$\gamma_n'(t) = \kappa(t)^n \left[\beta_n(t) + \beta_{n-1}(t) + 1\right] \quad (n=1,2,\dots) \tag{3.78}$$

と簡略化される. そこで,

$$\varphi_n(t) = \sum_{k=1}^{n} \left(k|\gamma_k(t)|^2 - \frac{1}{k}\right) \tau_{n,k}(t) \quad (0 \leq t < +\infty) \tag{3.79}$$

とおく．$|\gamma_n(t)|^2 = \gamma_n(t)\bar{\gamma}_n(t)$（ここで $\bar{\gamma}_n(t) = \overline{\gamma_n(t)}$）に注意して微分すると

$$\varphi_n'(t) = \sum_{k=1}^n 2k \operatorname{Re}\left[\gamma_k'(t)\bar{\gamma}_k(t)\right]\tau_{n,k}(t) + \sum_{k=1}^n \left(k|\gamma_k(t)|^2 - \frac{1}{k}\right)\tau_{n,k}'(t)$$

となる．$\beta_n(t)$ の定義から $k\gamma_k(t) = \kappa(t)^k[\beta_k(t) - \beta_{k-1}(t)]$ であるから，(3.78) と合わせて

$$\begin{aligned}k\operatorname{Re}\left[\gamma_k'(t)\bar{\gamma}_k(t)\right] &= \operatorname{Re}\left[(\beta_k(t) + \beta_{k-1}(t) + 1)(\bar{\beta}_k(t) - \bar{\beta}_{k-1}(t))\right] \\ &= |\beta_k(t)|^2 - |\beta_{k-1}(t)|^2 + \operatorname{Re}\beta_k(t) - \operatorname{Re}\beta_{k-1}(t) \\ &= \alpha_k(t) - \alpha_{k-1}(t)\end{aligned}$$

と表される．ただし，ここに $\alpha_k(t) = |\beta_k(t)|^2 + \operatorname{Re}\beta_k(t)$ とした．これを $\varphi_n'(t)$ の式に代入し，$\alpha_0 = \tau_{n+1} = 0$ に注意してアーベルの級数変化法を用いると

$$\begin{aligned}\varphi_n'(t) &= 2\sum_{k=1}^n \left(\alpha_k(t) - \alpha_{k-1}(t)\right)\tau_{n,k}(t) + \sum_{k=1}^n \left(k|\gamma_k(t)|^2 - \frac{1}{k}\right)\tau_{n,k}'(t) \\ &= 2\sum_{k=1}^n \alpha_k(t)\bigl(\tau_{n,k}(t) - \tau_{n,k+1}(t)\bigr) + \sum_{k=1}^n \bigl(|\beta_k(t) - \beta_{k-1}(t)|^2 - 1\bigr)\frac{\tau_{n,k}'(t)}{k}\end{aligned}$$

となる．最後の式における最初の和をド・ブランジュの微分方程式 (3.75) を使って変形すると

$$\begin{aligned}\sum_{k=1}^n \alpha_k(t)(\tau_{n,k}(t) - \tau_{n,k+1}(t)) &= -\sum_{k=1}^n \alpha_k(t)\left(\frac{\tau_{n,k}'(t)}{k} + \frac{\tau_{n,k+1}'(t)}{k+1}\right) \\ &= -\sum_{k=1}^n (\alpha_k(t) + \alpha_{k-1}(t))\frac{\tau_{n,k}'(t)}{k}\end{aligned}$$

となり，最後に

$$\begin{aligned}&2(\alpha_k + \alpha_{k-1}) - |\beta_k - \beta_{k-1}|^2 + 1 \\ &= 2\bigl(|\beta_k|^2 + \operatorname{Re}\beta_k + |\beta_{k-1}|^2 + \operatorname{Re}\beta_{k-1}\bigr) - \bigl(|\beta_k|^2 - 2\operatorname{Re}[\beta_k\bar{\beta}_{k-1}] + |\beta_{k-1}|^2\bigr) + 1 \\ &= |\beta_k|^2 + |\beta_{k-1}|^2 + 1 + 2\operatorname{Re}\beta_k + 2\operatorname{Re}\beta_{k-1} + 2\operatorname{Re}[\beta_k\bar{\beta}_{k-1}] \\ &= \bigl|\beta_k + \beta_{k-1} + 1\bigr|^2\end{aligned}$$

に注意して
$$\varphi'_n(t) = -\sum_{k=1}^{n} |\beta_k(t) + \beta_{k-1}(t) + 1|^2 \frac{\tau'_{n,k}(t)}{k} \tag{3.80}$$
という表示式を得る．よって，定理 35 より
$$0 \leq \varphi'_n(t) \quad (0 \leq t < +\infty)$$
が従う．定義式 (3.74) より $\tau_{n,k}(t) \to 0 \ (t \to +\infty)$ が各 $k = 1, 2, \ldots, n$ について成り立つが，2.1 節で見たように各 $\gamma_k(t)$ は有界なので，$\varphi_n(t) \to 0 \ (t \to +\infty)$ が成り立つことに注意する．したがって上の不等式を積分して
$$0 \leq \int_0^{+\infty} \varphi'_n(t) dt = -\varphi_n(0) = -\sum_{k=1}^{n} \left(k|\gamma_k|^2 - \frac{1}{k} \right)(n - k + 1) \tag{3.81}$$
が導かれる．ただし，ここで構成から $\gamma_k(0) = \gamma_k$ であることと，補題 34 (ii) を用いた．これにより (3.76) が示された．

次に後半の主張を示す．そのために $\mathcal{S}$ に属する関数 $f(z) = z + a_2 z^2 + \cdots$ がケーベ関数の回転ではないとする．このとき，定理 1 から $|a_2| < 2$ であることに注意する．$f_m(z) = z + a_{2,m} z^2 + \cdots \ (m = 1, 2, \ldots)$ を $\mathcal{S}$ に属するスリット写像の列で，f に $\mathbb{D}$ 上広義一様収束するものとする．$f_m(z, t) = e^t(z + a_{2,m}(t) z^2 + \cdots)$ を $f_m(z)$ に付随するレヴナー連鎖とし，$\kappa_m(t)$ を対応する連続関数とする．さらに $f(z), f_m(z), e^{-t} f_m(z, t)$ の対数係数をそれぞれ $\gamma_n, \gamma_{n,m}, \gamma_{n,m}(t)$ とする．ワイエルシュトラスの 2 重級数定理から $a_{2,m} \to a_2 \ (m \to \infty)$ であるので，$|a_2|/2 < \alpha < 1$ に対して十分大きな m を取れば $|\gamma_{1,m}| = |a_{2,m}|/2 < \alpha$ が成り立つ．そこで (3.77) を $n = 1$ の場合に適用すると
$$|\gamma'_{1,m}(t)| = |\gamma_{1,m}(t) + \kappa_m(t)| \leq \frac{|a_{2,m}(t)|}{2} + 1 \leq 2$$
となるから，$t \geq 0$ に対して評価式
$$|\gamma_{1,m}(t)| = \left| \gamma_{1,m} + \int_0^t \gamma'_{1,m}(s) ds \right| \leq \alpha + 2t$$

が得られる．$\beta_1(t) + \beta_0(t) + 1 = \gamma_1(t)\bar{\kappa}(t) + 1$ に注意して (3.80) を用いると $0 \leq t \leq (1-\alpha)/2$ と十分大きな m に対して

$$\varphi'_{n,m}(t) \geq \left|\gamma_{1,m}(t)\bar{\kappa}_m(t) + 1\right|^2 \bigl(-\tau'_{n,1}(t)\bigr) \geq (1-\alpha-2t)^2 \bigl(-\tau'_{n,1}(t)\bigr)$$

が示される．そこで (3.81) より $t_0 = (1-\alpha)/4$ に対して

$$\sum_{k=1}^n \left(k|\gamma_{k,m}|^2 - \frac{1}{k}\right)(n-k+1) = -\int_0^\infty \varphi'_{1,n}(t)dt$$
$$\leq -\int_0^{t_0} \varphi'_{1,n}(t)dt \leq 4t_0^2 \int_0^{t_0} \tau'_{n,1}(t)dt =: L < 0$$

であるから，$m \to \infty$ として

$$\sum_{k=1}^n \left(k|\gamma_k|^2 - \frac{1}{k}\right)(n-k+1) \leq L < 0$$

が得られ，(3.76) において真の不等式が成り立つことが示された． □

以上の証明においてアスキー・ガスパーの不等式（定理 35）が本質的に重要な役割を果たしている．しかしながら，定理の核心部分はやはり (3.79) における関数 $\varphi_n(t)$ が t について単調で $t = 0$ の時にミリン予想に現れる量となるような特別な重み関数 $\tau_{n,k}(t)$ を構成したことにある．この種の結果は一度その構成が与えられれば，証明を追うことは比較的容易だが，構成そのものが極めて非自明で，創意工夫が求められるのである．

【文献案内】

本文中に必要な文献については記しておいたが，さらにこの先の理論を学びたい読者のためにいくつか紹介しておく．まず単葉函数論全般についてはド・ブランジュによるビーベルバッハ予想解決前の出版にはなるが，Duren [10] と Pommerenke [30] がいまだに標準的な教科書となっている．それ以外に Ahlfors [2] はレヴナー理論や単葉函数論における多くの重要なアイデアが明快に述べられており一読に値する．ビーベルバッハ予想の証明を含む最近の英文の教科書はいくつか出版されているが，アスキー・ガスパーの不等式（あるい

はそれに代わるもの）の証明まで含んだものは比較的少ないようである．既に言及した Gong [12] のほか，Henrici [14] が完全な証明を含むほか，Hayman [13] は Weinstein による簡易化 [44] を用いた証明を紹介している．ドイツ語にはなるが，Remmert-Schumacher [32] にも比較的簡潔な証明が盛り込まれている（その内容は同書の第3版から加わったものであり，Remmert による単著の英語版には含まれていないことに注意）．

付録

基礎事項の補足

A.1 コーシーの積分定理とその帰結

本文中に説明なしで用いられるコーシーの積分定理およびそれから導かれるいくつかの重要事項について簡単にまとめておこう．標準的な複素解析の教科書にはある程度書いてあることだが，やや込み入った内容についてはたとえば Ahlfors [3], 楠 [23], 辻 [41] を適宜参照していただきたい．

まずコーシーの積分定理から述べる．これは色々な定式化が知られているが，ここでは次の形で紹介しておく．以下簡単のため，特に断らない限り，領域 D は平面内の有界領域で，その境界 ∂D は有限個の連結成分 $C_1, \ldots, C_N$ からなり，各成分 C_j は区分的になめらかな（C^1 級の）ジョルダン曲線であるとする．また，曲線 C_j は領域に対して正の向き（つまり，曲線に沿って進むときに領域を左側に見るような向き）を持つとしておく．曲線 C_j を区分的 C^1 級の写像 $\gamma_j : [0,1] \to C_j$（ただし $\gamma_j(0) = \gamma_j(1)$）でパラメータ付けしておく．なお，このとき D は連結度 N の領域となっており，$N=1$ のときは単連結と呼ばれる．この付録において複素平面内の一般の領域を**平面領域**と呼び，少し記号を替えて Ω と表すこととする．

定理 1（コーシーの積分定理）．関数 $f(z)$ が $\overline{D} = D \cup \partial D$ 上で連続，D において正則とすると

$$\int_{\partial D} f(\zeta) d\zeta := \sum_{j=1}^{N} \int_{C_j} f(\zeta) d\zeta = 0$$

が成り立つ．

ここで複素線積分

$$\int_{C_j} f(\zeta)d\zeta = \int_0^1 f(\gamma_j(t))\gamma_j'(t)dt$$

はパラメータ γ_j のとり方にはよらずに定まることに注意する．より一般に $f(z)$ は D において高々有限個の極 $z_1,\ldots,z_k$ を除いて正則，境界 ∂D まで連続に拡張されるとする．十分小さい $\delta > 0$ を取って，各極を中心とする円板 $\Delta_j = \{z : |z-z_j| \leq \delta\}$ が互いに交わらず，D に含まれるようにする．そこで，$D_\delta = D \setminus \bigcup_{j=1}^k \Delta_j$ に対してコーシーの積分定理を用いると**留数定理**

$$\int_{\partial D} f(\zeta)d\zeta = 2\pi i \sum_{j=1}^k \mathrm{Res}\,(f(z), z_j)$$

が得られる．ここに

$$\mathrm{Res}\,(f(z), z_0) = \frac{1}{2\pi i} \int_{|z-z_0|=\delta} f(z)dz \quad (\delta > 0 \text{ は十分小})$$

は $f(z)$ の $z = z_0$ における**留数** (residue) と呼ばれる．$f(z)$ が $0 < |z-z_0| < \rho$ で正則ならばコーシーの積分定理により留数は $0 < \delta < \rho$ のとり方によらないことに注意する．$f(z)$ が z_0 のまわりで

$$f(z) = \sum_{n=-\infty}^\infty a_n(z-z_0)^n \quad (0 < |z-z_0| < \rho)$$

の形に**ローラン展開** (Laurent expansion) される時，$\mathrm{Res}\,(f(z), z_0) = a_{-1}$ で与えられるが，特に $f(z)$ が z_0 において高々 1 位の極しか持たないならば

$$\mathrm{Res}\,(f(z), z_0) = \lim_{z \to z_0} (z-z_0)f(z)$$

によって計算される．留数定理を関数 $f(z)/(z-z_0)$ に適用し，z_0 を z で置き換えれば次の**コーシーの積分公式**が得られる．

定理 2（コーシーの積分公式）． 関数 $f(z)$ が $\overline{D} = D \cup \partial D$ 上で連続，D において正則とすると

$$f(z) = \frac{1}{2\pi i} \int_{\partial D} \frac{f(\zeta)}{\zeta - z} d\zeta \quad (z \in D) \tag{A.1}$$

が成り立つ．

特に D が円板 $|z| < r$ の場合にコーシーの積分公式を適用すると，

$$f(z) = \frac{1}{2\pi i} \int_{|\zeta|=r} \frac{f(\zeta)}{\zeta - z} d\zeta \quad (|z| < r) \tag{A.2}$$

を得る．$|z| < r = |\zeta|$ に対して

$$\frac{1}{\zeta - z} = \frac{1}{\zeta} \cdot \frac{1}{1 - (z/\zeta)} = \sum_{n=0}^{\infty} \frac{z^n}{\zeta^{n+1}}$$

と展開されるので，これを (A.2) に代入して，無限和と積分の順序を交換すると

$$f(z) = \frac{1}{2\pi i} \sum_{n=0}^{\infty} z^n \int_{|\zeta|=r} \frac{f(\zeta)}{\zeta^{n+1}} d\zeta = \sum_{n=0}^{\infty} a_n z^n \tag{A.3}$$

というベキ級数展開を得る．ここで境界を $\zeta = re^{i\theta}$ $(0 \leq \theta \leq 2\pi)$ とパラメータ付けして計算すると $d\zeta = ire^{i\theta} d\theta = i\zeta d\theta$ であるから

$$a_n = \frac{1}{2\pi i} \int_{|\zeta|=r} \frac{f(\zeta)}{\zeta^{n+1}} d\zeta = \frac{1}{2\pi} \int_0^{2\pi} \frac{f(re^{i\theta})}{r^n e^{int}} d\theta \tag{A.4}$$

となり，特に $M(r) = \max_{|z|=r} |f(z)|$ とおけば

$$|a_n| \leq \frac{1}{2\pi} \int_0^{2\pi} \frac{|f(re^{i\theta})|}{r^n} d\theta \leq \frac{M(r)}{r^n} \tag{A.5}$$

を得る．これが**コーシーの係数評価**と呼ばれるものである．なお，$f(z)$ が全平面で有界ならば $M(r)/r^n \to 0$ $(r \to +\infty, n \geq 1)$ であるから $a_n = 0$ $(n \geq 1)$ となり**リューヴィルの定理**が示される．さて，$f(z)$ が $z = 0$ の近傍で恒等的

に定数でないとすれば，$n=0$ を除くすべての係数 a_n が 0 であることはない．そこで，$a_n \neq 0$ であるような最小の自然数 n を m とすれば，

$$f(z) - f(0) = \sum_{n=m}^{\infty} a_n z^n = a_m z^m (1 + g(z)),$$

ただし $g(z)$ は $z=0$ の近傍において正則で $g(z) \to 0 \ (z \to 0)$ を満たす．したがって，十分小さい $r_1 > 0$ をとれば $|g(z)| \leq 1/2 \ (|z| \leq r_1)$ とすることができるので，$0 < |z| \leq r_1$ に対して $|f(z)| \geq |a_m||z|^m(1-|g(z)|) \geq |a_m||z|^m/2 > 0$ が成り立つ．特に $f(0) = 0$ であったとして，$|z| \leq r_1$ には他の零点がないことになる．平行移動して任意の零点を $z=0$ に持っていくことができるので，($f(z) \equiv 0$ でない限り) $f(z)$ の零点は必ず孤立していることがわかる．このことと，領域の連結性から次の一致の定理が示される．

定理 3. $f(z)$ を平面領域 Ω 上の正則関数とする．もし Ω 内に集積点を持つ相異なる点からなる列 $z_k \ (k = 1, 2, 3, \ldots)$ に対して $f(z_k) = 0$ が成り立つならば，Ω 上で $f(z) \equiv 0$ である．

同じ状況のもとで，$f(0) = 0, \ |w| < |a_m| r_1^m / 2 = \rho$ とし，

$$\nu(w) = \frac{1}{2\pi i} \int_{|z|=r_1} \frac{f'(z) dz}{f(z) - w}$$

を考える．$\nu(w)$ はその形から $|w| < \rho$ において正則であるが，留数定理からそれは $f'(z)/(f(z) - w)$ の $|z| < r_1$ における留数の和，すなわち方程式 $f(z) = w$ の $|z| < r_1$ における（重複度を込めた）解の個数に等しい．特に $\nu(w)$ は整数値であり，その連続性から実際には $\nu(w)$ は $|w| < \rho$ において定数 $\nu(0)$ である．明らかに $\nu(0) = m \geq 1$ であり，特に f による円板 $|z| < r_1$ の像は $|w| < \rho$ を含むことがわかる．一般の点 z_0 については，$f(z)$ の代わりに $f(z + z_0) - f(z_0)$ を考えればよい．したがってこのことから非定数正則関数 $f(z)$ による各点 z_0 の近傍の像が $f(z_0)$ の近傍であることがわかり，特に f が開写像であることが従う．すなわち

定理 4（開写像性）. $f(z)$ を平面領域 Ω 上の非定数正則関数とする．このとき，Ω の開部分集合の f による像は開集合である．

上の証明において特に $m = 1$, すなわち $f'(0) = a_1 \neq 0$ とすれば, $f(z)$ が 0 の近傍を $f(0) = 0$ の近傍に1対1に写すことがわかる. すなわち, $f'(0) \neq 0$ ならば $f(z)$ は 0 の近傍において単葉である. 逆に 0 の近傍で単葉ならば $m = 1$ でなければならないので, $f'(0) = a_1 \neq 1$ が従う. より具体的に正則関数 $f(z)$ が小円板 $|z - z_0| < \delta$ をある領域 D' に等角に写像するとすると, $w \in D'$ に対して $z_1 = f^{-1}(w)$ として留数定理から

$$\frac{1}{2\pi i} \int_{|\zeta - z_0| = \delta} \frac{\zeta f'(z)}{f(z) - w} dz = \operatorname{Res}\left(\frac{zf'(z)}{f(z) - w}, z_1\right) = z_1 = f^{-1}(w)$$

と表され, $f^{-1}(w)$ が w について正則であることがわかる. これらをまとめて次の結果を得る.

定理 5(局所単葉性および逆写像の正則性). 点 z_0 の近傍において正則な関数 $f(z)$ が z_0 において局所単葉であるための必要十分条件は $f'(z_0) \neq 0$ である. また, $f(z)$ が領域 Ω 上の単葉正則関数であるとすると, 領域 $\Omega' = f(\Omega)$ から Ω への逆写像 $f^{-1} : \Omega' \to \Omega$ も正則である.

さらに開写像性からただちに次の**最大絶対値の原理** (maximum modulus principle) [1] が導かれる.

定理 6(最大絶対値の原理). $f(z)$ を領域 Ω 上の正則関数とする. もし $|f(z)|$ が Ω 内で極大値を取れば, $f(z)$ は定数関数でなければならない.

系. $f(z)$ は領域 Ω 上で正則とし, K を Ω 内のコンパクト集合とすると次の等式が成り立つ:
$$\max_{z \in K} |f(z)| = \max_{z \in \partial K} |f(z)|.$$

---

[1] 正則関数 $f(z)$ に対して $|f(z)|$ は劣調和関数であり, 劣調和関数に対して同様の最大値の原理が成り立つ. そのため, かつては最大絶対値の原理も単に最大値の原理と呼ばれることが多かった. なお, 優調和関数に対しては最小値の原理が成り立ち, 特に調和関数に対しては両方の原理が成り立つ. 劣(優)調和関数の定義や関連事項については [31], [41] を, さらにリーマン面上の劣調和関数については [24] を参照されたい.

これは定数関数でない限り，$|f(z)|$ が K の内部 $\operatorname{Int} K$ においては極大値を取らないことと，コンパクト集合上の実数値連続関数はその上で必ず最大値を取ることから容易にわかる．

以上の簡単な応用として次のシュヴァルツの補題が示される．

定理 7. $f(z)$ は単位円板 $|z| < 1$ 上の正則関数で，条件 $f(0) = 0$, $|f(z)| \leq 1$ を満たすとする．このとき単位円板の各点において不等式 $|f(z)/z| \leq 1$ が成り立ち，ある点で等号が成立するのはある実数 θ に対して $f(z) \equiv e^{i\theta} z$ が成り立つ場合に限る．なお，ここで $f(z)/z$ は $z = 0$ においては極限値 $f'(0)$ と解釈する．

証明． $f(z)$ を (A.3) のように展開すれば $a_0 = 0$ より $g(z) = f(z)/z = a_1 + a_2 z + a_3 z^2 + \cdots$ もまた $|z| < 1$ において正則な関数となる．先の系から $M(r) = \max_{|z| \leq r} |g(z)| = \max_{|z|=r} |g(z)|$ は単調非減少であり，仮定から $M(r) \leq 1/r$ である．よって，任意の $|z| < 1$ に対して $|z| < r < 1$ をとれば $|g(z)| \leq M(r) \leq 1/r$ となる．$r \to 1$ として $|g(z)| \leq 1$ を得る．等号成立条件は最大絶対値の原理による． $\square$

同様の議論で単葉性に関する次のダルブー (Darboux) の定理も示される．

定理 8. D を区分的に C^1 級のジョルダン曲線 C を境界に持つ有界な単連結領域とし，$f(z)$ を $D \cup C$ を含むある領域における正則関数とする．もし f が C において単射ならば，D において単葉である．

証明． 仮定から $J = f(C)$ はジョルダン曲線である．ジョルダンの曲線定理により J は $\mathbb{C}$ をちょうど 2 つの成分に分けるので，有界な方を Ω とする．Ω 上の正則関数を

$$\nu(w) = \frac{1}{2\pi i} \int_C \frac{f'(\zeta) d\zeta}{f(\zeta) - w} = \frac{1}{2\pi i} \int_J d\log(\omega - w) = \frac{1}{2\pi} \int_J d\arg(\omega - w)$$

で定義すると留数定理からこれは $f(z) - w = 0$ の Ω における根の個数を与えるが，最後の表示からこれは明らかに定数 1 であり，主張が示される． □

(A.4) において $n = 1$ とすれば

$$f(0) = \frac{1}{2\pi} \int_0^{2\pi} f(re^{i\theta}) d\theta$$

が成り立つことがわかる．さらに，実部と虚部に分けて $f(z) = u(z) + iv(z)$ と書けば，この式から

$$u(0) = \frac{1}{2\pi} \int_0^{2\pi} u(re^{i\theta}) d\theta = \frac{1}{2\pi i} \int_{|\zeta|=r} u(\zeta) \frac{d\zeta}{\zeta} \tag{A.6}$$

という式が得られるが，これは一般に調和関数に対する**ガウスの平均値定理**として知られている．$r = 1$ として，これをさらに単位円板 $|z| < 1$ 上で一般に成り立つ式に拡張しよう．$|a| < 1$ を定数として

$$T_a(z) = \frac{z - a}{1 - \bar{a}z} \tag{A.7}$$

という 1 次分数変換を考えると 2 章 3.2 節で見たように，これは単位円板をそれ自身に，単位円周をそれ自身に写し，$T_a(a) = 0$, $T_a(0) = -a$ を満たす．そこで u の代わりに $u \circ T_{-a}$ を (A.6) に適用すると

$$u(a) = \frac{1}{2\pi i} \int_{|\zeta|=1} u(T_{-a}(\zeta)) \frac{d\zeta}{\zeta}$$

が得られる．ここで $\omega = T_{-a}(\zeta)$ と変数変換する．$\zeta = T_a(\omega)$ と $\omega\bar{\omega} = 1$ に注意して

$$\frac{d\zeta}{\zeta} = \frac{T_a'(\omega) d\omega}{T_a(\omega)} = \frac{(1 - |a|^2) d\omega}{(\omega - a)(1 - \bar{a}\omega)} = \frac{(1 - |a|^2) d\omega}{|\omega - a|^2 \omega}$$

と計算できるので，

$$u(a) = \frac{1}{2\pi i} \int_{|\zeta|=1} u(\omega) \frac{(1 - |a|^2) d\omega}{|\omega - a|^2 \omega} = \frac{1}{2\pi} \int_0^{2\pi} \frac{1 - |a|^2}{|e^{i\theta} - a|^2} u(e^{i\theta}) d\theta$$

を得る．これが単位円板上の調和関数に対する**ポアソンの公式**として知られるものである．任意の半径の円板 $|z| \leq R$ 上の調和関数 $u(z)$ に対する公式を得るには $u(Rz)$ を上式に代入すればよく，少し変数を変更して

$$u(z) = \frac{1}{2\pi} \int_0^{2\pi} \frac{R^2 - |z|^2}{|Re^{i\varphi} - z|^2} u(Re^{i\varphi}) d\varphi \quad (|z| < R)$$

を得る．$\zeta = Re^{i\varphi}, z = re^{i\theta}$ とすればこの積分核（**ポアソン核**）は

$$P(\zeta, z) = \operatorname{Re} \frac{\zeta + z}{\zeta - z} = \frac{|\zeta|^2 - |z|^2}{|\zeta - z|^2} = \frac{R^2 - r^2}{R^2 - 2rR\cos(\varphi - \theta) + r^2}$$

と書き下すことができる．

次の応用として**ワイエルシュトラスの 2 重級数定理**[2]を紹介する．関数列 $f_k(z)$ $(k = 1, 2, 3, \ldots)$ が平面領域 Ω 上で関数 $f(z)$ に**広義一様収束**するとは，Ω に含まれる任意のコンパクト集合上で $f_k(z)$ が $f(z)$ に一様収束することである．

定理 9. 平面領域 Ω 上の正則関数列 $f_k(z)$ $(k = 1, 2, 3, \ldots)$ が Ω 上で広義一様にある関数 $f(z)$ に収束したとすると，$f(z)$ もまた Ω 上で正則であり，$f_k'(z)$ は $f'(z)$ に Ω 上で広義一様に収束する．

証明． K を Ω 内の任意のコンパクト集合とし，D を K を含むコーシーの積分定理が成り立つような有界領域で，その閉包が Ω に含まれるものとする．するとコーシーの積分公式から

$$f_k(z) = \frac{1}{2\pi i} \int_{\partial D} \frac{f_k(\zeta)}{\zeta - z} d\zeta \tag{A.8}$$

---

[2]この定理がこのように呼ばれるのは，$g_k(z) = f_k(z) - f_1(z)$（ただし，$f_0(z) = 0$ とする）とおけば，$f(z) = \sum_{k=1}^{\infty} g_k(z)$ と表現され，各 $g_k(z)$ は局所的に無限級数で表されるから $f(z)$ が 2 重級数で表されるという流れでワイエルシュトラスが証明したという歴史的な事情による．

が成り立つが，$f_k(z)$ は $\overline{D}$ 上で一様に $f(z)$ に収束することから，$k \to \infty$ として

$$f(z) = \frac{1}{2\pi i} \int_{\partial D} \frac{f(\zeta)}{\zeta - z} d\zeta$$

を得る．右辺はその形から D 内で正則であるから，$f(z)$ が K の近傍で正則であることがわかった．さらに (A.8) の両辺を z で微分すると

$$f_k'(z) = \frac{1}{2\pi i} \int_{\partial D} \frac{f_k(\zeta)}{(\zeta - z)^2} d\zeta$$

を得るので，$f_k'(z)$ が K 上で $f'(z)$ に一様収束することも分かる． □

最後にフルヴィッツ（**Hurwitz**）**の定理** を紹介してこの節を閉じよう．

定理 10. 平面領域 Ω 上で零点を持たない正則関数列 $f_k(z)$ ($k = 1, 2, 3, \ldots$) が広義一様に関数 $f(z)$ に収束しているとする．このとき，$f(z)$ もまた Ω 内に零点を持たないか，または恒等的に 0 である．

証明． $f(z)$ は恒等的に 0 ではないと仮定する．$a \in \Omega$ を任意に選び，$r_0 > 0$ を円板 $|z - a| \leq r_0$ が Ω に含まれるよう十分小さくとる．一致の定理から $f(z)$ の零点はこの円板内に高々有限個しか存在しない．したがって，$0 < r < r_0$ を適当に選べば円周 $C : |z - a| = r$ 上には $f(z)$ の零点がないようにすることができる．仮定とワイエルシュトラスの2重級数定理から $f_k(z)$ は $f(z)$ に，$f_k'(z)$ は $f'(z)$ にそれぞれ C 上で一様に収束することから，

$$\frac{1}{2\pi i} \int_C \frac{f'(z)}{f(z)} dz = \lim_{k \to \infty} \frac{1}{2\pi i} \int_C \frac{f_k'(z)}{f_k(z)} dz$$

が成り立つ．留数定理から左辺は $f(z)$ の $|z - a| < r$ 内の零点の個数を表すが，仮定から右辺は 0 である．よって特に $f(a) \neq 0$ を得る．$a \in \Omega$ は任意だったので，主張が示された． □

$f_k(z)$ の代わりに $\Omega' = \Omega \setminus \{z_0\}$ 上で $f_k(z) - f_k(z_0)$ を考えれば次の結果も得る．

系. 平面領域 Ω 上で単葉な正則関数列 $f_k(z)$ $(k=1,2,3,\dots)$ が広義一様に関数 $f(z)$ に収束しているとする. このとき, $f(z)$ は定数関数でなければ, Ω 上で単葉である.

A.2　正規族とリーマンの写像定理

Ω を平面領域とし, $\mathcal{F}$ を Ω 上の正則関数からなるある族とする. 族 $\mathcal{F}$ が**正規**であるとは, $\mathcal{F}$ の元からなる任意の関数列 f_k $(k=1,2,\dots)$ が Ω 上で広義一様収束する部分列を持つことをいう[3]. **アスコリ・アルツェラ (Ascoli-Arzelà) の定理** によれば, $\mathcal{F}$ が正規族であるための必要十分条件は, $\mathcal{F}$ が Ω の各点で有界かつ Ω 内の任意のコンパクト部分集合上で**同程度連続** (equicontinuous) であること, すなわち次の 2 条件が満たされることである:

(i) 各点 $z \in \Omega$ に対してある数 $M > 0$ が存在して, すべての $f \in \mathcal{F}$ に対して $|f(z)| \leq M$ が成り立つ.

(ii) Ω の任意のコンパクト部分集合 K および $\varepsilon > 0$ に対してある $\delta > 0$ が存在し, $z_1, z_2 \in K$ が $|z_1 - z_2| < \delta$ を満たす限り $|f(z_1) - f(z_2)| < \varepsilon$ がすべての $f \in \mathcal{F}$ について成り立つ.

これを用いてモンテル (Montel) は次の定理を証明した.

定理 11 (モンテルの定理). 平面内の領域 Ω 上の正則関数からなるある族 $\mathcal{F}$ が正規であるための必要十分条件は, $\mathcal{F}$ が Ω 上で広義一様有界であること, すなわち各コンパクト集合 $K \subset \Omega$ に対してある数 $M > 0$ が存在し, 任意の $f \in \mathcal{F}$ が K 上で不等式 $|f| \leq M$ を満たすことである.

---

[3] より正確には, 考えている関数の取る値に応じて収束の意味を変更する必要がある. たとえば有理型関数の族に対しては球面計量に関する収束性を考える方がより自然である. 詳しくは [3] を参照のこと. なお, 本定理は英語では Arzelà-Ascoli theorem と呼ばれるが, この呼称の違いはアルファベット順とアイウエオ順の違いに起因するものと思われる.

証明には上記の条件 (ii) を見ればよいが，たとえばコーシーの積分定理が成り立つような領域 D を $K \subset D \subset \overline{D} \subset \Omega$ となるように選ぶ．$\overline{D}$ はコンパクトなので仮定から，ある $M > 0$ が存在して $\overline{D}$ 上ですべての $f \in \mathcal{F}$ が $|f| \leq M$ を満たす．コーシーの積分公式 (A.1) を用いると

$$f(z_1) - f(z_2) = \frac{z_1 - z_2}{2\pi i} \int_{\partial D} \frac{f(\zeta) d\zeta}{(\zeta - z_1)(\zeta - z_2)} \quad (z_1, z_2 \in D)$$

となる．そこで，δ を K と境界 ∂D との距離とし，∂D の長さを L とすれば，$z_1, z_2 \in K$ に対して

$$|f(z_1) - f(z_2)| \leq \frac{ML}{2\pi\delta^2}|z_1 - z_2|$$

となり，これから K における同程度連続性が従う．

正規性の概念がモンテルにより複素解析学に持ち込まれたことで，複素力学系の研究がファトゥ (Fatou) とジュリア (Julia) によって始まった．さらに，次のリーマンの写像定理に簡潔な証明が与えられることとなった．

定理 12. Ω を複素平面の単連結な真部分領域とし，その中の 1 点 $a \in \Omega$ を固定しておく．このとき，Ω を単位円板 $\mathbb{D}$ に等角に（すなわち，正則かつ全単射に）写像する関数 $f : \Omega \to \mathbb{D}$ で $f(a) = 0, f'(a) > 0$ を満たすものが一意的に存在する．

本定理で，条件 $f'(a) > 0$ は「$f'(a)$ が正の実数である」ことを意味する．この等角写像 $f : \Omega \to \mathbb{D}$（またはその逆写像 $f^{-1} : \mathbb{D} \to \Omega$）はしばしば**リーマン写像**と呼ばれる．

証明． $\mathcal{F}$ を Ω から $\mathbb{D}$ への（全射とは限らない）単射正則写像 f で $f(a) = 0, f'(a) > 0$ をみたすもの全体とする．これに対して

$$A = \sup_{f \in \mathcal{F}} f'(a)$$

を考える．まず $\mathcal{F}$ が空集合でないことを示す必要があるが，以下のようにすればよい．$z_0 \in \mathbb{C} \setminus \Omega$ を一つ取れば，Ω の単連結性から $\sqrt{z_0 - z}$ は Ω 上

一価正則な分枝を持つので，それを $g(z)$ とする．g の開写像性から $g(\Omega)$ は $g(0) = w_0$ を中心とする半径 $\delta > 0$ の小円板 Δ を含むが，$g(\Omega)$ と $-g(\Omega)$ は交わらないため，$g(\Omega)$ は $-\Delta$ と交わらない．すなわち，Ω 上で $|g(z) + w_0| \geq \delta$ となる．よって $h(z) = \delta/[g(z) + w_0]$ は Ω を $\mathbb{D}$ の中に単葉に写像する．あとは，$f(z) = (|h'(a)|/h'(a))T_{h(a)}(h(z))$ と正規化すれば $f \in \mathcal{F}$ であることがわかり，$\mathcal{F} \neq \emptyset$ が示された．特に $A > 0$ である．（ここに T_a は (A.7) によって定義される 1 次分数変換とする．）さらに $\mathcal{F}$ が正規族であることがモンテルの定理から従う．そこで $\mathcal{F}$ の中から関数列 f_k を $f'_k(0) \to A$ かつ f_k が Ω 上で広義一様にある f に収束するように選ぶことができる．f はワイエルシュトラスの2重級数定理から Ω 上正則であり，$f'(0) = A > 0$ を満たす．さらにフルヴィッツの定理から f は単葉であり，したがって $f \in \mathcal{F}$ であることがわかる．最後に $f : \Omega \to \mathbb{D}$ が全射であることが言えればよい．もしそうでなかったとすると，ある $w_1 \in \mathbb{D}$ があって $w_1 \notin f(\Omega) =: \Omega'$ である．そこで，先と同様に $G(w) = \sqrt{T_{w_1}(w)}$ を Ω' 上一価正則に選び，$w_2 = G(0)$ に対して $H = T_{w_2} \circ G \circ f$ とおく．すると，$H(a) = 0$ であり

$$H'(a) = T'_{w_2}(w_2) \cdot \frac{T'_{w_1}(0)}{2w_2} \cdot f'(a) = \frac{A(1 - |w_1|^2)}{2w_2(1 - |w_2|^2)}$$

が導かれる．ここで $|w_2|^2 = |w_1|$ に注意すると

$$|H'(a)| = A\frac{|w_2| + |w_2|^{-1}}{2} > A$$

であり，$\hat{f} = (|H'(a)|/H'(a))H \in \mathcal{F}$ は $\hat{f}'(a) > A$ を満たすことになり A の定義に矛盾する．よって，f が全射であることが示された．

最後に一意性を示す．f_1, f_2 がともに定理の主張を満たすとすると，$\varphi = f_2 \circ f_1^{-1} : \mathbb{D} \to \mathbb{D}$ は双正則写像で $f(0) = 0$ を満たすので，φ, φ^{-1} にシュヴァルツの補題を適用して $\varphi'(0) \leq 1$，$(\varphi^{-1})'(0) = 1/\varphi'(0) \leq 1$ から $\varphi'(0) = 1$ を得る．よって再びシュヴァルツの補題における等号成立条件から $\varphi(z) = z$ が結論される． □

単位円板上のポアンカレ計量（双曲計量）$|dw|/(1-|w|^2)$ のリーマン写像 f による引き戻し
$$\frac{|f'(z)|}{1-|f(z)|^2}|dz|$$
は Ω 上の**双曲計量**と呼ばれる．2 章 3.2 節において述べられたポアンカレ計量の不変性から，これは $f(z)$ の正規化（つまり点 a の取り方など）にはよらないことに注意する．証明に出てきた量 $A = f'(a)$ は実は Ω の双曲計量の $z = a$ における密度にほかならない．

A.3 シュヴァルツの鏡像原理

本原理もよく知られた事実であるが，教科書で扱われていないことも多いので便利のため証明なしで結果のみを述べておく．L を複素平面内の直線とし，$I_L : \mathbb{C} \to \mathbb{C}$ を L に関する鏡映とする．たとえば $L = \mathbb{R}$ の場合は $I_\mathbb{R}(z) = \bar{z}$（複素共役）であり，$L = i\mathbb{R}$（虚軸）の場合は $I_{i\mathbb{R}}(z) = -\bar{z}$ である．なお，便宜上 $I_L(\infty) = \infty$ と定めておく．次に C を円周 $|z-a| = R$ とするとき，C に関する反転を
$$I_C(z) = R^2 \frac{\bar{z} - \bar{a}}{|z-a|^2} + a$$
として定める．ただし，$I_C(\infty) = a$, $I_C(a) = \infty$ とする．X が円周であれ直線であれ，$I_X(z) = z$ $(z \in X)$ かつ $I_X \circ I_X = \mathrm{id}$（恒等写像）であることに注意する．シュヴァルツの鏡像原理は以下のように述べられる．より一般の場合は Ahlfors [3] などに解説されているので証明や詳細についてはそちらをご覧いただきたい．

定理 13. D_1, D_2 を円板または半平面とし，Ω を D_1 の部分領域とし，その境界 $\partial \Omega$ が $X_1 = \partial D_1$ の開部分弧 γ を共有しているとする．正則写像 $f : \Omega \to D_2$ が条件 $f(z) \to X_2 = \partial D_2$ $(z \to \gamma)$ を満たすならば，f は正則写像 $\hat{f} : \widehat{\Omega} = \Omega \cup \gamma \cup I_{X_1}(\Omega) \to \widehat{\mathbb{C}}$ に
$$\hat{f} \circ I_{X_1} = I_{X_2} \circ \hat{f}$$

を満たすように拡張することができる．特に f が Ω 上で単葉ならば，$\hat{f}$ も $\widehat{\Omega}$ 上で単葉である．

この定理において，γ はいくつかの開部分弧の和集合であってもよい．なお，ここで条件 $f(z) \to X_2 = \partial D_2$ $(z \to \gamma)$ は正確には，X_2 が直線 $\mathrm{Re}\,(aw) = b$ (ただし，$a \in \mathbb{C}$, $a \neq 0$, $b \in \mathbb{R}$) の場合は，z が γ のある点 ζ に近づく時，$\mathrm{Re}\,(af(z)) \to b$ となることを意味し，X_2 が円周 $|w - a| = R$ の場合は，z が γ のある点 ζ に近づく時，$|f(z) - a| \to R$ となることを意味することとする．

A.4 無限積

無限級数は大抵の微積分の教科書で扱われているが，無限積はあまり言及されていないようである．そこで本節で無限積に関する定義や基本的な結果をまとめておく．詳しくはやはり Ahlfors [3], 楠 [23], 辻 [41] などを参照して頂きたい．

複素数列 p_k $(k = 1, 2, 3, \ldots)$ に対して積

$$P_N = \prod_{k=1}^{N} p_k = p_1 p_2 \cdots p_N$$

が $N \to \infty$ の時に 0 でない有限値 $P \in \mathbb{C}$ に収束するなら，**無限積** $\prod_{k=1}^{\infty} p_k$ は収束するといい，その値を P と定める．すなわち

$$\prod_{k=1}^{\infty} p_k = P = \lim_{N \to \infty} \prod_{k=1}^{N} p_k$$

とする．このとき，$p_k = P_k/P_{k-1} \to P/P = 1$ $(k \to \infty)$ であるから，$p_k = 1 + a_k$ と書けば，$a_k \to 0$ となっている．このことに注意すると上の無限積の収束は無限級数

$$\sum_{k=1}^{\infty} \log(1 + a_k)$$

の収束と同値であることがわかる．(ただし，ここに対数は主枝を取るものとする．) しかし，この定義では数列 p_k のうちどれか一つでも 0 になる項があれば決して収束しないことになってしまう．収束性は高々有限個の項の影響を受けるべきではないので，以下のように定義を拡張するのが普通である．すなわち，無限積 $\prod_{k=1}^{\infty} p_k$ が収束するとは，ある自然数 N があって，$p_N, p_{N+1}, \ldots$ の無限積が最初の定義において収束することとし，その値は以前と同じく $P = \lim_{k \to \infty} P_k$ により定める．(したがってこの場合，ある k に対して $p_k = 0$ であれば $P = 0$ と定めるが，無限積としては収束すると理解する．)

無限積 $\prod_{k=1}^{\infty}(1+a_k)$ は $\prod_{k=1}^{\infty}(1+|a_k|)$ が収束する時に**絶対収束**すると言われる．これについて次のことが成り立つ．証明には $\log(1+z) = z + O(z^2)$ $(z \to 0)$ であることと，級数における類似の性質を用いるだけなので，ここでは詳細は省略する．

定理 14. $p_k = 1 + a_k$ $(k = 1, 2, \ldots)$ を複素数列とする．

(i) 無限積 $\prod_{k=1}^{\infty} p_k$ が絶対収束すれば，収束する．

(ii) 無限積 $\prod_{k=1}^{\infty} p_k$ が絶対収束すれば，積の順序を入れ替えても無限積の値は変わらない．

(iii) 無限積 $\prod_{k=1}^{\infty}(1+a_k)$ が絶対収束するための必要十分条件は $\sum_{k=1}^{\infty} |a_k| < +\infty$ が成り立つことである．

領域 Ω 上の関数列 $f_k(z)$ $(k = 1, 2, 3, \ldots)$ の無限積

$$\prod_{k=1}^{\infty} f_k(z)$$

の (広義) 一様収束および (広義) 一様絶対収束の概念も同様に定義される．た

とえば，これが集合 $K\ (\subset \Omega)$ 上で一様収束するとは，ある自然数 k_0 があって

$$F_N(z) = \prod_{k=k_0}^{N} f_k(z)$$

が $N \to \infty$ の時，0 を取らない関数 $F(z)$ に K 上一様に収束することを言う．したがって，特に $f_k(z)$ が Ω 上で正則な関数 $(\not\equiv 0)$ であれば，Ω 上広義一様収束するその無限積は Ω 上で恒等的に 0 ではない正則関数となる．

参考文献

[1] L. V. Ahlfors. *Lectures on Quasiconformal Mappings.* van Nostrand, 1966 (2nd Edition, AMS, 2006) (邦訳：谷口雅彦, 擬等角写像講義, 丸善出版, 2015).

[2] L. V. Ahlfors. *Conformal Invariants.* McGraw-Hill, New York, 1973.

[3] L. V. Ahlfors. *Complex Analysis, 3rd ed.* McGraw Hill, New York, 1979 (邦訳：笠原乾吉, 複素解析, 現代数学社, 1982).

[4] R. Askey and G. Gasper. Positive Jacobi polynomial sums. II. *Amer. J. Math.*, Vol. 98, pp. 709–737, 1976.

[5] L. Bieberbach. *Theorie der gewöhnlichen Differentialgleichungen.* Springer Verlag, Berlin, 1953.

[6] R. P. Boas, Jr. *Entire Functions.* Academic Press Inc., New York, 1954.

[7] M. L. Cartwright. *Integral Functions.* Cambridge Univ. Press, Cambridge, 1956.

[8] L. de Branges. A proof of the Bieberbach conjecture. *Acta Math.*, Vol. 154, pp. 137–152, 1985.

[9] D. Drasin, P. Duren, and A. Marden, editors. *The Bieberbach Conjecture*, Vol. 21 of *Mathematical Surveys and Monographs*, Providence, RI, 1986. American Mathematical Society.

[10] P. L. Duren. *Univalent Functions.* Springer-Verlag, 1983.

[11] C. H. FitzGerald and Ch. Pommerenke. The de Branges theorem on univalent functions. *Trans. Amer. Math. Soc.*, Vol. 290, pp. 683–690,

1985.

[12] Sheng Gong. *The Bieberbach Conjecture*, Vol. 12 of *AMS/IP Studies in Advanced Mathematics*. American Mathematical Society, Providence, RI; International Press, Cambridge, MA, 1999. Translated from the 1989 Chinese original and revised by the author, With a preface by Carl H. FitzGerald.

[13] W. K. Hayman. *Multivalent Functions, Second edition*. Cambridge University Press, London, 1994.

[14] P. Henrici. *Applied and Computational Complex Analysis. Vol. 3*. Pure and Applied Mathematics (New York). John Wiley & Sons, Inc., New York, 1986.

[15] E. Hille. *Lectures on Ordinary Differential Equaions*. Addison-Wesley Publ. Co., Reading MA, USA, 1969.

[16] E. Hille. *Ordinary Differential Equations in the Complex Plane*. Wiley-Interscience, 1976.

[17] 今吉洋一, 谷口雅彦. タイヒミュラー空間論. 日本評論社, 1989.

[18] Y. Imayoshi and M. Taniguchi. *An introduction to Teichmüller spaces*. Springer-Tokyo, 1992.

[19] 犬井鉄郎. 特殊函数. 岩波全書. 岩波書店, 1962.

[20] 伊藤清監修, 渡辺信三, 重川一郎編. 確率論ハンドブック. 丸善出版, 2012.

[21] W. Koepf. *Hypergeometric Summation. An Algorithmic Approach to Summation and Special Function Identities*. Universitext. Springer, London, second edition, 2014.

[22] 小松勇作. 特殊函数. 朝倉書店, 1967.

[23] 楠幸男. 解析函数論. 廣川書店, 1962 (第 15 刷 1988).

[24] 楠幸男. リーマン面. 朝倉書店, 1973, 復刊 2011.

[25] G. F. Lawler. *Conformally Iinvariant Processes in the Plane*, Vol. 114 of *Mathematical Surveys and Monographs*. American Mathematical Society, Providence, RI, 2005.

[26] O. Lehto. *Univalent Functions and Teichmüller Spaces*. Springer-

Verlag, 1987.
- [27] 松本耕二. リーマンのゼータ関数. 朝倉書店, 2008.
- [28] 岡村博. 微分方程式序説. 河出書房, 1950.
- [29] F. W. J. Olver, D. W. Lozier, R. F. Boisvert, and C. W. Clark, editors. *NIST Handbook of Mathematical Functions.* U.S. Department of Commerce, National Institute of Standards and Technology, Washington, DC; Cambridge University Press, Cambridge, 2010.
- [30] Ch. Pommerenke. *Univalent Functions.* Vandenhoeck & Ruprecht, Göttingen, 1975.
- [31] T. Radó. *Subharmonic Functions.* Springer, Berlin, 1937.
- [32] R. Remmert and G. Schumacher. *Funktionentheorie. II, 3. Auflage.* Grundwissen Mathematik. Springer-Verlag, Berlin, 2007.
- [33] G. Sansone and J. Gerretsen. *Lectures on the Theory of Functions of a Complex Variable. I. Holomorphic Functions, II: Geometric Theory.* P. Noordhoff, Groningen, 1960, 1969.
- [34] S. L. Segal. *Nine Introductions in Complex Analysis.* North Holland, Amsterdam-New York, 1957, Revised Edition 2008.
- [35] 島倉紀夫. 常微分方程式. 裳華房, 1988.
- [36] 谷口雅彦. フラクタル曲線についての解析学 擬等角写像外伝. 培風館, 2004.
- [37] E. C. Titchmarsh. *The Theory of Functions.* Clarendon Press, Oxford, 1932.
- [38] 戸田盛和. 特殊関数. 朝倉書店, 1981.
- [39] 時弘哲治. 工学における特殊関数. 共立出版, 2006.
- [40] 辻正次. 複素変数函数論. 共立出版, 1946.
- [41] 辻正次. 複素函数論. 槙書店, 1968.
- [42] 上田哲生, 谷口雅彦, 諸澤俊介. 複素力学系序説. 培風館, 1995.
- [43] G. N. Watson. *A Treatise on the Theory of Bessel Functions. 2nd ed.* University Press, Cambridge, 1944.
- [44] L. Weinstein. The Bieberbach conjecture. *Internat. Math. Res. No-*

tices, Vol. 1991, No. 5, pp. 61–64, 1991.

索引

Ahlfors, L. V., 108
Airy, G. B., 102
Alexander, J. W., 127
Arzelà, C., 197
Ascoli, G., 197
Askey, R., 121, 175
a 点, 29

Beltrami, E., 105
Bernoulli, J., 43
Bers, L., 109
Bessel, F. W., 34, 71
Bieberbach, L., 93, 111, 121
Borel, É., 29

Carathéodory, C., 24, 121, 139
Cauchy, A. L., 1, 52
Cayley, A., 90
Charzyński, Z., 120
Clausen, T., 174

Darboux, J. G., 193
de Branges, L., 120

Euler, L., 22, 48

Fatou, P., 198
Fejér, L., 175
Fekete, M., 119
FitzGerald, C. H., 120, 121

Garabedian, P. R., 120
Gasper, G., 121, 175
Gauss, J. C. F., 5, 83, 108
Grönwall, T. H., 93
Grötzsch, H., 108
Grinshpan, A. Z., 137
Grunsky, H., 121

Hadamard, J. S., 1
Hankel, H., 40
Hardy, G. H., 49
Hayman, W. K., 121
Helly, E., 123
Herglotz, G., 121
Hille, E., 95
Horowitz, D., 121
Hurwitz, A., 196

Jensen, J., 6
Joukowski, N., 94
Julia, G., 198

Koebe, P., 92, 111
Kraus, W., 95

Lagrange, J.-L., 105
Laurent, P. A., 189
Lawler, G. F., 172
Lebedev, N. A., 121
Liouville, J., 2
Littlewood, J. E., 116, 119, 121
Löwner, K. (Loewner, C.), 119, 121
Lommel, E., 75

Mandelbrot, B., 172
Milin, I. M., 121
Mittag-Leffler, M. G., 13, 33
Montel, P., 197
Morrey, C. B., 108

Nehari, N., 95
Neumann, C., 74
Nevanlinna, R., 121, 127, 163

Pólya, G., 49
Paley, R., 119

Pederson, R. N., 121
Picard, É., 29, 52
Pochhammer, L., 80
Poincaré, H., 91
Poisson, S. D., 6
Pommerenke, Ch., 120, 148

Rellich, F., 58
Riccati, J., 60
Riemann, B., 39
Riesz, F., 123
Robertson, M. S., 119

Schiffer, M., 120
Schlömilch, O., 35
Schramm, O., 172
Schwarz, H. A., 85
Stirling, J., 33
Sturm, J. C. F., 98
Szegő, G., 119

Weierstrass, K. T. W., 11
Weill, G., 108
Weinstein, L., 187
Werner, W., 172
Wilf, H. S., 179
WZ 対, 179

Zalcman, L., 121
Zeilberger, D., 179

アールフォルス・ヴェイルの定理, 108
アスキー・ガスパーの等式, 177
アスキー・ガスパー の不等式, 175
アスコリ・アルツェラの定理, 197
アダマールの因子分解定理, 17
アレキサンダーの補題, 127

イェンセンの公式, 7
位数, 2
1次分数変換, 61
一致の定理, 191
一般超幾何関数, 174

ウィルフ・ジールバーガー法, 179

エアリ関数, 102

オイラー積, 48

オイラーの積分表示, 82
オイラーの定数, 22
オイラーの定理, 48
小澤 満, 121
重み, 77

解, 50
階, 50
開写像性, 191
解析接続, 70
ガウス記号, 178
ガウスの平均値定理, 194
核, 139
核収束, 139
確定特異点, 65
カラテオドリ族, 121
カラテオドリの核収束定理, 142
カラテオドリの定理, 144
カラテオドリの不等式, 24
カラテオドリの補題, 123
関数関係不変の原理, 50
関数等式, 43
ガンマ関数, 23

擬等角写像, 109
基本乗積, 10
許容集合, 161
距離, 144

グザイ関数, 39
グザイ関数 $\Xi(z)$, 48
駆動関数, 169
クラウス・ネハリの定理, 95
クラウセンの公式, 174, 179

ケーベ関数, 92, 112, 118
ケーベの増大度定理, 114
ケーベの4分の1定理, 112
ケーベの歪曲定理, 114
決定方程式, 67

広義一様収束, 195
広義一様収束位相, 137
コーシー・アダマールの公式, 1
コーシー・シュヴァルツの不等式, 129
コーシーの係数評価, 190
コーシーの積分公式, 189
コーシーの積分定理, 188
個数関数, 8

最大絶対値の原理, 192
最大変形度, 109
最大歪曲度, 109

次, 34, 72
指数, 67
自明な零点, 42
ジューコフスキ変換, 94, 163
収束指数, 6
従属する, 125
種数, 13
種数 p の基本乗積, 14
シュラム・レヴナー発展, 172
シュヴァルツの鏡像原理, 200
シュヴァルツの表現公式, 25, 163
シュヴァルツの補題, 193
シュヴァルツ微分, 85
乗法的解, 66
除外値, 29
ジョルダン弧, 146
ジョルダン閉領域, 139
ジョルダン領域, 139
自律系, 60
自励系, 60

スターリングの公式, 33
スリット, 146
スリット写像, 146

整関数, 1
正規, 197
正規形, 51
星状, 125
生存時間, 171
ゼータ関数, 39
絶対収束, 202
漸化式, 77

双曲計量, 91, 103, 200
双正則写像, 142
相反公式, 24

第 1 種ベッセル関数, 72
対数係数, 130
対数螺旋, 57
第 2 種ベッセル関数, 74
多項式凸, 162
ダルブーの定理, 193
単葉, 91

超幾何関数, 80
超幾何級数, 80
超幾何微分方程式, 79
直径, 144

ディガンマ関数, 23
定数変化法, 71

等角写像, 142
同程度連続, 197
特性曲線法, 106
凸状, 125
ドット積, 129
ド・ブランジュ, 120, 180

ネハリの定理, 95, 100
ネヴァンリンナの表現公式, 163

ノイマン関数, 74

ハーディの定理, 49
バナッハ・アラオグルの定理, 122
ハンケルの積分路, 40
半平面容量, 163

ビーベルバッハ予想, 118
ピカールの小定理, 29
ピカールの除外値, 29
左極限, 76
非調和比, 62
微分方程式, 50
非ユークリッド幾何, 91
フーリエ展開, 38
フェケテ・シェゲーの不等式, 119, 161
不確定特異点, 65
複比, 62
フックス型, 65
フルヴィッツの定理, 116, 196

平均値性質, 194
平均値定理（調和関数）, 25
平方根変換, 112
平面領域, 188
ベータ関数, 83
ベキ級数展開, 190
ベッセル関数, 34, 72
ベッセルの積分, 38
ベッセルの微分方程式, 34, 71

ヘリーの選出定理, 123
ヘルグロッツの定理, 121
ベルトラミ係数, 105
ベルトラミ方程式, 105
ベルヌーイ数, 43

ポアソン・イェンセンの公式, 6
ポアソン核, 6, 195
ポアソンの公式, 195
ポアンカレ計量, 91
包, 161
母関数, 35
補間問題, 13
ポッホハンマーの記号, 80
ボレルの除外値, 29
ボレルの定理, 29

マンデルブロ予想, 172

右極限, 76
ミッタクレフラー関数, 33
密度, 77
ミリン予想, 136

無限積, 201

面積定理, 93

モンテルの定理, 197

ヤコビ行列式, 105
ヤコビ多項式, 173

ランダウの記号, 2

リースの表現定理, 123
リーマン球面, 143
リーマン写像, 198
リーマンの写像定理, 142, 198
リーマンのゼータ関数, 39, 42
リーマン予想, 43
リッカティ方程式, 60
留数, 189
留数定理, 189
流体力学的正規化, 162
リューヴィルの定理, 2, 190

ルジャンドル多項式, 173

レヴナー連鎖, 147

レリッヒの定理, 58
連続体, 161

ローラン展開, 189
ロバートソン予想, 119
ロンスキー行列式, 64
ロンメルの積分表示, 75

ワイエルシュトラスの因数分解定理, 11
ワイエルシュトラスの2重級数定理, 138, 195

著者紹介：

楠 幸男（くすのき・ゆきお）

1948 年　京都大学理学部数学科卒業
1965 年　京都大学理学部教授
1989 年　京都大学名誉教授　理学博士
著　書：解析函数論（廣川書店）
　　　　応用常微分方程式，無限級数入門，函数論—リーマン面と等角写像—（朝倉書店）
　　　　現代の古典 複素解析（現代数学社）

須川敏幸（すがわ・としゆき）

1990 年　京都大学大学院理学研究科修士課程修了
2009 年　東北大学大学院情報科学研究科教授　博士（理学）

複素解析学特論

2019 年 11 月 23 日　　初版 1 刷発行

著　者　　楠 幸男・須川敏幸
発行者　　富田　淳
発行所　　株式会社　現代数学社
　　　　　〒606-8425 京都市左京区鹿ヶ谷西寺ノ前町 1
　　　　　TEL 075（751）0727　FAX 075（744）0906
　　　　　https://www.gensu.co.jp/

装　幀　　中西真一（株式会社 CANVAS）
印刷・製本　亜細亜印刷株式会社

検印省略

Ⓒ Yukio Kusunoki,
　Toshiyuki Sugawa
　2019　Printed in Japan

ISBN 978-4-7687-0520-9

● 落丁・乱丁は送料小社負担でお取替え致します．
● 本書のコピー，スキャン，デジタル化等の無断複製は著作権法上での例外を除き禁じられています．本書を代行業者等の第三者に依頼してスキャンやデジタル化することは，たとえ個人や家庭内での利用であっても一切認められておりません．